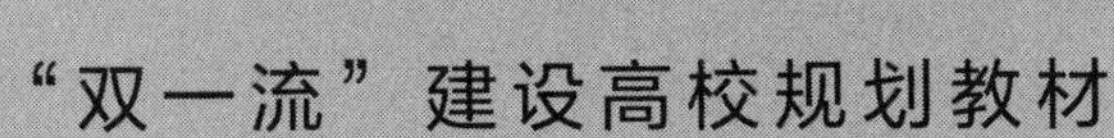

中国石油和化学工业优秀教材

大学化学基础实验系列教材

有机化学实验

第二版

朱文　肖开恩　陈红军　主编

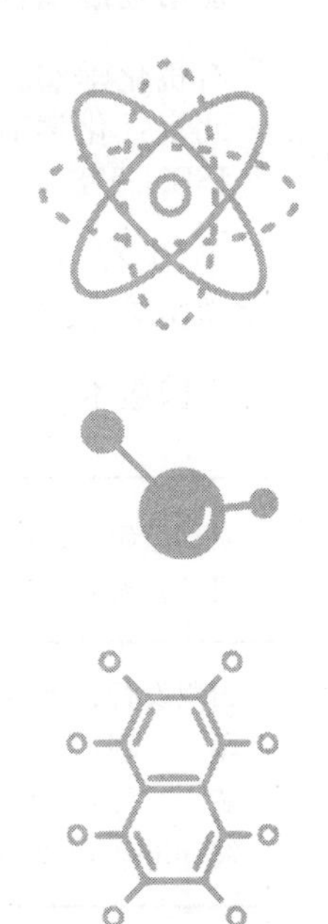

化学工业出版社

·北京·

内 容 简 介

《有机化学实验》（第二版）在借鉴国内同类教材的同时，也充分吸收了近年来编者们的化学研究和实验教学改革成果。全书共分为8章：第1章介绍了有机化学实验的基础知识及常用仪器装置；第2章介绍了萃取、蒸馏、色谱等有机物分离纯化技术；第3章介绍了有机化学基础实验及基本操作；第4章介绍天然有机物的提取及分离；第5章分别对烃类、含氧有机化合物、含氮有机化合物、杂环化合物、糖类化合物等的化学性质进行鉴定；第6章为以官能团分类的常量有机合成的介绍；第7章为微量及半微量有机合成实验介绍；第8章为综合设计性实验。

《有机化学实验》（第二版）可作为高等综合性学校、工科院校、师范院校，以及农、林、医学等院校有机化学课程的配套实验教材，也可供相关专业的科研人员参考。

图书在版编目（CIP）数据

有机化学实验/朱文，肖开恩，陈红军主编. —2版. —北京：化学工业出版社，2021.2（2023.2重印）
ISBN 978-7-122-38117-0

Ⅰ.①有… Ⅱ.①朱…②肖…③陈… Ⅲ.①有机化学-化学实验-高等学校-教材 Ⅳ.①O62-33

中国版本图书馆CIP数据核字（2020）第243577号

责任编辑：徐雅妮　马泽林　　　装帧设计：李子姮
责任校对：宋　夏

出版发行：化学工业出版社（北京市东城区青年湖南街13号　邮政编码100011）
印　　刷：北京云浩印刷有限责任公司
装　　订：三河市振勇印装有限公司
787mm×1092mm　1/16　印张13¾　字数328千字　2023年2月北京第2版第3次印刷

购书咨询：010-64518888　　　售后服务：010-64518899
网　　址：http://www.cip.com.cn
凡购买本书，如有缺损质量问题，本社销售中心负责调换。

定　　价：39.00元

大学化学基础实验系列教材

编 委 会

《有机化学实验》（第二版）

编写人员

主　　编　朱　文　肖开恩　陈红军

副 主 编　贾春满　许文茸　黎吉辉

参　　编　杨建新　赖桂春　苗树青
　　　　　陈俊华　吴起惠　林　苑

序

实验教学是大学本科教育的重要组成部分，是培养学生动手能力、实践能力、创新能力的关键环节。围绕高校本科人才培养目标，改革实验教学课程体系，完善实验教学内容，优化实验课程间的衔接并形成系列，是做好实验教学的重要方面。大学化学基础实验，包括无机化学实验、分析化学实验、有机化学实验和物理化学实验等，是高等院校化学化工及相关的理、工、农、医等专业的重要基础课程。通过四大化学实验课程的学习，不仅可加深学生对大学化学基础理论及知识的理解，还可正确和熟练地掌握基础化学实验基本操作技能，培养学生严谨、实事求是的科学态度，提高观察、分析和解决问题的能力，为学习后续课程及将来从事科研工作打下扎实的基础。

海南大学是海南省唯一的一所世界一流学科建设高校，海南大学化学学科融合了原华南热带农业大学和原海南大学的学科优势，具有较鲜明的特色。经过两校合并以来的发展，其影响力不断提升，根据基本科学指标数据库（ESI），至 2020 年 5 月，海南大学化学学科进入全球前 1%。同时，海南大学理学院在学校抓源头、抓基础、抓规范、抓保障、抓质量的“五抓”建设中，不断提高人才培养的标准与质量，使大学化学基础实验教学达到了新的高度。本次再版的大学化学基础实验系列教材，是在我校原大学化学化工基础实验系列教材的基础上，按照全面对标国内排名前列大学的专业培养方案要求，修编完成。保持了原四大化学实验内容的主干和衔接性，增加了一些新的实验项目，尤其是实验内容与要求提高至一流高校的标准，加强信息化技术的应用，力求在内容及结构编排上保持科学性、系统性、适用性、合理性和新颖性，兼备内容的深度与广度，循序渐进，帮助学生系统全面地掌握化学基础实验知识及操作技能。

本系列教材第二版由海南大学理学院博士生导师、海南大学教学名师工作室负责人罗盛旭教授组织修编，《无机化学实验》由冯建成教授负责、《分析化学实验》由罗盛旭教授负责、《有机化学实验》由朱文教授负责、《物理化学实验》由张军锋副教授负责。

本系列教材适用面广，可作为普通高校化学化工类、材料类、生物类、农学类、海洋类、食品类、环境类、能源类、医学类等专业本科生实验教材。希望通过本系列教材的出版与推广使用，能够促进大学化学基础实验教学环节的完善与创新，为各类新型专业人才培养、夯实化学基础等提供教学支持。

大学化学基础实验系列教材编委会

2020 年 12 月

前 言

海南大学 2017 年入选国家世界一流学科建设高校，2018 年入选“部省合建”高校，被纳入教育部直属高校。随着海南大学的迅速发展，在本科生培养过程中重视并加强了基础教育，特别是实验教学。为了更好地满足基础有机化学实验教学要求和适应本科人才培养需要，笔者再版了《有机化学实验》。再版时，根据学科的发展，对实验内容进行了必要的增减，并针对第一版教材使用过程中发现的问题进行了修正。

本书适用面较广，可作为普通高等学校化学化工类、高分子材料类、食品类、制药类、农学类、生物类、海洋类、环境类、园艺园林类、动植物保护类等本科专业学生的实验教材。使用本书时，可根据不同教学大纲的要求，对实验内容进行合理选择。本书颇具特色，在借鉴国内同类教材的同时也充分吸收了近年来海南大学化学研究和实验教学改革的成果。本书既可用于传统实验教学，也可用于开放实验教学。

笔者在编写中参考了大量的文献资料，谨向有关作者表示感谢；对参与编写本书的同仁们表示衷心的感谢。

由于学科发展迅速，加之笔者水平和经验有限，书中不足之处在所难免，竭诚希望广大读者提出宝贵意见。

编　者

2020 年 12 月

第一版前言

随着海南大学“211 工程”建设的深入推进，以及现代化学学科研究的迅速发展，为了适应现阶段本科实验教学和人才培养的需要，我们编写了这本《有机化学实验》。本书可以作为化学、化工、制药、生物、食品、材料、高分子、环境、海洋、水产、农学、林学、园艺等专业的本科生实验教学用书。本书具有较宽的适用面，使用时不同专业可根据需要选择所侧重的内容。

本教材共分 8 章内容，包含了有机化学传统的实验基本操作和体现有机化学基础理论知识的大部分实验内容。总体按照从一般知识、基本操作训练到综合性技术和技能运用，由浅入深的架构顺序组织而成。

本教材在实验内容选定时借鉴了国内同类实验教材中的先进内容，部分内容源自编者们多年来的实验教学成果总结。与同类其他教材相比，本教材的特色在于：着力培养学生独立开展有机化学实验的能力，教材内容增加了重要操作技术的训练，天然产物提取分离和综合设计性实验等比重，对部分实验内容进行了适度的研究性拓展。在主要有机物的合成原理中增加了有机物的背景知识介绍。教材的这些特色处理，适应了目前高等实验课程教学发展的趋势，也大大增强了本教材的可读性、可授性和实践性。作为一本普通高等院校的有机化学实验教材，本书可以用于传统的教学方式，也适用于实验室开放的教学方式。

本书是海南省精品课程有机化学大学建设的教学成果，也是编者多年实验教研成果和教学经验的积累和总结，更是博采众长、团结协作的结果。本书的编写得到了化学工业出版社和本校同行的大力支持和帮助，得到海南省中西部高校提升综合实力工作资金项目的支持，在此一并致以衷心的感谢！

由于编者水平所限，书中难免存在不当之处，诚请使用本书的各院校同行和读者提出批评和建议，便于我们修改，使之更加完善。

编　者

2015 年 4 月

目 录

第1章 有机化学实验的基本知识

1.1 有机化学实验的目的

现代科学技术的发展使化学科学发生了天翻地覆的变化，但是作为化学学科重要组成部分的有机化学科学，其发展与有机化合物的合成、分离提纯、鉴定等经典基础性实验研究仍然紧密相连。在高等教育中加强有机化学实验课程教学对于培养学生科学方法、科学思维、科学精神和创新意识有重要的作用。

有机化学实验教学的目的和任务：

① 结合基础实验操作、制备实验培养学生正规扎实的有机化学实验基本操作技能，学会正确使用常见的实验仪器。结合综合设计性实验内容，培养学生独立开展小量规模制备实验和性质实验及分离、鉴定、制备产品的能力。

② 实验中通过实验原理和方法的阐释，巩固和加深有机化学理论知识的理解和应用，培养学生理论联系实际、独立思考的能力。

③ 培养良好的实验工作作风和由实验素材总结演绎系统理论的思维方法，实事求是和严谨的科学态度及科学分析问题和解决问题的能力。

1.2 有机化学实验室规则

有机化学实验室是开展实验教学和科学研究的特殊场所，为了保证实验室的安全有效运转，培养良好的科学素质，所有进入实验室工作的人员都必须遵守有机化学实验室规则。

(1) 安全至上

不得将饮料、食品等物品带入实验室。不得穿拖鞋、短裤、背心等进实验室。进入实验室前，必须仔细阅读熟悉本书1.4、1.5节内容，严格遵守实验室的安全守则和每个具体实验操作中的安全注意事项。熟悉灭火器、急救药箱的使用方法和摆放位置。如有意外事故发生应按照安全守则规程处理并立即报告老师。

(2) 认真预习

每次实验前都必须认真预习实验指导书及相关的参考资料，熟悉实验的目的、原理、步骤和注意事项，并写出规范的实验预习报告。未达到预习要求者，不得进行实验。实验操作前先检查实验用品是否齐全完好，装置是否正确稳妥。

(3) 规范操作

实验中必须遵从教师的安排指导，严格按照实验指导书所规定的步骤、试剂的规格和用量规范操作实验。实验时要仔细观察，积极思考，及时、如实地记录观察到的现象并做出科学的解释。若要更改实验内容、药品用量，以及重新开始实验必须征得教师同意后，方可进行。

(4) 保持整洁

必须保持实验室内的所有仪器、药品摆放有序，安全整洁。应在指定的地点规范使用仪器、器材或取用药品，暂时不用的物品不要放在实验台面。任何固体物质不能投入水槽中。废纸和废屑应投入垃圾箱内。废弃药品应按规定存入指定位置或容器。实验室内必须保持安静，实验人员未经批准不得擅自离开实验室。

(5) 懂得珍惜

注意节约实验室水、电、药品，爱护各种仪器、器材。如损坏仪器要办理登记换领手续，并按学校有关规定办理。不得将实验室任何物品携出室外。

(6) 做好值日

实验完毕，必须清洗所用的器材并按规定摆放，搞好实验台面、地面、水槽及周边的清洁卫生；关闭水源、电源和门窗。得到指导教师允许后，方可离开实验室。值日生应打扫实验室，并按要求清理废物。

1.3 化学试剂与危险化学品

1.3.1 化学试剂

1. 化学试剂的纯度与分类

目前，化学试剂已广泛应用于工业、农业、医疗卫生、生命科学与生物技术、环境保护、能源开发、国防军工等科研领域和国民经济发展的各个行业。一般认为“在科学实验中使用的化学药品”都可称为“化学试剂”。我国通用的化学试剂一般分为 4 个纯度等级。市售化学试剂在瓶子的标签上用不同的符号和颜色标明它的纯度等级。以下是国内试剂的纯度及其适用范围。

① 优级纯试剂（一级试剂）：标签为绿色，简称 G. R.，用于精密分析实验，每一批产品都受到严格的质量控制以保证一致性的分析结果。

② 分析纯试剂（二级试剂）：标签为红色，简称 A. R.，用于分析及测试实验。

③ 化学纯试剂（三级试剂）：标签为蓝色，简称 C. P.，用于化学合成实验。

④ 实验试剂（四级试剂）：标签为黄色，简称 L. R.，用于一般化学实验。

2. 常用的有机溶剂

溶剂按化学组成分为有机溶剂和无机溶剂。

有机溶剂是在生产、实验室和生活中广泛应用的有机化合物。有机溶剂是能溶解一些不溶于水的物质的一类有机化合物。其特点是在常温常压下呈液态，具有较大的挥发性，在溶解过程中，溶质与溶剂的性质均无改变。

有机溶剂包括多类物质，如烷烃、烯烃、芳香烃、卤代烃、醇、酚、醚、醛、酮、酯、胺、杂环化物、含氮化合物及含硫化合物等。多数对人体有一定毒性，常用于实验室及涂料、黏合剂和清洁剂等工业品中。表 1-1 列出了常用有机溶剂的一些物理性质，供参考。

表 1-1 常用有机溶剂的物理性质

溶剂	分子量	密度/(g/mL)	沸点/℃	毒性	能溶解的物质
戊烷	72	0.63	36.1	低毒	与乙醇、乙醚等多数有机物混溶
己烷	88	0.68	68.7	低毒	部分溶于甲醇，与比乙醇溶解度高的醇、醚、丙酮、氯仿混溶
环己烷	84	0.78	80.7	低毒	不溶于水，溶于乙醇、乙醚、苯
石油醚		0.64～0.66	30～90	低毒	不溶于水，溶于无水乙醇、苯、氯仿、油类等
苯	78	0.88	80.1	中等毒性	难溶于水，与甘油、乙二醇、乙醇、氯仿、乙醚、四氯化碳、二硫化碳、丙酮、甲苯、二甲苯、冰醋酸、脂肪烃等大多有机物混溶
甲苯	92	0.87	110.6	低毒 有麻醉性	不溶于水，与甲醇、乙醇、氯仿、丙酮、乙醚、冰醋酸、苯等有机物混溶
氯仿	119	1.50	61.2	中等毒性 强麻醉性	与乙醇、乙醚、石油醚、卤代烃、四氯化碳、二硫化碳等混溶
四氯化碳	154	1.60	76.8	中等毒性	与醇、醚、石油醚、石油脑、冰醋酸、二硫化碳、氯代烃混溶
氯苯	113	1.10	131.7	中等毒性	与醇、醚、脂肪烃、芳香烃和有机氯化物等多种有机物混溶
甲醇	32	0.79	64.5	中等毒性 有麻醉性	与水、乙醚、醇、酯、卤代烃、苯、酮等混溶
乙醇	46	0.79	78.3	微毒 有麻醉性	与水、乙醚、氯仿、酯、烃类衍生物等有机物混溶
乙二醇	62	1.11	197.9	低毒	与水、乙醇、丙酮、乙酸、甘油、吡啶混溶
苯酚	94	1.06	181.2	高毒	溶于乙醇、乙醚、乙酸、甘油、氯仿、二硫化碳、苯
乙醚	74	0.71	34.6	有麻醉性	微溶于水，易溶于盐酸，与醇、醚、石油醚、苯、氯仿等多数有机物混溶
四氢呋喃	72	0.89	67.0	低毒	与水混溶，很好地溶解乙醇、乙醚、脂肪烃、芳香烃、卤代烃
环氧乙烷	44	0.88	13.5	低毒	溶于水、乙醇、乙醚

续表

溶剂	分子量	密度/(g/mL)	沸点/℃	毒性	能溶解的物质
乙醛	44	0.82	20.8	低毒	能与水、乙醇、乙醚、苯等混溶
丙酮	58	0.79	56.1	低毒	与水、醇、醚、烃混溶
环己酮	100	0.96	155.7	低毒 有麻醉性	与甲醇、乙醇、苯、丙酮、己烷、乙醚、硝基苯、石油脑、二甲苯、乙二醇、乙酸异戊酯、二乙胺及其他多种有机物混溶
乙酸	60	1.37	118.1	低毒	与水、乙醇、乙醚、四氯化碳混溶
乙酸乙酯	88	0.90	77.1	低毒 有麻醉性	溶于醇、醚、氯仿、丙酮、苯等大多数有机物
甲酰胺	45	0.13	109.0	低毒	溶于水、醇、吡啶、氯仿、甘油、热苯、丁酮、丁醇、苄醇，微溶于乙醚
硝基苯	123	1.20	210.9	剧毒	几乎不溶于水，与醇、醚、苯等有机物混溶
乙腈	41	0.79	81.6	中等毒性	与水、甲醇、乙酸甲酯、乙酸乙酯、丙酮、醚、氯仿、四氯化碳、氯乙烯及各种不饱和烃混溶
吡啶	79	0.98	115.3	低毒	与水、醇、醚、石油醚、苯、油类混溶
喹啉	129	1.09	237.1	中等毒性	溶于热水、稀酸、乙醇、乙醚、丙酮、苯、氯仿、二硫化碳
二硫化碳	76	1.30	46.2	低毒 有麻醉性	微溶于水，与多种有机溶剂混溶

3. 化学试剂的纯化

在化学实验中，经常会遇到所用的化学试剂纯度不够，或购买不到所需纯度的化学试剂的情况，这就需要自己在实验室对现有的化学试剂进行纯化，以便得到所需纯度的化学试剂。实验室中常用的纯化化学试剂的方法有：蒸馏和精馏、重结晶、萃取和色谱分离等。需根据试剂中所含的杂质和实验中所需试剂的纯度等综合考虑纯化方法。

下面介绍实验室部分常用试剂的纯化方法。

(1) 石油醚的纯化

石油醚为轻质石油产品，是分子量较低的烷烃类混合物。其沸程为 30～150℃，收集的温度区间一般为 30℃左右。有 30～60℃、60～90℃、90～120℃等沸程规格的石油醚。其中含有少量不饱和烃，沸点与烷烃相近，用蒸馏法无法分离。石油醚的精制通常将石油醚用等体积的浓硫酸洗涤 2～3 次，再用 10%硫酸加入高锰酸钾配成的饱和溶液洗涤，直至水层中的紫色不再消失为止。然后再用水洗，经无水氯化钙干燥后蒸馏。若需绝对干燥的石油醚，用压钠机将 1g 金属钠直接压成钠丝放于盛石油醚的瓶中，用带有氯化钙干燥管的软木塞塞住，或在木塞中插一末端拉成毛细管的玻璃管，这样，既可防止潮气侵入，又可使产生的气体逸出，放置至无气泡发生即可使用。

(2) **苯的纯化**

试剂苯含有少量的水、噻吩、羟基化合物和不饱和化合物等杂质。噻吩的沸点为84℃，在苯的蒸馏以及用冻结法结晶时均不能将其除去。用下述方法检查噻吩的存在：取3mL苯，加入靛红的浓硫酸溶液10mL（溶有10mg靛红），共同振荡几分钟后，酸层出现蓝绿色则证明噻吩的存在。除去噻吩的最简单方法是与浓硫酸一起摇荡，因为噻吩容易被磺化生成噻吩磺酸而溶于硫酸中。在分液漏斗中，加入600mL苯和90mL浓硫酸，摇动数分钟并静置，分层后弃去下部的酸，同法重复操作2～3次后用水洗两次，再用50～60mL碳酸钠溶液（10%）洗涤两次，水洗两次，加入氯化钙干燥数小时，过滤并在水浴上进行蒸馏，收集沸点为80～81℃的中段馏出液，保存于带磨口塞的试剂瓶中。

(3) **氯仿的纯化**

氯仿在日光下易氧化成氯气、氯化氢和剧毒的光气，故氯仿应贮于棕色瓶中。市场上供应的氯仿多用1%乙醇作稳定剂，以消除产生的光气。氯仿中乙醇的检验可用碘仿反应，游离氯化氢的检验可用硝酸银的醇溶液。

除去乙醇可将氯仿用其二分之一体积的水振摇数次分离下层的氯仿，用氯化钙干燥24h，然后蒸馏。另一种纯化方法是将氯仿与少量浓硫酸一起振动两三次。每200mL氯仿用10mL浓硫酸，分去酸层以后的氯仿用水洗涤，干燥，然后蒸馏。除去乙醇后的无水氯仿应保存在棕色瓶中并避光存放，以免光化作用产生光气。

(4) **四氯化碳的纯化**

四氯化碳沸点76.8℃，相对密度$d=1.595$。不溶于水，但溶于有机溶剂。不易燃，能溶解油脂类物质，吸入或皮肤接触都可导致中毒。纯化时，先将6g氢氧化钠溶解于6mL蒸馏水和10mL乙醇，配制成溶液后再加入100mL四氯化碳，在50～60℃振摇30min，然后水洗，再重复操作一次（氢氧化钠的量减半）。四氯化碳中残余的乙醇可以用氯化钙除掉。最后用氯化钙干燥，过滤，蒸馏收集76.7℃的馏分。四氯化碳不能用金属钠干燥，否则会有爆炸危险。

(5) **甲醇的纯化**

普通未精制的甲醇含有0.02%丙酮和0.1%水。而工业甲醇中这些杂质的含量达0.5%～1%。为了制得纯度达99.9%以上的甲醇，可将甲醇用分馏柱分馏。收集64℃的馏分，再用镁去水。甲醇有毒，处理时应防止吸入其蒸气。

(6) **乙醇的纯化**

制备无水乙醇的方法很多，根据对无水乙醇质量的要求不同而选择不同的方法。

若要求98%～99%的乙醇，可采用下列方法：①利用苯、水和乙醇形成低共沸混合物的性质，将苯加入乙醇中，进行分馏，在64.9℃时蒸出苯、水、乙醇的三元恒沸混合物，多余的苯在68.3℃与乙醇形成二元恒沸混合物被蒸出，最后蒸出乙醇。工业多采用此法。②用生石灰脱水。于100mL 95%乙醇中加入新鲜的块状生石灰20g，回流3～5h，然后进行蒸馏。

若要99%以上的乙醇，可采用下列方法：①在100mL 99%乙醇中，加入7g金属钠，待反应完毕，再加入27.5g邻苯二甲酸二乙酯或25g草酸二乙酯，回流2～3h，然后进行蒸馏。金属钠虽能与乙醇中的水作用，产生氢气和氢氧化钠，但所生成的氢氧化钠又与乙醇发生平衡反应，因此单独使用金属钠不能完全除去乙醇中的水，须加入过量的高沸点酯。如邻苯二甲酸二乙酯与生成的氢氧化钠作用，抑制上述反应，从而达到进一步脱水的目的。②在

60mL 99%乙醇中，加入5g镁和0.5g碘，待镁溶解生成醇镁后，再加入900mL 99%乙醇，回流5h后，蒸馏，可得到99.9%乙醇。由于乙醇具有非常强的吸湿性，所以在操作时，动作要迅速，尽量减少转移次数以防止空气中的水分进入，同时所用仪器必须事前干燥好。

(7) 乙醚的纯化

普通乙醚常含有2%乙醇和0.5%水。久藏的乙醚常含有少量过氧化物。

过氧化物的检验和除去：在干净的试管中放入2～3滴浓硫酸，1mL 2%碘化钾溶液（若碘化钾溶液已被空气氧化，可用稀亚硫酸钠溶液滴到黄色消失）和1～2滴淀粉溶液，混合均匀后加入乙醚，出现蓝色即表示有过氧化物存在。除去过氧化物可用新配制的硫酸亚铁稀溶液（配制方法是60g $FeSO_4 \cdot 7H_2O$、100mL水和6mL浓硫酸）。将100mL乙醚和10mL新配制的硫酸亚铁溶液放在分液漏斗中洗数次，至无过氧化物为止。

醇和水的检验和除去：乙醚中放入少许高锰酸钾粉末和一粒氢氧化钠。放置后，氢氧化钠表面附有棕色树脂，即证明有醇存在。水的存在用无水硫酸铜检验。先用无水氯化钙除去大部分水，再经金属钠干燥。其方法是：将100mL乙醚放在干燥锥形瓶中，加入20～25g无水氯化钙，瓶口用软木塞塞紧，放置一天以上，并间断摇动，然后蒸馏，收集33～37℃的馏分。用压钠机将1g金属钠直接压成钠丝放于盛乙醚的瓶中，用带有氯化钙干燥管的软木塞塞住。或在木塞中插一末端拉成毛细管的玻璃管，这样，既可防止潮气侵入，又可使产生的气体逸出。放置至无气泡发生即可使用；放置后，若钠丝表面已变黄变粗时，须再蒸一次，然后再压入钠丝。

(8) 四氢呋喃的纯化

四氢呋喃与水能混溶，并常含有少量水分及过氧化物。如要制得无水四氢呋喃，可用氢化铝锂在隔绝潮气下回流（通常1000mL约需2～4g氢化铝锂）除去其中的水和过氧化物，然后蒸馏，收集66℃的馏分。蒸馏时不要蒸干，将剩余少量残液倒出。精制后的液体加入钠丝并应在氮气氛中保存。处理四氢呋喃时，应先用小量进行试验，在确定其中只有少量水和过氧化物，作用不致过于激烈时，方可进行纯化。四氢呋喃中的过氧化物可用酸化的碘化钾溶液来检验。如过氧化物较多，应另行处理为宜。

(9) 甲醛的纯化

商品福尔马林是含37%～40%甲醛的水溶液（每毫升含甲醛0.37～0.40g），加入12%的甲醇作稳定剂。当需要干燥的气态甲醛时，可通过180～200℃多聚甲醛的解聚得到。

(10) 丙酮的纯化

丙酮常含有少量的水及甲醇、乙醛等还原性杂质。其纯化方法有：

① 于250mL丙酮中加入2.5g高锰酸钾回流，若高锰酸钾紫色很快消失，再加入少量高锰酸钾继续回流，至紫色不褪为止。然后将丙酮蒸出，用无水碳酸钾或无水硫酸钙干燥，过滤后蒸馏，收集55.0～56.5℃的馏分。用此法纯化丙酮时，须注意丙酮中含还原性物质不能太多，否则会过多消耗高锰酸钾和丙酮，使处理时间增长。

② 将100mL丙酮装入分液漏斗中，先加入4mL 10%硝酸银溶液，再加入3.6mL的1mol/L氢氧化钠溶液，振摇10min，分出丙酮层，再加入无水硫酸钾或无水硫酸钙进行干燥。最后蒸馏收集55.0～56.5℃的馏分。此法比方法①要快，但硝酸银较贵，只宜做小量纯化用。

(11) 冰醋酸的纯化

冰醋酸沸点117℃，将市售乙酸在4℃下缓慢结晶，过滤，压干。少量的水可用五氧化二磷回流干燥几小时除去。冰醋酸对皮肤有腐蚀作用，触及皮肤或溅到眼睛时，要用大量水冲洗。

(12) 乙酸乙酯的纯化

乙酸乙酯一般含量为 95%～98%，含有少量水、乙醇和乙酸。可用下法纯化：于 1000mL 乙酸乙酯中加入 100mL 乙酸酐、10 滴浓硫酸，加热回流 4h，除去乙醇和水等杂质，然后进行蒸馏。馏液用 20～30g 无水碳酸钾振荡，再蒸馏。产物沸点为 77℃，纯度可达 99%以上。

(13) 吡啶的纯化

分析纯的吡啶含有少量水分，可供一般实验用。如要制得无水吡啶，可将吡啶与氢氧化钾（钠）一同回流，然后隔绝潮气蒸出备用。干燥的吡啶吸水性很强，保存时应将容器口用石蜡封好。

(14) 二硫化碳的纯化

二硫化碳为有毒化合物，能使血液神经组织中毒，具有高度的挥发性和易燃性。因此，使用时应避免与其蒸气接触。对二硫化碳纯度要求不高的实验，在二硫化碳中加入少量无水氯化钙干燥几小时，在水浴 55～65℃下加热蒸馏、收集馏分。如需要制备较纯的二硫化碳，在试剂级的二硫化碳中加入 0.5%高锰酸钾水溶液洗涤三次。除去硫化氢再用汞不断振荡以除去硫。最后用 2.5%硫酸汞溶液洗涤，除去所有的硫化氢（洗至没有恶臭为止），经氯化钙干燥，再蒸馏。

(15) 硫酸二烷基酯的纯化

硫酸二甲酯为液体，沸点 188.5℃，几乎没有气味。气态和液态的硫酸二甲酯均有剧毒，应在通风橱中使用，并戴上胶皮手套。吸入气态的硫酸二甲酯会导致头晕，甚至中毒，液态的硫酸二甲酯会渗透皮肤导致中毒。如果不小心将液态硫酸二甲酯洒在手上，应立即用浓氨水冲洗，将它在未渗透皮肤之前分解，然后用浸有氨水的棉团轻轻擦拭。

硫酸二乙酯的毒性比硫酸二甲酯的弱，但在使用和处理时同样要采取相应的预防措施，所有的操作都应戴上胶皮手套在通风橱中进行。如果硫酸二乙酯为黑色，应该放在分液漏斗中用冰水洗涤，再用碳酸氢钠洗涤，直到不显酸性，最后用氧化钙干燥，分馏，收集 93℃/1.7kPa 的馏分。

(16) 无水三氯化铝的纯化

三氯化铝一般为粉状，有时也有块状，容易和潮湿的空气反应而变质。在使用前要认真检验是否变质。在一些反应中需要用高质量的无水三氯化铝，可用如下步骤制备：先将块状的三氯化铝研碎装入大小合适的圆底烧瓶中，安装蒸馏头，蒸馏头直接与接收瓶相连，接收瓶用两颈圆底烧瓶，接收瓶的另一个出口通过干燥塔和水泵相连。干燥塔中装有颗粒状的氯化钙，用煤气灯火焰小心加热蒸馏瓶，减压，三氯化铝便升华出来，收集在接收瓶中。

1.3.2 危险化学品

1. 危险化学品的分类

《危险化学品安全管理条例》规定，危险化学品是指具有毒害、腐蚀、爆炸、燃烧、助燃等性质，对人体、设施、环境具有危害的剧毒化学品和其他化学品。危险化学品具有不同程度的燃烧、爆炸、毒害、腐蚀等特性，受到摩擦、撞击、震动，接触火源，日光暴晒，遇水受潮，温度变化或遇到性质相抵触的其他物品等外界因素的影响，容易引起燃烧、爆炸、中毒、灼烧等人身伤亡或财产损失事故。危险化学品也称为化学危险品。

依据 GB 13690—2009《化学品分类和危险性公示通则》，化学品按物理、健康或环境危险的性质共分 3 大类。其中按照理化危险，化学品可分为爆炸物、易燃气体、易燃气溶胶、氧化性气体、压力下气体、易燃液体、易燃固体、自反应物质或混合物、自燃液体、自燃固体、自热物质和混合物、遇水放出易燃气体的物质或混合物、氧化性液体、氧化性固体、有机过氧化物、金属腐蚀剂。

2. 危险化学品的贮存

危险化学品的贮存要严格遵守公安部门的使用规定。常用化学危险品贮存通则（GB 15603—1995）的基本要求如下。

① 贮存危险化学品必须遵照国家法律、法规和其他有关的规定。

② 危险化学品必须贮存在经公安部门批准设置的专门的危险化学品仓库中，经销部门自管仓库贮存危险化学品及贮存数量必须经公安部门批准。未经批准不得随意设置危险化学品贮存仓库。

③ 危险化学品露天堆放，应符合防火、防爆的安全要求。爆炸物品、一级易燃物品、遇湿燃烧物品、剧毒物品不得露天堆放；受阳光照射易燃烧、易爆炸或产生有毒气体的化学危险品和桶装、罐装等易燃液体、气体应当在阴凉通风地点存放；化学性质和灭火方法相互抵触的危险化学品，不得在同一仓库或同一贮存室内存放；存放剧毒物品的部门必须备有保险箱，存放剧毒物品的保险箱钥匙应安全保存；危险化学品的存放区域应设置醒目的安全标志。

④ 贮存危险化学品的仓库必须配备专业知识的技术人员，其库房及场所应设专人管理，管理人员必须配备可靠的个人安全防护用品。

3. 危险化学品的申购与运输

危险化学品是一种特殊的商品。剧毒危险品的购买必须报单位保卫处安全办公室批准备案，使用“剧毒物品购买使用许可证”，通过正常渠道在指定的危险化学品商店购买。运输危险化学品时必须委托专门的人员与车辆，装运危险化学品时不得客货混装。禁止随身携带、夹带危险化学品乘坐公共交通工具。

4. 常见的危险化学品

(1) 易燃化学药品

① 可燃气体：NH_3、$CH_3CH_2NH_2$、Cl_2、CH_3CH_2Cl、C_2H_2、H_2、H_2S、CH_4、CH_3Cl、O_3、SO_2和煤气等。

② 易燃液体分一级、二级、三级。一级易燃液体有丙酮、乙醚、汽油、环氧丙烷、环氧乙烷等；二级易燃液体有乙酸乙酯、乙酸戊酯等；三级易燃液体有柴油、煤油、松节油等。

③ 易燃固体可分为无机物和有机物两大类。无机物类如红磷、硫黄、P_2S_3、镁粉和铝粉等；有机物类如硝化纤维、樟脑等。

④ 自燃物质有白磷。

⑤ 遇水燃烧的物品有钾、钠等。

(2) 易爆化学药品

① 氢气、乙炔、二硫化碳、乙醚及汽油的蒸气与空气或氧气混合，皆可因火花导致

爆炸。

② 乙醇加浓硝酸、高锰酸钾加甘油、高锰酸钾加硫黄；硝酸加镁和氢碘酸、硝酸铵加锌粉和水滴；硝酸盐加氯化亚锡；过氧化物加铝和水；硫黄加氧化汞；钠或钾加水等可爆炸。

③ 氧化剂与有机物接触，极易引起爆炸，故在使用硝酸、高氯酸、双氧水等时必须注意。

（3）有毒化学药品

① Br_2、Cl_2、F_2、HBr、HCl、HF、SO_2、H_2S、NH_3、NO_2、PH_3、HCN、CO、O_3和BF_3等均为有毒气体，具有窒息性或刺激性。

② 强酸和强碱均会刺激皮肤，有腐蚀作用，会造成化学烧伤。强酸、强碱可烧伤眼睛角膜，其中强碱烧伤后5min，可使眼睛角膜完全毁坏。HF、PCl_3、CCl_3COOH等也具有强腐蚀性。

③ 高毒性固体有：无机氰化物、三氧化二砷等砷化物、氯化汞等可溶性汞化合物、铊盐、硒及其化合物和五氧化二钒等。

④ 有毒有机物有：苯、甲醇、二硫化碳等有机溶剂；芳香族硝基化合物、苯酚、硫酸二甲酯、苯胺及其衍生物等。

⑤ 已知的危险致癌物质有：联苯胺及其衍生物、β-萘胺、二甲氨基偶氮苯、α-萘胺等芳胺及其衍生物；*N*-甲基-*N*-亚硝基苯胺、*N*-亚硝基二甲胺、*N*-甲基-*N*-亚硝基脲、*N*-亚硝基氢化吡啶等*N*-亚硝基化合物；双（氯甲基）醚、氯甲基甲醚、碘甲烷、β-羟基丙酸丙酯等烷基化试剂；苯并[*a*]芘、二苯并[*c*,*g*]咔唑、二苯并[*d*,*h*]蒽、7,12-二甲基苯并[*a*]蒽等稠环芳烃；硫代乙酰胺、硫脲等含硫化合物；石棉粉尘等。

⑥ 具有长期积累效应的毒物有：苯、铅化合物（特别是有机铅化合物）、汞、二价汞盐和液态的有机汞化合物等。

5. 危险药品的使用规则

（1）易燃、易爆和腐蚀性药品的使用规则

① 绝不允许把各种化学药品任意混合，以免发生意外事故。

② 使用氢气时，要严禁烟火，点燃氢气前，必须检验氢气的纯度。进行有大量氢气产生的实验时，应把废气通向室外，并需注意室内的通风。

③ 可燃性试剂不能用明火加热，必须用水浴、油浴、沙浴或可调电压的电热套加热。使用和处理可燃性试剂时，必须在没有火源和通风的实验室中进行，试剂用毕要立即盖紧瓶塞。

④ 钾、钠和白磷等暴露在空气中易燃烧，所以，钾、钠应保存在煤油（或液体石蜡）中，白磷可保存在水中。取用它们时要用镊子。

⑤ 取用酸、碱等腐蚀性试剂时，应特别小心，不要洒出。废酸应倒入废酸缸中，但不要往废酸缸中倾倒废碱，以免因酸碱中和放出大量的热而发生危险。浓氨水具有强烈的刺激性气味，一旦吸入较多氨气时，可能导致头晕或晕倒。若氨水进入眼内，严重时可能造成失明。所以，在热天取用氨水时，最好先用冷水浸泡氨水瓶，使其降温后再开瓶取用。

⑥ 对某些强氧化剂（如氯酸钾、硝酸钾、高锰酸钾等）或其混合物，不能研磨，否则

将引起爆炸；银氨溶液不能留存，因其久置后会生成氮化银而容易爆炸。

（2）有毒、有害药品的使用规则

① 有毒药品（如铅盐、砷的化合物、汞的化合物、氰化物和重铬酸钾等）不得进入口内或接触伤口，也不得直接倒入下水道。

② 金属汞易挥发，并能通过呼吸道而进入体内，会逐渐积累而造成慢性中毒，所以在取用时要特别小心，不得把汞洒落在桌上或地上。一旦洒落，必须尽可能收集起来，并用硫黄粉盖在洒落汞的地方，使汞变成不挥发的硫化汞，然后再除尽。

③ 制备和使用具有刺激性的、恶臭和有害的气体（如硫化氢、氯气、光气、一氧化碳、二氧化硫等）及加热蒸发浓盐酸、硝酸、硫酸等时，应在通风橱内进行。

（3）有毒有机溶剂的注意事项

对某些有机溶剂如苯、甲醇、硫酸二甲酯，使用时应特别注意。因为这些有机溶剂均为脂溶性液体，不仅对皮肤及黏膜有刺激性作用，而且对神经系统也有损伤。生物碱大多具有强烈毒性，皮肤亦可吸收，少量即可导致中毒甚至死亡。因此，均需穿上工作服、戴上手套和口罩使用这些试剂。

（4）必须了解哪些化学药品具有致癌作用

在取用这些药品时应特别注意，以免中毒。

1.4 有机化学实验室常见事故的预防和处理

由于有机化学实验所用的药品多数是有毒、可燃、有腐蚀性或爆炸性的，所用的仪器大部分又是玻璃制品，所以，在有机化学实验室工作，若粗心大意，就易发生事故，如割伤、烧伤，乃至火灾、中毒和爆炸等，必须认识到化学实验室是潜在的危险场所。只要我们经常重视安全问题，思想上提高警惕，实验时严格遵守操作规程，加强安全措施，大多数事故是可以避免的。下面介绍实验室的安全守则和实验室事故的预防和处理。

1.4.1 实验室的安全守则

① 实验开始前应检查仪器是否完整无损，装置是否正确稳妥，在征求指导教师同意之后，方可进行实验。

② 实验进行时，不得擅自离开岗位，要经常注意反应进行的情况和装置有无漏气、破裂等现象。

③ 当进行有可能发生危险的实验时，要根据实验情况采取必要的安全措施，如戴防护眼镜、面罩或橡皮手套等。有毒、易燃、易爆、强腐蚀性药品的取用放置应严格按规定进行。

④ 使用易燃、易爆药品时，应远离火源。开启存有挥发性、腐蚀性药品的瓶塞和安瓿瓶时必须冷却并采取正确的防止液体喷溅措施，切不可贸然加热或敲击处理。所有实验试剂均不得入口。严禁在实验室内吸烟或进食。实验结束后要细心洗手。

⑤ 熟悉安全用具如灭火器材、砂箱以及急救药箱的放置地点和使用方法，并妥善爱护。安全用具和急救药品不准移作他用。

1.4.2 实验室事故的预防

1. 火灾的预防

实验室中使用的有机溶剂大多数是易燃的，着火是有机实验室常见的事故之一，应尽可能避免使用明火。

1）在操作易燃的溶剂时要特别注意：①远离火源；②勿将易燃液体放在敞口容器中（如烧杯）中用火焰直接加热；③加热必须在水浴中进行，切勿使容器密闭，否则会造成爆炸；④当附近有露置的易燃溶剂时，切勿点火。

2）在进行易燃物质试验时，应养成先将酒精一类易燃的物质搬开的习惯。

3）蒸馏易燃的有机物时，装置不能漏气，如发现漏气，应立即停止加热，检查原因。若因塞子被腐蚀，则待冷却后，才能换掉塞子。接收瓶不宜用敞口容器如广口瓶、烧杯等，而应用窄口容器如三角烧瓶等。从蒸馏装置接收瓶出来的尾气的出口应远离火源，最好用橡皮管引到下水道口或室外。

4）回流或蒸馏低沸点易燃液体时应注意：①应放数粒沸石或素烧瓷片或一端封口的毛细管，以防止暴沸。若在加热后才发觉未放入沸石这类物质时，应停止加热，待被蒸馏的液体冷却后才能加入，避免因暴沸而发生事故。②严禁直接加热。③瓶内液量最多只能装至半满。④加热速度宜慢，不能快，避免局部过热，冷凝水要保持畅通。总之，蒸馏或回流易燃低沸点液体时，必须谨慎从事，切不能粗心大意。

5）用油浴加热蒸馏或回流时，必须注意避免由于冷凝用水溅入热油浴中致使油外溅到热源上而引起火灾的危险。通常发生危险主要是由于橡皮管套进冷凝管上不紧密，开动水阀过快，水流过猛把橡皮管冲出来，或者由于套不紧而漏水。所以，要求橡皮管套入侧管时要很紧密，开动水阀时也要慢动作，使水流慢慢通入冷凝管中。

6）当处理大量的可燃性液体时，应在通风橱中或在指定地方进行，室内及周围应确定没有火源。

7）不得把燃着或者带有火星的火柴梗或纸条等乱抛乱掷，也不得丢入废物缸中，否则会发生危险。反应废弃物放置处理时注意避免可能发生的化学反应及挥发燃烧等。

8）实验室尽可能不贮存大量的易燃物品，并定期检查煤气电路的完整性。

2. 爆炸的预防

在有机化学实验里一般预防爆炸的措施如下。

1）蒸馏装置必须正确，不能造成密闭体系，应使装置与大气相连通，减压蒸馏时，要用圆底烧瓶或吸滤瓶作接收器，不可用三角烧瓶。否则，往往会发生爆炸。

2）切勿使易燃易爆的气体接近火源，有机溶剂如乙醚和汽油一类的蒸气与空气相混时极为危险，可能会因一个火花、电花或者一个热的表面而引起爆炸。

3）使用乙醚时，必须检查有无过氧化物存在。如果发现有过氧化物存在时，应立即用硫酸亚铁除去过氧化物，重新检验合格才能使用。使用乙醚时应在通风较好的地方或在通风橱内进行。

4）对于易爆炸的固体，如重金属乙炔化物、苦味酸金属盐、三硝基甲苯等都不能重压或撞击，以免引起爆炸；对于这些危险的残渣，必须小心处理。例如，重金属乙炔化物可用浓盐酸或浓硝酸使它分解，重氮化合物可加水煮沸使它分解等，详细情况请参考有关内容。

5）卤代烷勿与金属钠接触，因反应剧烈易发生爆炸。

6）许多气体和空气的混合物有爆炸组分界限，当混合物的组分介于爆炸高限与爆炸低限之间时，只要有一适当的灼热源（如一个火花，一根高热金属丝）诱发，全部气体混合物便会瞬间爆炸。某些气体与空气混合的爆炸高限和低限，以其体积分数表示，列于表 1-2。因此实验时应尽量避免能与空气形成爆鸣混合气的气体散失到室内空气中，同时实验室工作时应保持室内通风良好，不使某些气体在室内积聚而形成爆鸣混合气。实验需要使用某些与空气混合有可能形成爆鸣混合气的气体时，室内应严禁明火和使用可能产生电火花的电器等，禁穿鞋底上有铁钉的鞋子。

表 1-2　与空气混合的某些气体的爆炸极限（20℃，101.3kPa）

气　体	爆炸高限（体积分数）/%	爆炸低限（体积分数）/%	气　体	爆炸高限（体积分数）/%	爆炸低限（体积分数）/%
氢	74.2	4.0	乙醇	19.0	3.2
一氧化碳	74.2	12.5	丙酮	12.8	2.6
煤气	74.0	35.0	乙醚	36.5	1.9
氨	27.0	15.5	乙烯	28.6	2.8
硫化氢	45.5	4.3	乙炔	80.0	2.5
甲醇	36.5	6.7	苯	6.8	1.4

另外，实际操作中，很多气体都贮存在高压气瓶中，高压气瓶的安全保存使用也是一个很重要的安全问题。钢瓶又称高压气瓶，是一种在加压下贮存或运送气体的容器。实验室常用它获得各种气体。钢瓶是用无缝合金钢或碳素钢管制成的圆柱形容器，器壁很厚，一般最高工作压力为 15MPa。使用时为了降低压力并保持压力稳定，必须装置减压阀，各种气体的减压阀不能混用。通常有铸钢的、低合金钢和玻璃钢（即玻璃增强塑料）的等。氢气、氧气、氮气、空气等在钢瓶中呈压缩气状态，二氧化碳、氨、氯、石油气等在钢瓶中呈液化状态。乙炔钢瓶内装有多孔性物质（如木屑、活性炭等）和丙酮，乙炔气体在压力下溶于其中。

为了防止各种钢瓶混用，全国统一规定了瓶身、横条以及标字的颜色，以示区别。气体钢瓶颜色与标记见表 1-3。

表 1-3　常用气体钢瓶颜色与标记

气体名称	瓶身颜色	字样	横条颜色	标字颜色
氮气瓶	黑	氮	棕	黄
空气瓶	黑	压缩空气		白
二氧化碳气瓶	黑	二氧化碳	黄	黄
氧气瓶	天蓝	氧		黑
氢气瓶	深绿	氢	红	红
氯气瓶	草绿	氯	白	白
氨气瓶	黄	氨		黑
粗氩气瓶	灰	粗氩		白

续表

气体名称	瓶身颜色	字样	横条颜色	标字颜色
纯氩气瓶	灰	纯氩		绿
氦气瓶	灰	氦		白
液化石油气瓶	灰	石油气		红
乙炔气瓶	白	乙炔		红
氟氯烷气瓶	黄	氟氯烷		黑
其他一切可燃气体	红			
其他一切不可燃气体	黑			

7）使用钢瓶时应注意的事项

① 气体钢瓶在运输、贮存和使用时，注意勿使气体钢瓶与其他坚硬物体撞，搬运钢瓶时要旋上瓶帽，套上橡皮圈，轻拿轻放，防止摔碰或剧烈振动引起爆炸。钢瓶应放置在阴凉、干燥、远离热源的地方，避免日光直晒。氢气钢瓶应存放在与实验室隔开的气瓶房内。实验室中应尽量少放钢瓶。

② 原则上有毒气体（如液氯等）钢瓶应单独存放，严防有毒气体逸出，注意室内通风。最好在存放有毒气体钢瓶的室内设置毒气检测装置。

③ 若两种钢瓶中的气体接触后可能引起燃烧或爆炸，则这两种钢瓶不能存放在一起。气体钢瓶存放或使用时要固定好，防止滚动或跌倒。为确保安全，最好在钢瓶外面装橡胶防震圈。液化气体钢瓶使用时一定要直立放置，禁止倒置使用。

④ 钢瓶使用时要用减压表，一般可燃性气体（氢、乙炔等）钢瓶气门螺纹是反向的，不燃或助燃性气体（氮、氧等）钢瓶气门螺纹是正向的。各种减压表不得混用。开启气门时应站在减压表的另一侧，以防减压表脱出而被击伤。

减压表由指示钢瓶压力的总压力表、控制压力的减压阀和减压后的分压力表三部分组成。使用时应注意，把减压表与钢瓶连接好（勿猛拧！）后，将减压表的调压阀旋到最松位置（即关闭状态）。然后打开钢瓶总气阀门，总压力表即显示瓶内气体总压。检查各接头（用肥皂水）不漏气后，方可缓慢旋紧调压阀门，使气体缓缓送入系统。使用完毕时，应首先关紧钢瓶总阀门，排空系统的气体，待总压力表与分压力表均指到 0 时，再旋松调压阀门。如钢瓶与减压表连接部分漏气，应加垫圈使之密封，切不能用麻丝等物堵漏，特别是氧气钢瓶及减压表绝对不能涂油，这更应特别注意！

⑤ 钢瓶中的气体不可用完，应留有 0.5% 表压以上的气体；以防止重新灌气时发生危险。

⑥ 可燃性气体使用时，一定要有防止回火的装置（有的减压表带有此种装置）。在导管中塞细铜丝网，管路中加液封可以起保护作用。

⑦ 钢瓶应定期试压检验（一般钢瓶三年检验一次）。逾期未经检验或锈蚀严重时，不得使用，漏气的钢瓶不得使用。

⑧ 严禁油脂等有机物沾污氧气钢瓶，因为油脂遇到逸出的氧气就可能燃烧，若已有油污沾污氧气钢瓶，则应立即用四氯化碳洗净。氢气、氧气或可燃气体钢瓶严禁靠近明火，与明火的距离一般不小于 10m，否则必须采取有效的保护；氢气瓶最好放在远离实验室的小屋内；采暖期间，气瓶与暖气的距离不小于 1m。存放氢气钢瓶或其他可燃性气体钢瓶的房

间应注意通风，以免漏出的氢气或可燃性气体与空气混合后遇到火种发生爆炸。室内照明灯及电器通风装置均应防爆。

3. 中毒的预防

① 剧毒药品应妥善保管，不许随意存放，实验中所用的剧毒物质应有专人负责收发，并向使用毒物者提出必须遵守的专业操作规程。实验后的有毒残渣必须作妥善而有效的处理，不准随意丢弃。

② 有些剧毒物质会渗入皮肤，因此，接触这些物质时必须戴橡皮手套，操作后立即洗手，切勿让有毒物质沾及五官或伤口。例如，氰化钠沾及伤口后就随血液循环至全身，严重者会造成中毒甚至死亡事故。

③ 在反应过程中可能生成有毒或有腐蚀性气体的实验应在通风橱内进行，使用后的器皿应及时清洗。在使用通风橱时，严禁把头部伸入橱内。

4. 触电的预防

使用电器时，应防止人体与电器导电部分直接接触，不能用湿手接触电插头。为了防止触电，装置和设备的金属外壳等都应连接地线，实验后应切断电源，再将连接电源插头拔下。

1.4.3 事故的处理和急救

1. 火灾的处理

实验室一旦发生失火，现场全体人员应积极而有序地应对。一方面防止火势扩展，应立即切断火源，关掉室内总电闸，转移易燃物质。另一方面立即灭火。

有机化学实验室灭火，常采用使燃着的物质隔绝空气的办法，通常不能用水。否则，反而会引起更大火灾。失火初期，绝不能用口吹，必须用石棉布或湿布以及砂土盖熄，若火势小，可用数层湿布把着火的仪器包裹起来。如在烧杯或烧瓶等小器皿内着火可盖上石棉板或者瓷片，使之隔绝空气而灭火。若是少量溶剂（几毫升）着火，可任其烧完。切莫出现惊慌失措耽误灭火，或造成现场二次伤害事故。火较大时，应根据具体情况使用灭火器材。

如果油类着火时，要用细沙或灭火器灭火。也可撒上干燥的固体碳酸氢钠粉末将火扑灭。

如果电器着火时，应切断电源，然后才用二氧化碳灭火器或四氯化碳灭火器灭火。（四氯化碳蒸气有毒，在空气不流通的地方使用有危险），因为这些灭火剂不导电，不会使人触电。绝不能用水和泡沫灭火器灭火，因为水能导电，会使人触电甚至死亡。

若衣服着火，不要奔跑，而应立即就地打滚，临近人员应该用毛毡或棉胎一类包裹使之熄灭。

总之，当失火时，应根据起火的原因和火场周围的情况，采取不同的方法扑灭火焰。无论用何种灭火器，都应从火的四周开始向中心扑灭，把灭火器的喷出口对准火焰的底部，在抢救的过程中切勿犹豫迟疑。

2. 玻璃割伤

玻璃割伤是常见的事故，受伤后要仔细观察伤口有没有玻璃碎粒，应先把伤口处的玻璃碎粒取出。若伤势不重，用0.3%双氧水或硼酸水洗净伤口，涂上碘酒或红汞（注意不能同时并用）或涂上万花油，再用纱布包扎。若伤口严重，流血不止时，可在伤口上部约10cm

处用纱布扎紧，减慢流血，压迫止血，并随即送到医务室就诊。

3. 药品的灼伤

(1) 酸灼伤

皮肤：立即用大量水冲洗，然后用5%碳酸氢钠溶液洗涤浸泡后，涂上油膏，并将伤口包扎好。

眼睛：抹去溅在眼睛外面的酸，立即用水冲洗，用洗眼杯或将橡皮管套上水龙头用流速较缓的水对准眼睛冲洗，也可再用稀碳酸氢钠溶液洗涤，最后滴入少许蓖麻油。眼睛灼伤务必到医务室就诊。

衣服：依次用水、稀氨水和水冲洗。

地板：撒上石灰粉，再用水冲洗。

(2) 碱灼伤

皮肤：先用水冲洗，然后用饱和硼酸溶液或1%醋酸溶液洗涤浸泡，再涂上油膏并包扎好。

眼睛：抹去溅在眼睛外面的碱，用水冲洗，再用饱和硼酸溶液洗涤后，滴入蓖麻油。

衣服：先用水洗，然后用10%醋酸溶液洗涤，再用氢氧化铵中和多余的醋酸，最后用水清洗。

(3) 溴灼伤

如溴弄到皮肤上时，应立即用水冲洗，然后用酒精擦洗或者用2%的硫代硫酸钠溶液冲洗至灼伤处呈白色，然后涂上甘油，敷上烫伤油膏，将伤处包好。

如眼睛受到溴的蒸气刺激，暂时不能睁开时，用干净的手拉开眼睑，转动眼球用水冲洗眼部10～15min。

(4) 金属钠灼伤

被金属钠灼伤时，将可见的钠用镊子移走，再用乙醇擦洗，然后用水冲洗，最后涂上烫伤膏。

上述各种急救法，仅为暂时减轻疼痛的措施。若伤势较重，在急救之后，应速送医院诊治。

4. 烫伤

先用水冲洗降温，然后轻伤者涂以玉树油或鞣酸油膏，重伤者涂以烫伤油膏后即送医务室诊治。注意：如产生水泡，切勿弄破。

5. 中毒

溅入口中而尚未咽下的毒物应立即吐出来，用大量水冲洗口腔；如已吞下时，应根据毒物的性质服解毒剂，并立即送医院急救。

① 腐蚀性毒物：对于强酸，先饮大量的水，再服氢氧化铝膏、鸡蛋白；对于强碱，也要先饮大量的水，然后服用醋、酸果汁、鸡蛋白。不论酸或碱中毒都需服牛奶，不要吃呕吐剂。

② 刺激性及神经性中毒：先服牛奶或鸡蛋白使之缓和，再服用硫酸铜溶液（约30g溶于一杯水中）催吐，有时也可以用手指伸入喉部催吐后，立即送医院诊治。

③ 吸入气体中毒：将中毒者移至室外，解开衣领及纽扣，吸入少量氯气和溴气者，可用碳酸氢钠溶液漱口。

1.4.4 急救用具

消防器材：泡沫灭火器、四氯化碳灭火器（弹）、二氧化碳灭火器、细沙、石棉布、毛毡、棉胎和淋浴用的水龙头。

急救药箱：红汞、紫药水、碘酒、双氧水、饱和硼酸溶液、1%醋酸溶液、5%碳酸氢钠溶液、70%酒精、玉树油、烫伤油膏、万花油、药用蓖麻油、硼酸膏、凡士林、磺胺药粉、洗眼杯、消毒棉花、纱布、胶布、绷带、剪刀、镊子、橡皮管等。

1.5 实验室的环境保护

根据《中华人民共和国水污染防治法》《危险化学品安全管理条例》《废弃危险化学品污染环境防治办法》《高等学校实验室工作规程》等相关法律和规定，实验室要做好废弃危险化学品的处理，切实和有效地搞好实验室环境保护工作。

实验室中的废弃危险化学品，是指未经使用而被所有人抛弃或者放弃的危险化学品，淘汰、伪劣、过期、失效的危险化学品，教学和科研实验产生的废弃试剂、药品、含有危险化学品成分的废液，盛装废弃危险化学品的容器和受废弃危险化学品污染的包装物，以上未作规定的，适用有关法律、行政法规的规定。

为保证检测工作中所产生有毒有害气体、液体和固体物质等符合环境保护和健康的要求，防止环境污染，需按危险废物进行管理。

1.5.1 有机化学实验室的污染特点

虽然实验室产生的污染物的量较小，但由于大多数有机试剂具有一定的毒性，对环境的污染不可小视。

使用的有机溶剂除一部分挥发变成废气、一部分可回收再利用外，大多数成为液态污染物。由于通常情况下，有机溶剂并不参与反应，因此实验室消耗掉的有机溶剂量大致就相当于排放总量。年复一年累积排放量十分多，更不用说有些溶剂还是毒性较强的有机物。实验中所用到的试剂或产生的有害物质，如硝基苯、苯胺等严重污染环境。

那些要使用强酸、强碱的实验项目一般就会有强酸、强碱的污染问题。重金属污染问题也时有发生。

1.5.2 有机化学实验室的废弃物管理

1. 建立健全实验室废弃物管理规章制度

重视环保工作宣传教育，不断提高学生和教职工的环保意识，把保护环境作为己任，并积极参与环境违法监督，对各类学生和实验室工作人员，坚持“先教育，后实验”的制度。

建立健全实验室废弃物管理责任制，确保实验室废弃物的安全管理。实验室要制定并落实实验室废弃物管理的规章制度，明确工作流程、工作要求和有关人员的工作职责。

实验室应当设置负责实验室废弃物管理专（兼）职人员，履行以下职责：

① 负责指导、检查实验室废弃物分类收集、运送、贮存过程中各项工作的落实情况；

② 负责组织实验室废弃物流失、泄漏、扩散和意外事故发生时的紧急处理工作；

③ 负责组织有关实验室废弃物管理的培训工作；

④ 负责有关实验室废弃物登记和档案资料的管理；

⑤ 负责及时分析和处理实验室废弃物管理中的其他问题。

2. 实验室废弃物管理措施

① 制订相关工作人员的培训计划并组织实施。

② 各实验室在使用有毒药品时，应严格掌握数量，对危害性严重的药品，应按规定办理审批手续，使用时应作记录。经常检查及时处理各种事故隐患，减少各种危险事故的发生。

③ 废弃物有专人处理，对于实验所产生的可能会污染环境的废弃物（如废液、废渣），不得倒入下水池或随意堆放填埋，应及时清理，分类收集和贮存。贮存地点要有危险废物标志，贮存场所必须采取防扬散、防流失、防渗漏或者其他防止污染环境的措施。收集、运输、贮存实验室废弃物，应当按实验室废弃物特性选择安全的包装材料进行分类包装，包装容器和包装物应当设置表明废物形态、性质的识别标志。化学性质相抵触或灭火方法相抵触的物品不得混装。

④ 实验过程中如有有害气体产生，应在通风橱内或通风罩下进行，产生的有害气体的气量较大时，应采取措施，加以吸收。

⑤ 学校应委托经环境保护行政主管部门认可的、持有相应经营类别和经营规模的危险废物经营许可证的单位对其产生的实验室化学性废物进行运输、利用、处置并承担相关费用。应当向实验室废弃物收集运输单位提供实验室废弃物的品名、数量、成分或者组成、特性、化学品安全技术说明书等技术资料。

⑥ 加强监督。主要监督实验室废弃物管理的规章制度及落实情况；实验室废弃物分类收集、运输、贮存状况；有关实验室废弃物管理的登记资料和记录；发生实验室废弃物流失、泄漏、扩散和意外事故的上报及调查处理情况。

实验室对学校或环境保护行政主管部门的检查、监测、调查取证等工作，应当予以配合，不得拒绝和阻碍，不得提供虚假材料。

1.5.3 减少实验室废弃物污染环境的措施

① 各教学单位在制订教学、科研项目计划的同时，必须考虑落实环保措施，严格控制各种污染源（如废气、废水、废渣），做到污染物达标排放。

② 积极采用无污染或少污染的新材料、新工艺、新技术、新方法，严格控制污染源，鼓励和支持有利于环境保护的教学和科研。

③ 实验室应尽量避免选择污染严重的教学实验、论文题目和科研题目。提倡以无毒代有毒，以低毒代高毒，以少量代大量。对污染严重的实验应停开或另选流程。对无法避免的有污染的实验，在确定方案时，应同时提出有效的污染治理办法。

④ 实验室对废弃物进行处理。少量酸碱废液，应加以中和，待符合排放要求后稀释排放；使有害物质沉淀，废液符合排放要求后，可以稀释排放；对有机溶剂等废液，应尽量采用蒸馏回收方法回收。

⑤ 提倡实验项目之间，教学与科研之间对各种物质的充分利用。对实验产生废弃物和废弃危险化学品的处理，提倡物尽其用，变废为宝。

⑥ 选择有效的三废处理方式，尽量利用本地现有的环保治理资源来处理，如有害固废可由固废处理中心焚烧处理，多数废水可由附近废水性质相同并建有完善设施的工厂处理。有条件的实验室也可按成熟的工艺自行解决。

⑦ 当实验室发生废水、废气、危险废物泄漏或扩散，造成或可能造成严重环境污染或生态破坏时，应当立即采取应急措施。通报可能受到危害的单位和居民，并向环境保护行政主管部门报告，接受调查处理。实验室的任何人员都有责任、义务和权利采取防止灾害蔓延的一切措施。

1.6 有机化学实验预习、记录和实验报告

实验报告一般分为三部分：实验预习、实验记录、实验总结。在实验前，应认真预习，并写出完整的预习报告，没有实验预习报告不得实施实验。实验过程中必须如实、完整、及时地记录实验的数据、现象等。实验完成后，整理实验记录、完成总结并写出相应的实验报告。

1.6.1 预习报告

实验前做好充分的准备工作是十分重要的。在做一个实验前学生必须仔细阅读有关的教材（实验的原理、步骤和用到的实验技术），查阅手册或其他参考书收集实验中所有涉及和可能涉及的有机物的性质和物理常数。通过预习要做到：弄懂这次实验要做什么，怎样做，为什么这样做，不这样做行不行，还有什么替代方法等。对所用的仪器装置做到能叫出每件仪器的名称，了解仪器的原理、用途和正确的操作方法，可否用其他仪器代替等。并在专用的实验记录本上写好预习笔记。

合成实验的预习笔记包括以下内容：

① 实验目的和原理；

② 主反应和重要的副反应的平衡方程式；

③ 原料、产物和副产物的物理常数；

④ 原料用量（克、毫升、摩尔），计算过量试剂的过量百分数，计算理论产量；

⑤ 正确而清楚地画出仪器装置图；

⑥ 用图表形式表示整个实验步骤的流程。

需要强调的是预习报告就是实验报告的前身，是实验的具体文字准备，具体式样如下。

一、实验目的

实验目的通常包括以下三个方面，自己可以根据书中内容凝练而成：

1. 了解本实验的基本原理；
2. 掌握哪些基本操作；
3. 进一步熟悉和巩固已学过的某些操作。

二、反应原理及反应方程式

本项内容在写法上应包括以下两部分内容：

1. 文字叙述：要求简单明了、准确无误、切中要害。

2. 主、副反应的反应方程式。

三、实验所需仪器的规格和药品用量

按实验中的要求列出即可。

四、原料及主、副产物的物理常数

物理常数包括：化合物的性状、分子量、熔点、沸点、相对密度、折射率、溶解度等。

查物理常数的目的不仅是学会物理常数手册的查阅方法，更重要的是因为知道物理常数在某种程度上可以指导实验操作。

五、实验用量表

提前将实验中所有的反应物、生成物、催化剂等的理论用量，实际用量，过量多少，产量，产率等列出表格，并等待实验完成后计算修订补充完整。

六、实验装置图

画实验装置图的目的是进一步了解本实验所需仪器的名称、各部件之间的连接次序——即在纸面上进行一次仪器安装。画实验装置图的基本要求是横平竖直、比例适当、大小合适、线条粗细均匀、流畅。

七、实验操作示意流程

实验操作示意流程是实验操作的指南。

实验操作示意流程通常用框图形式来表示，其基本要求是：简单明了、操作次序准确、突出操作要点。

八、实验记录

一般从实验开始时进行记录。

九、结果与讨论

一般等实验完成后，开始根据具体用量计算，分析讨论。

十、思考题

一般等实验完成后，按照教学布置问题内容作答。

从一到七完成后属于预习报告完成内容，开始实验到实验结束，将后续的八、九、十项目内容完成，预习报告即转化成实验报告，并上交任课教师完成。

1.6.2 具体实验中的记录要求

写好实验记录是培养学生科学作风及实事求是精神的一项重要训练。每个学生都必须准备好专门的实验本或记录纸。不准用任意的纸张书写。如果写错了，可以用笔勾掉，但不得涂抹或用橡皮擦掉。文字要简练明确，书写整齐，字迹清楚，特别是关于具体数量的问题，一定要注意标注清楚单位、有效数字、条件等（例如时间、温度、试剂用量）。实验结束后交教师审阅签字并准备接受教师的询问。

在实验过程中，实验者必须养成一边进行实验一边直接在记录本上做记录的习惯，不允许事后凭记忆补写，或以零星纸条暂记再转抄。记录的内容包括实验的全部过程，如加入药品的数量，仪器装置，每一步操作的时间、内容和所观察到的现象，如是否放热、颜色变化、有无气体产生、分层与否、温度、时间；实验中测得的各种数据，如沸程、熔点、密度、折射率、称量数据（质量或体积等）；产品的色泽、晶形等；实验操作中的失误，如抽滤中的失误、粗产品或产品的意外损失，自己采取处理办法等也应如实记录。尤其是与预期相反或与教材、文献资料所述不一致的现象更应如实记载，以便作为总结讨论的依据。其他各项，如实验过程中一些准备工作，现象解释，以及其他备忘事项，可以记在备注栏内。应该牢记，实验记录是原始资料，科学工作者必须重视。

1.6.3 试剂的过量百分数、理论产量和产率的计算

在进行一个合成实验时，通常并不是完全按照反应方程式所要求的比例投入各原料，而是增加某原料的用量。究竟过量使用哪一种物质，则要根据其价格是否低廉，反应完成后是否容易去除或回收，能否引起副反应等情况来决定。

在计算时，首先要根据反应方程式找出哪一种原料的相对用量最少，以它为基准计算其他原料的过量百分数。产物的理论产量是假定这个作为基准的原料全部转变为产物时所得到的产量。由于有机反应常常不能进行完全，有副反应，以及操作中的损失，产物的实际产量总比理论产量低。通常将实际产量与理论产量的百分比称为产率。产率的高低是评价一个实验方法以及考核实验者的一个重要指标。另外还需要把过量的反应物的多少计算罗列出来，以备后续的讨论分析使用。

1.6.4 总结讨论

做完实验以后，除了整理报告，写出产物的产量、产率、状态和实际测得的物性，如沸程、熔程等数据，以及回答指定的问题，还要根据实际情况就产物的质量和数量、实验过程中出现的问题等进行讨论，以总结经验和教训。这是把直接的感性认识提高到理性思维的必要步骤，是科学实验中不可缺少的一环，也是提高化学实验报告质量的点睛之笔。

实验报告范例

课程：________ 学院：________ 专业、班级：________

日期：_____年___月___日

实验名称：溴乙烷的制备

教师签名：________ 成绩：________

姓名、学号：________ 同组人姓名、学号：________

一、实验目的

1. 学习从醇制备溴代烷的制备原理和方法。
2. 学习蒸馏装置和分液漏斗的使用方法。

二、实验原理及反应方程式

1. 实验原理

用乙醇和溴化钠-硫酸为原料来制备溴乙烷是一个典型的双分子亲核取代反应 S_N2 反

应，因溴乙烷的沸点很低，在反应时可不断从反应体系中蒸出，使反应向生成物方向移动。

2. 反应方程式

(1) 主反应

$$NaBr + H_2SO_4 \longrightarrow NaHSO_4 + HBr$$

$$HBr + C_2H_5OH \rightleftharpoons C_2H_5Br + H_2O$$

(2)副反应

$$2C_2H_5OH \xrightarrow{H_2SO_4} C_2H_5OC_2H_5 + H_2O$$

$$C_2H_5OH \xrightarrow{H_2SO_4} C_2H_4 + H_2O$$

三、实验所需仪器的规格和药品用量

1. 玻璃仪器

100mL 圆底烧瓶；锥形瓶；75°弯管；直形冷凝管；接引管；分液漏斗；50mL 圆底烧瓶；蒸馏头；尾接管；温度计套管。

2. 药品用量

乙醇（95%）：10mL（7.9g，0.165mol）；

溴化钠（无水）：13g（0.126mol）；

浓硫酸（d=1.84）：19mL（0.34mol）；

饱和亚硫酸氢钠溶液。

四、原料及主、副产物的物理常数

名称	分子量	性状	相对密度	熔点/℃	沸点/℃	溶解度/[g/(100g 溶剂)]
乙醇	46	无色液体	0.79	−117.3	78.4	水中∞
溴化钠	103	无色固体	3.203	75.5	139.0	水中 79.5(0℃)
硫酸	98	无色油状液体	1.83	10.38	340(分解)	水中∞
溴乙烷	109	无色透明液体		−118.6	38.4	水中 1.06(0℃),醇中∞
硫酸氢钠	120	无色固体	1.46			水中 50(0℃),100(100℃)
乙醚	74	无色透明液体		−116	34.6	水中 7.5(20℃),醇中∞
乙烯	28	无色气体	0.71	−169	−103.7	

五、原料的用量及理论产量的计算

名称	实际用量	理论用量	过量	理论产量
95%乙醇	8g,10mL,0.165mol	0.126mol	31%	
NaBr	13 g,0.126mol			
浓硫酸(98%)	18mL	0.126mol	154%	
C_2H_5Br		0.126mol		13.7g

六、实验装置图

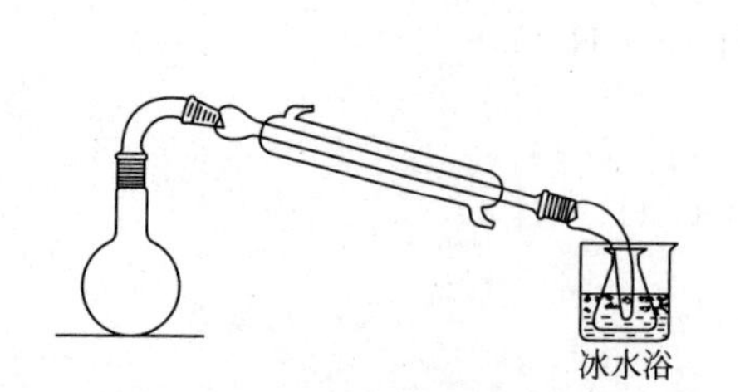

图 1 反应装置

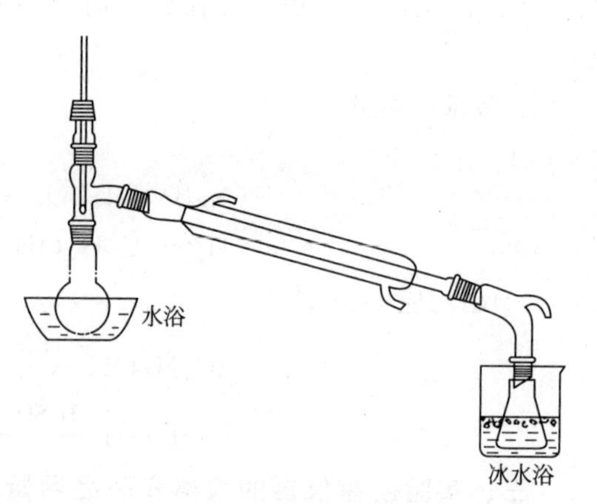

图 2 蒸馏装置

七、实验操作示意流程

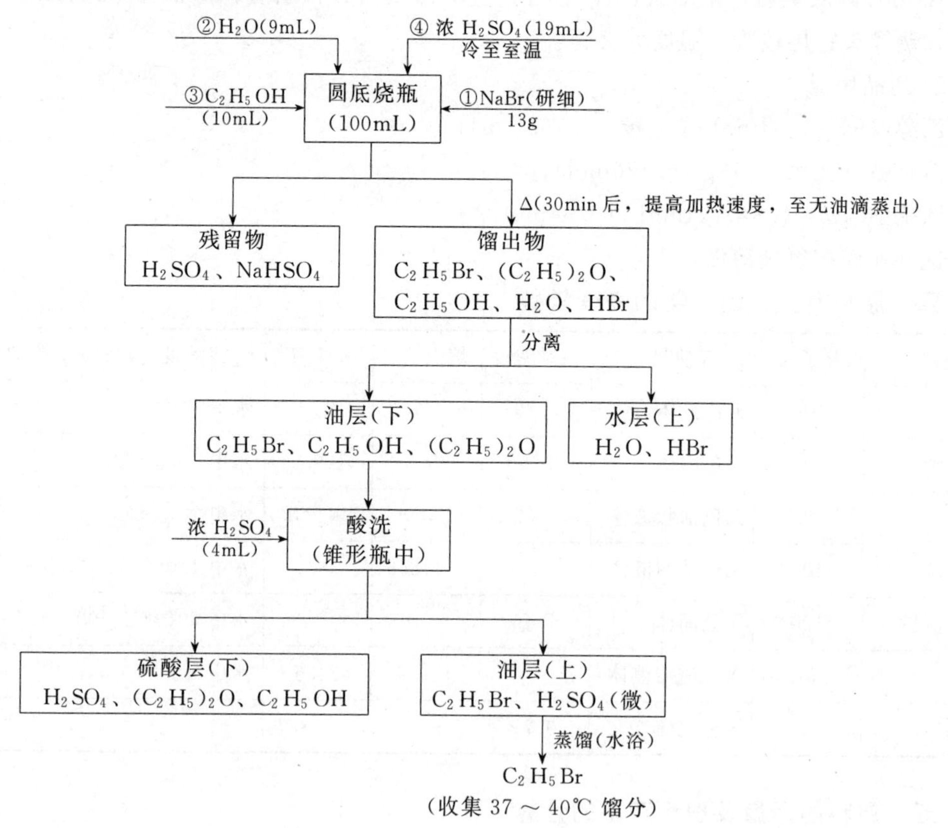

八、实验记录

时间	步骤	现象	备注
8:30	安装反应装置(图 1)		接收器中盛 20mL 水，用冷水冷却
8:45	在烧瓶中加入 13g 溴化钠，然后加入 9mL 水，振荡使其溶解	固体成碎粒状，未全溶	
8:55	再加入 10mL95%乙醇，混合均匀		

续表

时间	步骤	现象	备注
9:00	振荡下逐渐滴加19mL浓硫酸，同时用水浴冷却	放热	
9:10	加入三粒沸石开始加热		
9:20		出现大量泡沫	
9:25		冷凝管中有馏出液，乳白色油状物沉在水底	
10:15		固体消失	
10:25	停止加热	馏出液中已无油滴，瓶中残留物冷却成无色晶体	用试管盛少量水试验是 Na_2SO_4
10:30	用分液漏斗 分出油层		油层8mL
10:35	油层用冷水冷却，滴加5mL浓硫酸，振荡静置	油层(上)变透明	
10:50	分去下层硫酸		
11:05	安装好蒸馏装置(图2)		
11:10	水浴加热，蒸馏油层		接收瓶　　53.0g
11:18	开始有馏出液	38℃	接收瓶+溴乙烷 63.0g
11:33	蒸完	39.5℃	溴乙烷 10.0g

九、结果与讨论

1. 结果

产物：溴乙烷，无色透明液体，沸程38～39.5℃，产量10g，产率73%。

在实验前，应根据主反应的反应方程式计算出理论产量。计算方法是以相对量最少的原料为基准，按其全部转化为产物来计算。

$$产率=\frac{实际产量}{理论产量}\times 100\%=\frac{10.0}{13.7}\times 100\%=73.0\%$$

2. 讨论

本次实验的产物产量和质量基本上合格。加浓硫酸洗涤时发热，表明粗产物中乙醚、乙醇或水分过多。这可能是反应时加热太猛，使副反应增加。另外，也可能由于从水中分出粗油层时，带了一点水过来。溴乙烷沸点很低，硫酸洗涤时发热使一部分产物挥发损失。

十、思考题

1. 在溴乙烷制备实验中，硫酸浓度太高或太低会带来什么结果？

答　硫酸浓度太高：(1) 会使NaBr氧化成 Br_2，而 Br_2 不是亲核试剂。

$$2NaBr+3H_2SO_4\ (浓) \longrightarrow Br_2+SO_2+2H_2O+2NaHSO_4$$

(2) 加热回流时可能有大量HBr气体从冷凝管顶端逸出形成酸雾。硫酸浓度太低：生成的HBr量不足，使反应难以进行。

2. 在溴乙烷的制备实验中，各步洗涤的目的是什么？

答 用硫酸洗涤：除去未反应的乙醇及副产物乙烯和乙醚。

第一次水洗：除去部分硫酸及水溶性杂质。

碱洗（Na_2CO_3）：中和残余的硫酸。

第二次水洗：除去残留的碱、硫酸盐及水溶性杂质。

1.7 有机化学实验常用的玻璃仪器及常用反应装置

了解有机化学实验中所用仪器的性能、选用适合的仪器并正确地使用所用仪器是对每一个实验者最起码的要求。

1.7.1 标准接口玻璃仪器

玻璃仪器一般是由软质或硬质玻璃制作而成的。软质玻璃耐温、耐腐蚀性较差，但是价格便宜，因此，一般用它制作的仪器均不耐温，如普通漏斗、量筒、吸滤瓶、干燥器等。硬质玻璃具有较好的耐温和耐腐蚀性，制成的仪器可在温度变化较大的情况下使用，如烧瓶、烧杯、冷凝管等。

玻璃仪器一般分为普通和标准磨口两种。在实验室常用的普通玻璃仪器有非磨口锥形瓶、烧杯、布氏漏斗、吸滤瓶、普通漏斗等，见图 1-1。常用标准磨口仪器有磨口锥形瓶、圆底烧瓶、三口烧瓶、蒸馏头、冷凝管、接收管等，见图 1-2。

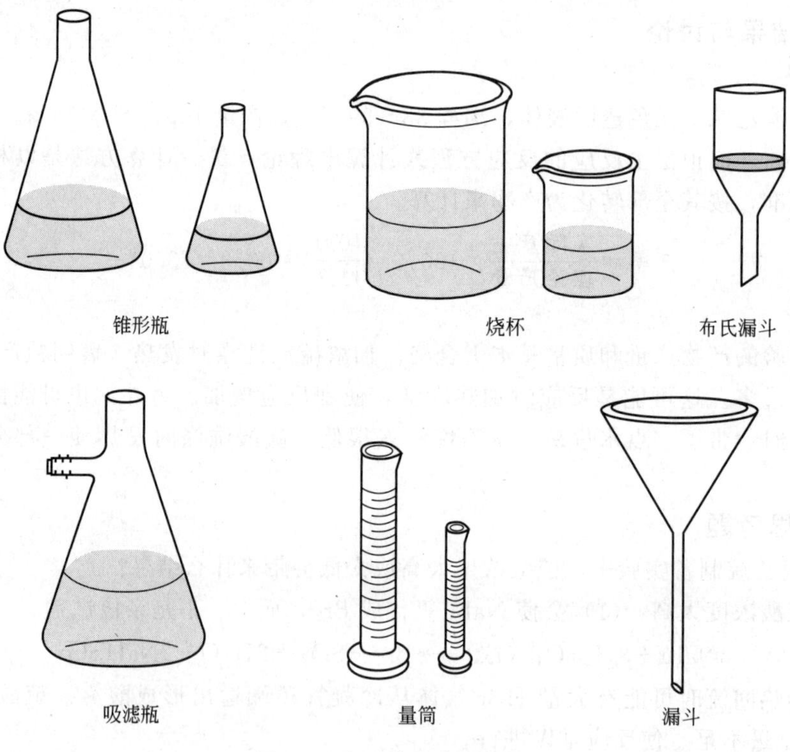

图 1-1 常用普通玻璃仪器

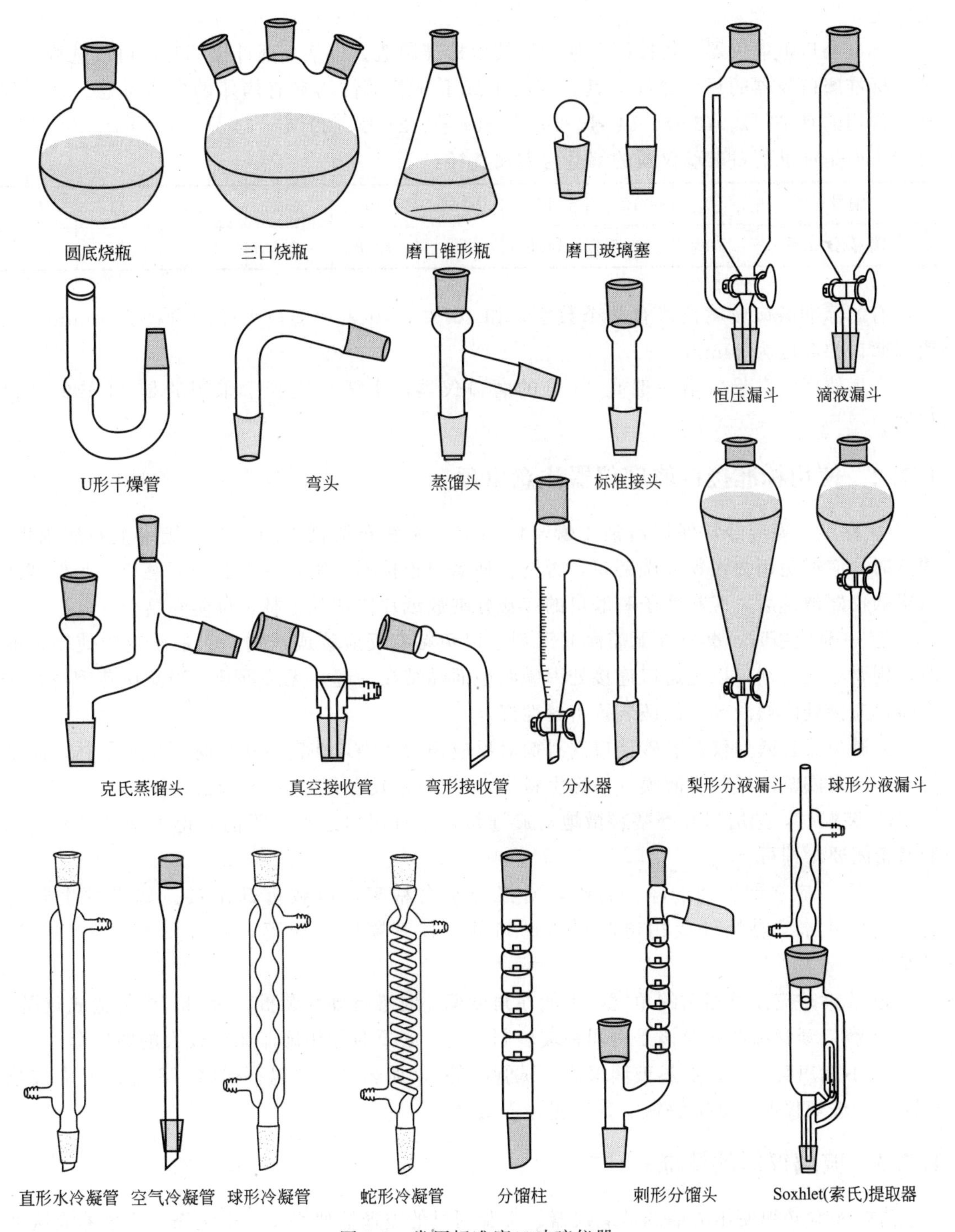

图 1-2　常用标准磨口玻璃仪器

标准磨口玻璃仪器是具有标准磨口或磨塞的玻璃仪器。由于口塞尺寸的标准化、系统化，磨砂密合，凡属于同类规格的接口，均可任意互换，各部件能组装成各种配套仪器。当不同类型规格的部件无法直接组装时，可使用变接头使之连接起来。使用标准磨口玻璃仪器既可免去配塞子的麻烦手续，又能避免反应物或产物被塞子沾污的危险；口塞磨砂性能良好，使密合性可达较高真空度，对蒸馏尤其减压蒸馏有利，对于毒物或挥发性液体的实验较为安全。

标准磨口玻璃仪器，均按国际通用的技术标准制造。当某个部件损坏时，可以选购。

标准磨口仪器的每个部件在其口塞的上或下显著部位均具有烤印的白色标志，表明规格。常用的有10号、12号、14号、16号、19号、24号、29号、34号、40号等。

下面是标准磨口玻璃仪器的编号与大端直径：

编号	10	12	14	16	19	24	29	34	40
大端直径/mm	10	12.5	14.5	16	18.8	24	29.2	34.5	40

有的标准磨口玻璃仪器有两个数字，如10/30，10表示磨口大端的直径为10mm，30表示磨口的高度为30mm。

学生使用的常量仪器一般是19号的磨口仪器，半微量实验中采用的是14号的磨口仪器。

1.7.2 使用标准接口玻璃仪器注意事项

① 标准口塞应经常保持清洁干燥，使用前宜用软布揩拭干净，但不能附上布屑棉絮。清洗时，应避免用去污粉擦洗磨口，否则会使磨口连接不紧密，甚至会损坏磨口。带旋塞或具塞的仪器清洗后，应在塞子和磨口的接触处夹放纸片或抹凡士林，以防黏结。

② 一般使用时，磨口处无需涂润滑剂，以免粘有反应物或产物。但是反应中使用强碱时，则要涂润滑剂，以免磨口连接处因碱腐蚀而黏结在一起，无法拆开。当减压蒸馏时，应在磨口连接处涂润滑剂，保证装置密封性好。

为避免成套微型仪器磨砂接口润滑剂对反应物的污染，在密封接口时不用凡士林，而是绕上一圈聚四氟乙烯脱脂薄膜（俗称生料带），生料带具有很好的密封性。

③ 装配时，把磨口和磨塞轻微地对旋连接，不宜用力过猛。不能装得太紧，只要达到润滑密闭要求即可。

④ 用后应立即拆卸洗净。否则，对接处常会粘牢，以致拆卸困难。如果发生此情况，可用热水煮黏结处或用电吹风吹磨口处，使其膨胀而脱落，还可用木槌轻轻敲打黏结处。

⑤ 装拆时应注意相对的角度，不能在角度偏差时进行硬性装拆，否则，极易造成破损。

⑥ 磨口套管和磨塞应该是由同种玻璃制成的，必要时才用膨胀系数较大的磨口套管。

⑦ 不能用明火直接加热玻璃仪器（试管除外），加热时应垫以石棉网；不能用高温加热不耐热的玻璃仪器，如吸滤瓶、普通漏斗、量筒。

1.7.3 玻璃仪器的洗涤

进行实验必须使用清洁的玻璃仪器。实验用过的玻璃器皿必须立即洗涤，应该养成这个习惯。由于污垢的性质在当时是清楚的，用适当的方法进行洗涤是容易办到的，时间长了会增加洗涤的困难。

洗涤的一般方法是用水、洗衣粉、去污粉刷洗，刷子是特制的，如瓶刷、烧杯刷、冷凝管刷等。但用腐蚀性洗液时则不用刷子。洗涤玻璃器皿时不应该用砂子，它能擦伤玻璃乃至龟裂。若难以洗净时，则可根据污垢的性质采用适当的洗液进行洗涤。如果是酸性（或碱性）的污垢用碱性（或酸性）洗液洗涤；有机污垢用碱液或有机溶剂洗涤。

（1）铬酸洗液

铬酸洗液氧化性很强，对有机污垢破坏力很强。倾去器皿内的水，慢慢倒入洗液，转动器皿，使洗液充分浸润不干净的器壁，数分钟后把洗液倒回洗液瓶中，用自来水冲洗。若壁上粘有少量碳化残渣，可加入少量洗液，浸泡一段时间后在小火上加热，直至冒出气泡，碳化残渣可被除去。但当洗液颜色变绿，表示失效，应该弃去不能倒回洗液瓶中。

（2）盐酸

用浓盐酸可以洗去附着在器壁上的二氧化锰或碳酸盐等污垢。

（3）碱液和合成洗涤剂

配成浓溶液即可，用以洗涤油脂和一些有机物（如有机酸）。对于类似烧瓶容器中产生的难以去除的有机黏结物也可以直接用碱液煮泡的方式洗涤。

（4）有机溶剂洗涤液

当胶状或焦油状的有机污垢如用上述方法不能洗去时，可选用丙酮、乙醚、苯浸泡，要加盖以免溶剂挥发。或用 NaOH 的乙醇溶液亦可。由于有机溶剂价值较高，只有在特殊情况下才使用。

若用于精制或有机分析用的器皿，除用上述方法处理外，还须用蒸馏水刷洗。

器皿是否清洁的标志是：加水倒置，水顺着器壁流下，内壁被水均匀润湿有一层既薄又均匀的水膜，不挂水珠。

1.7.4 玻璃仪器的干燥

有机化学实验经常都要使用干燥的玻璃仪器，故要养成在每次实验后马上把玻璃仪器洗净和倒置使之干燥的习惯，以便下次实验时使用。干燥玻璃仪器的方法有下列几种。

（1）自然风干

自然风干是指把已洗净的仪器在干燥架上自然风干，这是常用和简单的方法。但必须注意，如玻璃仪器洗得不够干净时，水珠便不易流下，干燥就会较为缓慢了。

（2）烘干

把玻璃器皿顺序从上层往下层放入烘箱烘干。器皿口向上，带有磨砂口玻璃塞的仪器，必须取出活塞后，才能烘干，烘箱内的温度保持 100～105℃，约 0.5h，待烘箱内的温度降至室温时才能取出。切不可把很热的玻璃仪器取出，以免破裂。当烘箱已工作时则不能往上层放入湿的器皿，以免水滴下落，使热的器皿骤冷而破裂。

（3）吹干

有时仪器洗涤后立即使用，可使用吹干，用压缩空气或电吹风把仪器吹干。首先将水尽量沥干后，加入少量丙酮或乙醇摇洗，倾出溶剂，先通入冷风吹 1～2min，待大部溶剂挥发后，即吹入热风至完全干燥为止，再吹入冷风使仪器逐渐冷却。

1.7.5 玻璃仪器的保养

有机化学实验的各种玻璃仪器的性能是不同的。必须掌握它们的性能、保养和洗涤方法，才能正确使用，提高实验效果，避免不必要的损失。下面介绍几种常用的玻璃仪器的保养和清洗方法。

（1）温度计

温度计水银球部位的玻璃很薄，容易打破，使用时要特别小心，不能用温度计当搅拌棒使用；也不能测定超过温度计的最高刻度的温度；更不能把温度计长时间放在高温的溶剂中，否则，会使水银球变形，读数不准。

温度计用后要让它慢慢冷却，特别在测量高温之后，切不可立即用水冲洗。否则，会发生破裂或水银柱断裂。用完后的温度计应即刻放回温度计盒内，盒底要垫上一小块棉花。如果是纸盒，放回温度计时要检查盒底是否完好。

(2) 冷凝管

冷凝管通水后很重，所以安装冷凝管时将夹子夹在冷凝管的重心的地方，以免翻倒。注意内外管都是玻璃质的冷凝管则不适用于高温蒸馏实验。

洗刷冷凝管时要用特制的长毛刷，如用洗涤液或有机溶液洗涤时，则用软木塞住一端。不用时，应直立放置，使之易干。

(3) 蒸馏烧瓶

蒸馏烧瓶的支管容易被碰断，故无论在使用时或放置时都要特别注意保护蒸馏烧瓶的支管，支管的熔接处不能直接加热。

(4) 分液漏斗

分液漏斗的活塞和盖子都是磨砂口的，若非原配的，就可能不严密，所以，使用时要注意保护它。各个分液漏斗之间也不要相互调换，用后一定要在活塞和盖子的磨砂口间垫上纸片，以免日久后难以打开。

(5) 砂芯漏斗

砂芯漏斗在使用后应立即用水冲洗，不然，难以洗净。滤板不太稠密的漏斗可用强烈的水流冲洗，如果是较稠密的，则用抽滤方法冲洗。

1.7.6 常用的反应装置

在有机实验中，搭配适当的实验装置是做好实验的基本保证。反应装置一般根据实验要求合理组合。常用的化学反应装置有回流反应装置、带搅拌及回流的反应装置、带有气体吸收的反应装置等。回流装置中一般多采用球形冷凝管。冷凝管夹套中自下至上通入冷水，水流速度不必很快，要控制加热的程度使蒸汽上升的高度不超过冷凝管的1/3。如果回流温度较高，也可采用直形冷凝管。当回流温度高于150℃时就要选用空气冷凝管。热源应根据瓶内液体的沸腾温度，针对性地选用电热套、水浴、油浴或石棉网直接加热等不同方式。

1. 回流冷凝装置

很多有机化学反应需要在反应体系的溶剂或液体反应物的沸点附近进行，这时就要用回流冷凝装置，使得产生的蒸汽不断地在冷凝管内冷凝而返回反应器中，防止反应瓶中的物质逃逸造成损失。图1-3是简单回流冷凝装置。将反应物质放在圆底烧瓶中，加入沸石，在适当的热源上或热浴中加热。

如果反应物怕潮，可以在冷凝管口上端加装氯化钙干燥管来防止空气中湿气侵入，见图1-4。如果反应中会有有害气体放出（如溴化氢等）可以加装气体吸收装置，见图1-5。

2. 滴加回流冷凝装置

有些反应进行剧烈，放热量大，如将反应物一次加入，会使反应失去控制；有些反应为了控制反应物的选择性，也不能将反应物一次加入。在这些情况下，可采用滴加回流冷凝装置［见图1-6，图1-7(b)、图1-7(c)］，将某些试剂逐渐滴加进去。常用恒压滴液漏斗和分液漏斗滴加。

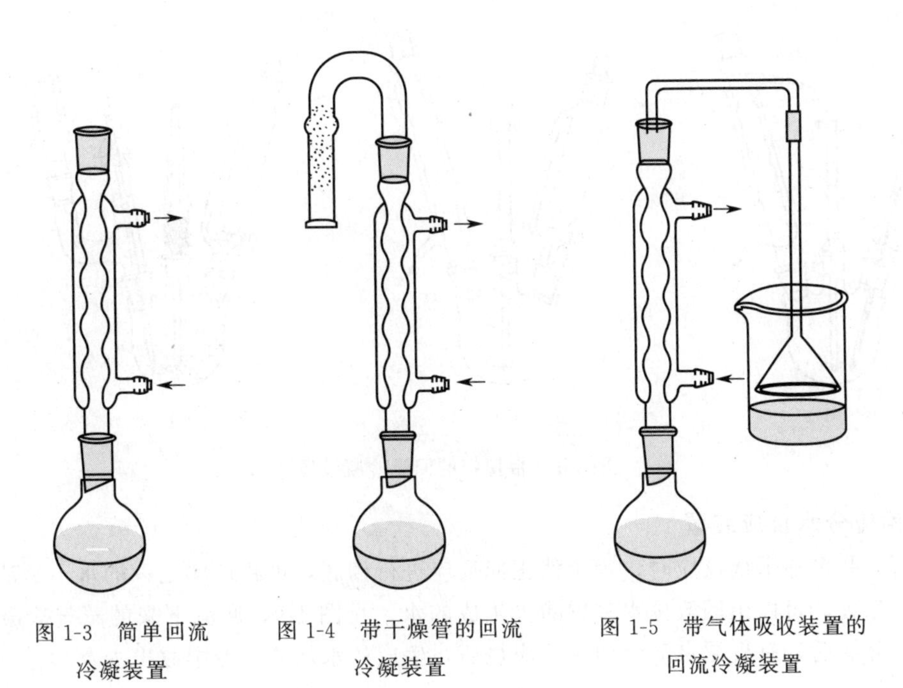

图 1-3 简单回流冷凝装置　　图 1-4 带干燥管的回流冷凝装置　　图 1-5 带气体吸收装置的回流冷凝装置

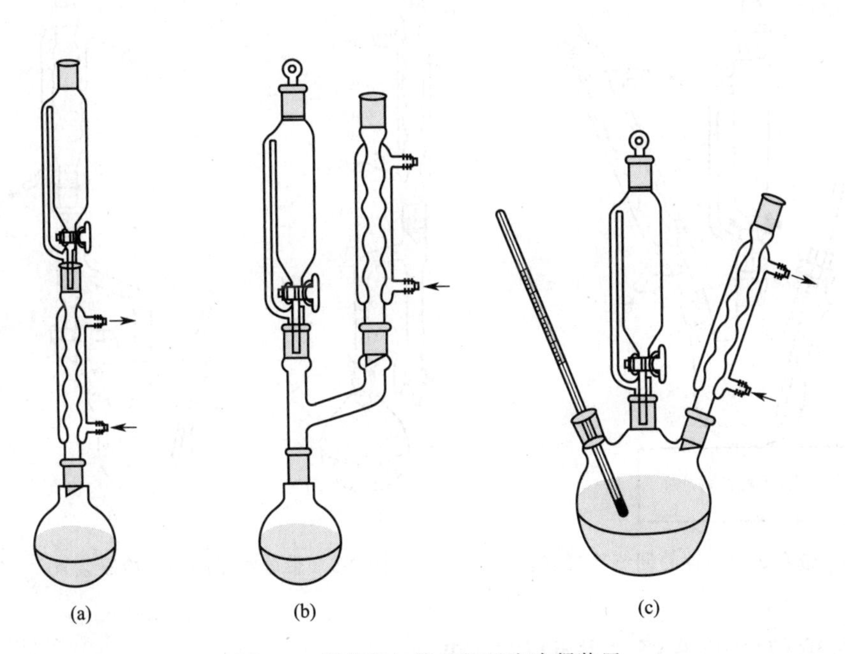

图 1-6 带有滴加装置的回流冷凝装置

3. 带搅拌回流冷凝装置

当反应是非均相间反应，或反应物之一是逐渐滴加时，为了尽可能使其迅速均匀地混合，并避免因局部过浓过热而导致其他副反应发生或有机物的分解，均需进行搅拌操作。一般的搅拌回流冷凝装置分机械搅拌方式（见图 1-7）和磁力搅拌方式（见图 1-8）。为了保证搅拌的平稳，机械搅拌一般都安装在三口烧瓶的中间口上。

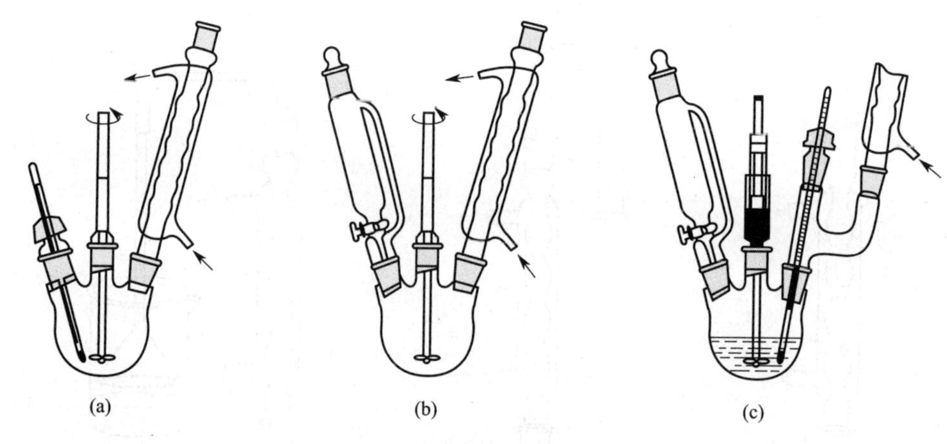

图 1-7 带搅拌的回流冷凝装置

4. 回流分水反应装置

进行一些可逆平衡反应时，为了使正向反应进行彻底，可将产物之一的水不断从反应混合体系中除去，可以用回流分水装置除去生成的水。见图 1-9，回流下来的蒸气冷凝液进入分水器，分层后，有机层自动流回到反应烧瓶，生成的水从分水器中放出去。

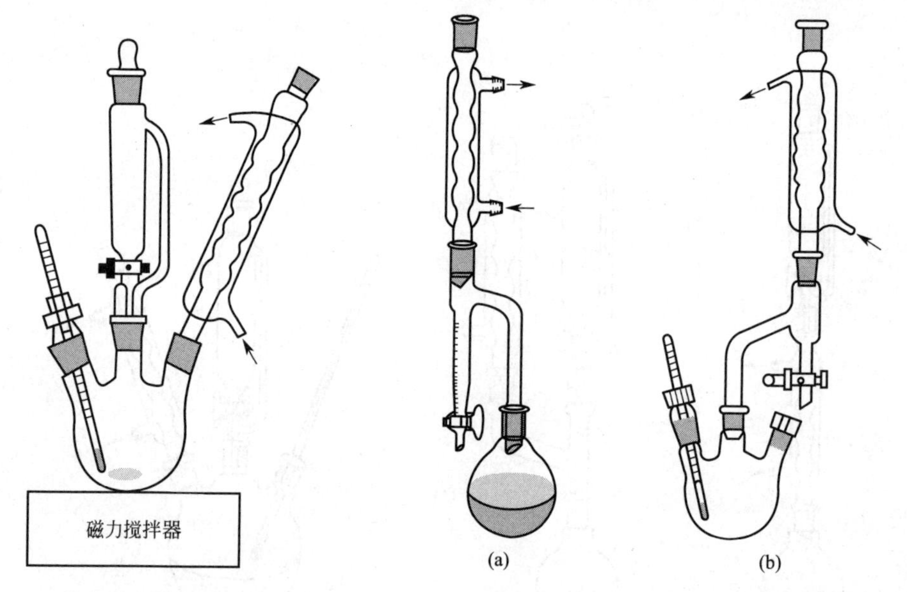

图 1-8 带有磁力搅拌的回流冷凝装置

图 1-9 带分水器的回流冷凝装置

1.7.7 玻璃仪器的选择、装配与拆卸

有机化学实验的各种反应装置都是由一件件玻璃仪器组装而成的，实验中应首先根据实验要求选择合适的仪器，然后合理装配，平稳实验，最后安全拆卸、洗涤、干燥。玻璃仪器的选择通常满足以下几点。

(1) 容器的选择

根据液体的体积而定，一般液体的体积应占容器体积的 1/3～1/2。进行水蒸气蒸馏和减压蒸馏时，液体体积不应超过烧瓶容积的 1/3。根据其他连接装置需求而定，例如需要有两个外接装置，应选用二口烧瓶，不要用三口烧瓶。需要在蒸馏回流条件下滴加液体就要选取恒压滴液漏斗。另外，还要注意特殊条件对仪器材料的要求，如温度、压力及溶剂特殊性等。

(2) 冷凝管的选择

一般情况下回流用球形冷凝管，蒸馏用直形冷凝管，而蛇形冷凝只用在一些特殊条件的冷凝过程。蒸馏中一般使用直形冷凝管，当蒸馏温度超过 140℃时应改用空气冷凝管，以防温差较大时，由于仪器受热不均匀而造成冷凝管断裂。冷凝管大小的选择还要注意和待冷却试剂的性质、多少选择配套。一般蒸馏或回馏沸点比较低的混合液，试剂的蒸馏量大、蒸馏速度快时可以选择管径尺寸稍大的冷凝管以增大冷却面积，反之选择型号尺寸稍小的避免浪费。

(3) 温度计的选择

实验室一般备有 150℃和 300℃两种温度计，根据所测温度可选用不同的温度计。一般选用的温度计要高于被测温度 10～20℃，粗细、长短、精确度要与实验仪器要求配套，控制温度计下端液泡的具体位置，并保证温度计的液泡不能与器壁直接接触。使用水银温度计要特别注意防止液泡破裂导致水银的洒落，如洒落应立即报告老师处理。

有机化学实验中仪器装配得正确与否，对于实验的成败有很大关系。

首先，在搭配一套装置时，所选用的玻璃仪器和配件都要洗涤干净，经过烘干后自然冷却。否则，往往会影响产物的产量和质量。

其次，所选用的器材要大小比例与实验要求配套，玻璃仪器的材质型号尽量一致，甚至一个批次最恰当，例如除试管等少数玻璃仪器外，一般都不能直接用明火加热。例如：锥形瓶不耐压，不能作减压用；厚壁玻璃器皿（如抽滤瓶）不耐热，不能加热；广口容器（如烧杯）不能贮放有机溶剂。实验使用的铁夹等固定物件的螺丝口要完整，咬合紧密。与玻璃直接接触的位置要贴有橡皮或绒布，或缠上石棉绳、布条等。搭建装置的铁架台，铁杆长短要满足需求，底盘要稳重且不宜高，大小至少能稳定放置升降台、电热套等仪器。安装使用时铁架台一律整齐放置于玻璃仪器的后面，利于玻璃仪器的方便使用。实验用胶皮管、塞等要耐热密闭有弹性。

开始安装仪器时，应先选择位置安放铁架台。选位时要充分考虑水源、电源、热源位置及周围安全空间因素，为了方便其他实验步骤操作，还要注意在试验台面上要留出足够的位置。选好开始装配仪器，装配时一般都是选择热源的高度位置，注意留有操作空间余地，又不能太高，然后要按照先下后上、先主后次、先大后小、从左到右的顺序逐个地装配，整套仪器应尽可能使每一件仪器都用铁夹固定在同一个铁架台上，以防止各种仪器因振动频率不协调而破损。开始安装时各种螺丝、磨口不易太紧密。只有完全确定装置准确无误，加注药品后再逐个固定紧密。一套合格装置要做到横平竖直，整套装置不论从正面、侧面看，各仪器的中心线都在同一直线上。还要注意严密、正确、重心稳妥和便于操作，切忌对玻璃仪器的任何位置施加过度的压力。实验完成后拆卸装置，应先停止加热，移走加热源，适时关闭电源、水源，等仪器自然冷却后开始拆卸。拆卸应先取下产物，然后按照装配仪器相反的顺序逐个拆卸。拆冷凝管时注意不要将水洒到电热套上。

在使用玻璃仪器时，最基本的原则是切忌对玻璃仪器的任何部分施加过度的压力或扭歪。实验装置安装马虎不仅看上去使人感觉不舒服，而且有潜在的危险。因为扭歪的玻璃仪器在加热时会破裂，有时甚至在放置时也会崩裂。

1.7.8 微型有机化学实验玻璃仪器

微型化学实验是 20 世纪 80 年代崛起的一种实验方法，具有污染小、节约试剂、节约经费等优点，并且微型实验仪器体积小，存放、携带方便。因此，实验微型化是实验改革的一个必然趋势。

微型成套玻璃仪器除微型蒸馏头、微型分馏头、真空指形冷凝管外，其余部件多为常规仪器的缩微，其组合装置的操作规范与常规实验一致。值得注意的是，在微型实验里要尽量发挥仪器的多种功能。例如微型离心试管既可作微型试剂的反应器，与微型蒸馏头或真空指形冷凝管组合成微型蒸馏装置或升华装置，也可用于萃取操作；真空指形冷凝管接入任一微型仪器装置中，就使该装置具有抽气减压的通道，在抽气装置配合下，即能进行减压操作，且微型仪器体积较小，减压操作时可用注射器或洗耳球连接抽气口来实现，使减压操作大为简便。

由于微型实验物料用量少，一般不用量筒计量液体，多采用吸量管、定量进样器、注射器或毛细滴管等进行液体计量，称量需精确度更高的微量天平，发挥好这些器件的功能是做好微型实验的一项措施。

微型有机化学实验成套玻璃仪器一般由 23 个品种 34 个部件组成，均采用 10# 标准磨砂接口，通用性好。国产微型化学实验仪器见图 1-10。

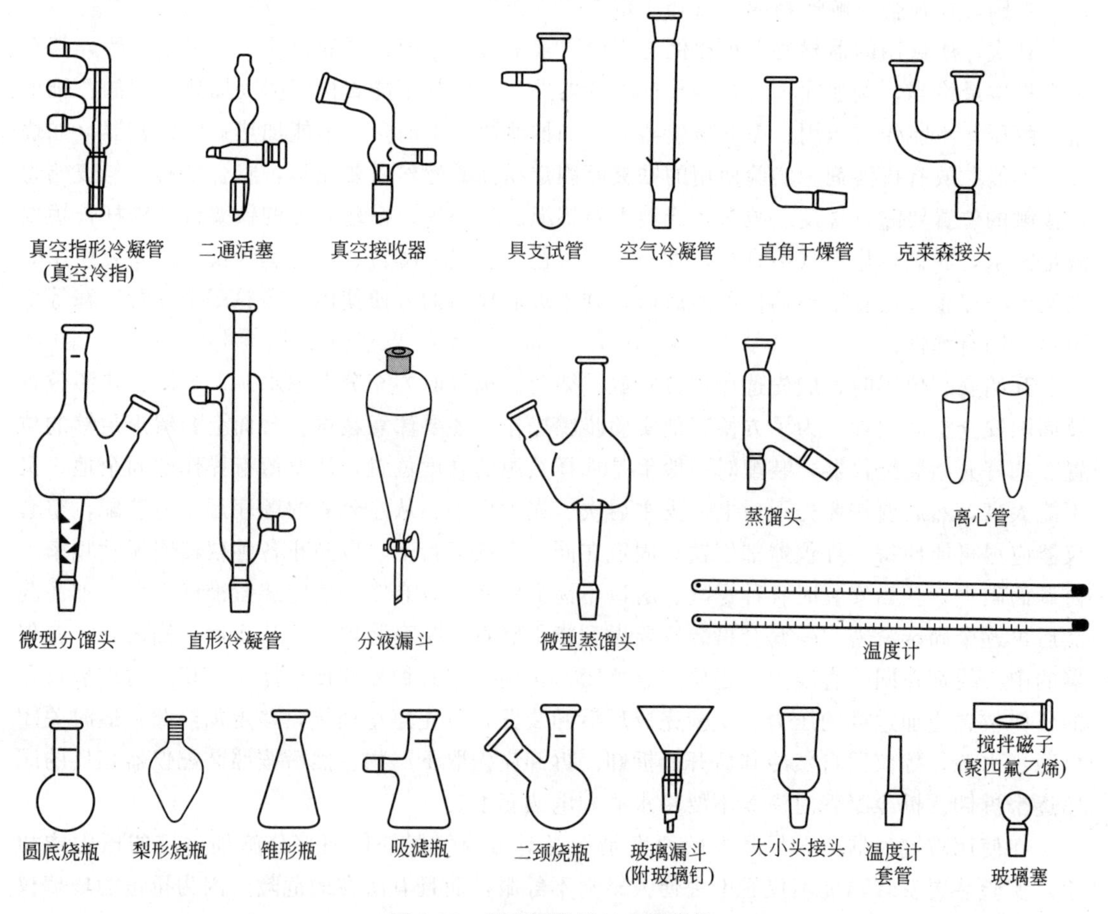

图 1-10 微型标准接口玻璃仪器

1.8 有机化学实验常用的设备

1. 烘箱

实验室一般使用的是恒温鼓风干燥箱，主要是用来干燥玻璃仪器或烘干无腐蚀性、热稳定性比较好的药品。使用时应注意温度的调节与控制，干燥玻璃仪器应先沥干再放入烘箱，温度一般控制在100～110℃，而且干、湿仪器分开。

2. 红外线快速干燥箱

红外线快速干燥箱采用红外线灯泡为热源，可进行快速干燥、烘焙之用。红外线灯泡辐射高度可通过箱顶的2个蝶形螺母调节，当被加热的物件位于红外线焦点时所受的热量最大。干燥箱具有结构简单、使用维修方便、升温快、温度稳定等特点。

实验室常用的红外线快速干燥箱功率一般为500W，工作电流为2.28A，工作室的大小为40cm×26cm×22cm。使用时须注意：外壳要接好地线，以保安全；严禁烘烤易挥发、易燃易爆物质；取放物品时，切勿触碰灯泡，以防其碎裂。

3. 气流烘干器

它是一种用于快速烘干仪器的设备，如图1-11所示。使用时，将仪器洗干净后，甩掉多余的水分，然后将仪器套在烘干器的多孔金属管上。注意随时调节热空气的温度。气流烘干器不宜长时间加热，以免烧坏电机和电热丝。

4. 电热套

用玻璃纤维丝与电热丝编织成半圆形的内套，外边加上金属外壳，中间填上保温材料，如图1-12所示。根据内套直径的大小分为50mL、100mL、150mL、200mL、250mL等规格，最大可到3000mL，此设备不用明火加热，使用较安全。由于它的结构是半圆形的，在加热时，烧瓶处于热气流中，因此，加热效率较高。

图1-11　气流烘干器

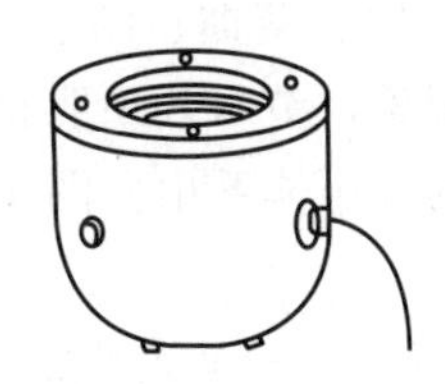

图1-12　电热套

使用时应注意：电热套由于包裹了绝缘层，所以升温、降温速度较慢。加热最好和升降台配合使用，通过控制位置高低迅速降温。不要将药品洒在电热套中，以免加热时药品挥发污染环境，同时避免电热丝被腐蚀而断开。用完后放在干燥处，否则内部吸潮后会降低绝缘性能。

5. 机械搅拌器

机械搅拌器在有机化学实验中用得比较多，一般适用于非均相反应。使用时应注意接上地线，不能超负荷。轴承定期加润滑油，经常保持机械搅拌器的清洁干燥，还要防潮防腐蚀。

6. 磁力搅拌器

磁力搅拌器是通过磁场的不断旋转变化来带动容器内磁转子随之旋转，从而达到搅拌的目的。一般都有控制转速和加热装置。反应物料较少，加热温度不高的情况下使用磁力搅拌器尤为合适。

7. 旋转蒸发仪

旋转蒸发仪是由电机带动可旋转的蒸发器（圆底烧瓶）、冷凝器和接收器组成的装置（图 1-13）。可以在常压或减压下操作，可一次进料，也可分批加入待蒸发的液体。由于蒸发器的不断旋转，可免加沸石而不会暴沸。蒸发器旋转时，会使料液附于瓶壁形成薄膜，蒸发面大大增加，加快了蒸发速率。因此，旋转蒸发仪是浓缩溶液和回收溶剂的理想装置。

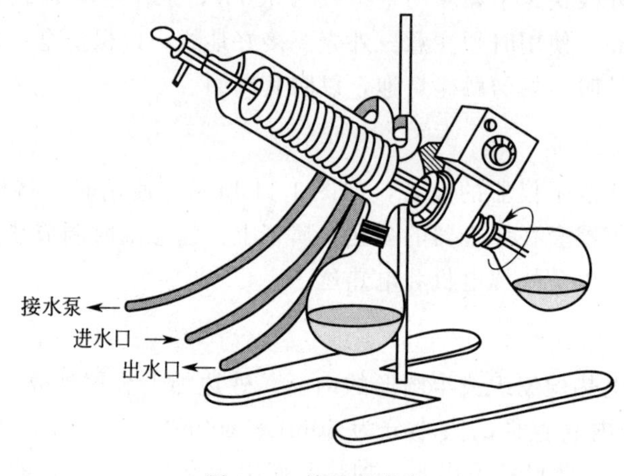

图 1-13　旋转蒸发仪

8. 循环水多用真空泵

循环水多用真空泵是以循环水作为流体，利用射流产生负压的原理而设计的一种新型多用真空泵，广泛用于蒸发、蒸馏、结晶、过滤、减压、升华等操作中。由于水可以循环使用，避免了直排水的现象，节水效果明显，因此，它是实验室理想的减压设备。水泵一般用于对真空度要求不高的减压体系中。图 1-14 为 SHB-Ⅲ型循环水多用真空泵的外观示意图。

使用时应注意：

① 真空泵抽气口最好接一个缓冲瓶，以免停泵时水被倒吸入反应瓶中，使反应失败。

② 开泵前，应检查是否与体系接好，然后，打开缓冲瓶上的旋塞。开泵后，用旋塞调至所需要的真空度。关泵时，先打开缓冲瓶上的旋塞，拆掉与体系的接口，再关泵。切忌相反操作。

③ 应经常补充和更换水泵中的水，以保持水泵的清洁和真空度。

9. WZZ-1S 数字式旋光仪

旋光仪是测定物质旋光度的仪器。通过对样品旋光度的测定，可以分析确定物质的浓度含量及纯度等。WZZ-1S 自动指示旋光仪采用光电检测器及电子自动示数装置，如图 1-15 所示。

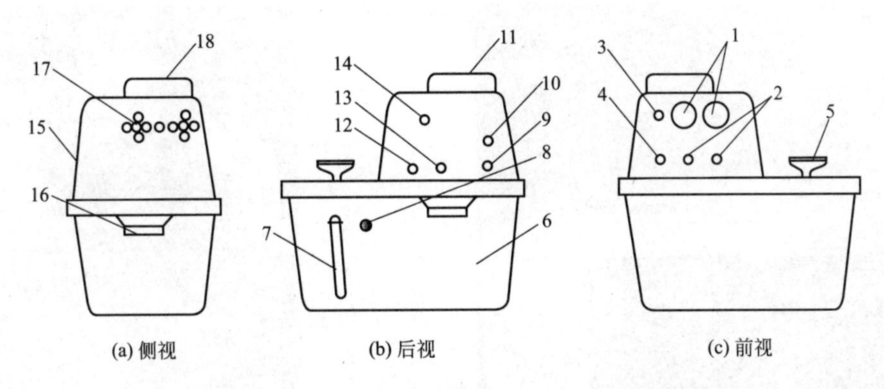

图 1-14　SHB-Ⅲ型循环水多用真空泵外观示意图

1—真空表；2—抽气嘴；3—电源指示灯；4—电源开关；5—水箱上盖手柄；6—水箱；7—放水软管；8—溢水嘴；9—电源线进线孔；10—保险座；11,18—电机风罩；12—出水嘴；13—进水嘴；14—循环水开关；15—上帽；16—水箱把手；17—散热孔

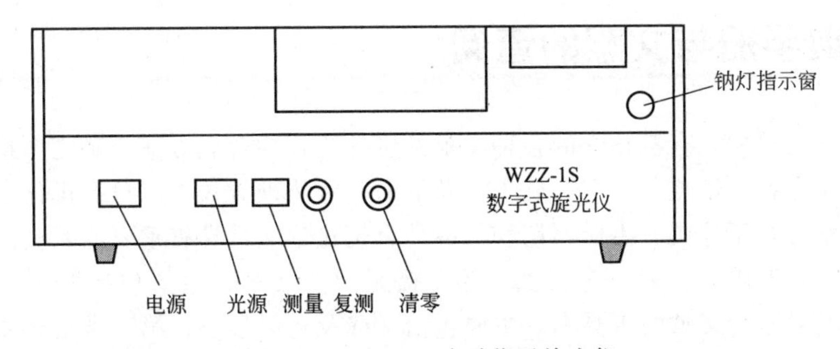

图 1-15　WZZ-1S 自动指示旋光仪

10. 微波合成反应器

近年来，微波辐射技术在有机合成上应用日益广泛，通过微波辐射，反应物从分子内迅速升温，反应速率可提高几倍、几十倍甚至上千倍。同时由于微波为强电磁波，产生的微波等离子中常存在热力学得不到的高能态原子、分子和离子，因而可使一些热力学上不可能或难以发生的反应得以顺利进行。利用微波技术来进行有机合成，微波反应具有反应速率快、反应产率高等优点。图 1-16 是典型的微波合成反应器，该反应器主要由高精度温度传感器、不锈钢腔体、波导截止管、玻璃仪器和电磁搅拌转速调节旋钮等部件组成。

11. 三用紫外分析仪

三用紫外分析仪（图 1-17）可同时发出长波紫外线、短波紫外线和可见光三种波长的光辐射。无需暗室便可对电泳凝胶进行紫外观察和照相，也可配备蛋白检测仪对蛋白进行观察和照相。适用于核酸电泳、荧光的分析、检测，PCR（聚合酶反应）产物检测，DNA 指纹图谱分析，是开展 RFLP（限制性片段长度多态性）研究、RAPD（随即扩增的多态性 DNA）产物分析的理想仪器。另外在药物生产和研究中，可用来检查激素、生物碱、维生素等各种能产生荧光药品的质量，特别适宜作薄层分析、纸层分析斑点的检测。

图 1-16　微波合成反应器

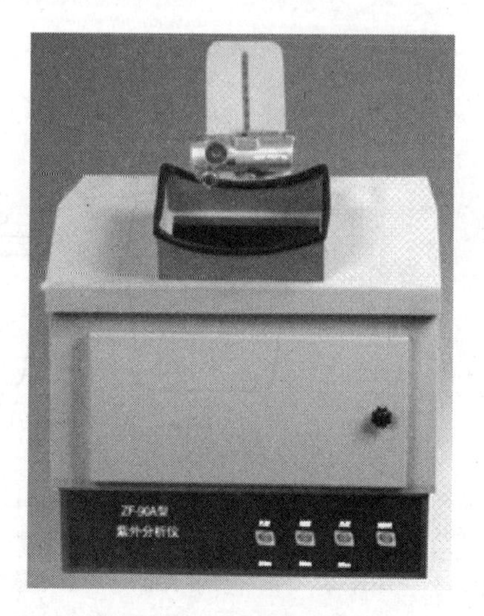

图 1-17　三用紫外分析仪

1.9　辞典手册与文献的查阅

在有机化学实验中，有机化学的各种文献是设计化合物合成方案、确定产物提纯方法的重要依据，而化合物的熔点、沸点、旋光度及折射率等物理常数可以对有机化合物进行初步定性。因此，学习查阅辞典、手册、期刊等各种有机化学文献具有重要的意义。

有机化学文献按内容一般分为三类：第一类是原始文献，主要包括期刊、杂志、专利等；第二类是检索原始文献的工具书，主要包括文摘及相关索引；第三类是将原始文献数据归纳整理形成的综合资料，主要包括综述、图书、词典、百科全书、手册等。有机化学文献的出版形式主要有印刷版、光盘版、网络版、联机数据库以及 Web 版数据库等，一般都可用主题、著者、刊名、结构式等进行检索。

1.9.1　化学期刊

1. 国外化学期刊

目前，国外化学期刊主要由 John Wiley&Sons 出版公司、美国化学会、英国皇家化学会、Elsevier Science 出版公司等出版，出版形式主要有印刷版与网络版，并且他们还制作了相应的数据库，一般均可通过作者或主题索引方便快捷地查阅全文。

(1) John Wiley&Sons 出版公司出版的期刊

① *Angewandte Chemie*（应用化学）（德文），是化学期刊最具权威的杂志之一，主要发表化学领域所取得的研究成果。

② *Angewandte Chemic International Edition in English*［德国应用化学（英文国际版）］。1965 年创刊，是德文版 Angewandte Chemie 的英文翻译版，栏目有 Reviews、Highlight 和 Communications。

③ *Chemistry-A European Journal*（欧洲化学）。栏目有 Concept 和 Full Paper，主要报道与化学相关的研究成果。

(2) 美国化学会出版的期刊

① *The Journal of the American Chemical Society*（美国化学会杂志），是化学期刊最具权威的杂志之一。栏目有 Article 和 Note，主要报道化学领域内各个学科最具原始创新性的、最重要的研究成果。

② *The Journal of Organic Chemistry*（有机化学杂志），是有机化学领域最具权威的期刊。文章类型主要有 Articles 与 Notes，主要报道化学领域内新的合成方法、新理论、新结构以及新反应等方面的研究成果，内容主要涉及有机化学和生物有机化学领域。

③ *Organic Letters*（有机化学快报），1999 年创刊。文章类型为简报，主要报道最新的有机化学领域内的重大研究，内容涉及生物有机和药物化学、物理和理论有机化学、天然产物分离及合成、新的合成方法、金属有机和材料化学等领域。

④ *Chemical Reviews*（化学评论），美国化学会主办，主要发表有机化学、无机化学、物理化学、分析化学、理论及生物化学各个化学领域内某一主题或方向的研究综述。

(3) 英国皇家化学会出版的期刊

① *Chemical Communication*（化学通讯）。文章类型有 Reviews 和 Communications，主要报道化学领域的研究成果。

② *J. Chem. Soc. Perkin Trans.* Ⅰ，主要报道有机化学和生物有机化学领域合成方面的研究。

③ *J. Chem. Soc. Perkin Trans.* Ⅱ，主要报道有机化学、生物有机化学与有机金属化学领域的反应机理、动力学、光谱及结构分析等方面的研究。

目前，*J. Chem. Soc. Perkin Trans.* Ⅰ与 *J. Chem. Soc. Perkin Trans.* Ⅱ已合并为 *Organic & Biomolecular Chemistry*。

(4) Elsevier Science 出版公司出版的期刊

① *Tetrahedron*（四面体），主要发表有机化学及其相关应用领域内的具有重要性和及时性的实验及理论研究结果，包括评论与研究通讯。

② *Tetrahedron Letters*（四面体快报），内容包括实验和理论有机化学在技术、结构、方法研究方面的最新进展，期刊属于周刊，研究结果可迅速发表。

③ *Tetrahedron: Asymmetric*（四面体：不对称），主要报道与不对称有机合成方法学相关的新概念、新技术、新结构等领域的研究成果。

(5) 自然和科学

① *Nature*（自然），英国 MacMillan 出版，1869 年创刊，主要发表全球科学研究中具有最显著的突破、最具权威性的精选论文。

② *Science*（科学），由美国科学发展研究促进协会出版，主要刊登自然科学领域内各学科的最具原始创新性的、一流的研究论文。

(6) 其他与有机化学相关的期刊

① *Synthesis*（合成），主要发表有关有机合成的综述和论文，内容涉及金属有机化学、杂原子有机化学、光化学、药物和生物有机化学、天然产物化学等有机化学领域的各个学科。

② *Synlett*（合成快报），主要报道有机合成的研究结果和趋势，短篇幅的个人综述和快速的工作简报，文章类型为快报。

③ *Helvetica Chimiea Acta*（瑞士化学会杂志）（德文、法文、英文），主要报道化学领

域内各个学科的研究成果。

④ *Journal of Heterocyclic Chemistry*（杂环化学杂志），主要报道杂环化学方面的研究内容。

⑤ *Heterocycles*（杂环化合物），栏目包括通讯、论文与综述，主要报道新发现的杂环天然产物以及进行全合成的天然产物。

⑥ *Justus Liebigs Annalen der Chemie*（利比希化学纪事）（德文版），主要报道有机化学与生物有机方面的研究成果。

2. 国内化学期刊

(1) 上海有机化学研究所的期刊

①《有机化学》，1980年创刊，主要报道有机合成、生物物理有机、天然有机、金属有机和元素有机等有机化学领域的研究成果。

②《化学学报》，文章内容涉及有机化学、无机化学、分析化学与物理化学等领域。

③ *Chinese Journal of Chemistry*，1983年创刊，原名 *Acta Chimica Sinica English*，1990年改为目前名称。主要报道有机化学、分析化学等综合化学领域内的研究成果。

④ *Organic Chemistry Frontiers*，2014年创刊，由上海有机化学研究所和英国皇家化学学会联合主办。

(2) 中科院化学所和中国化学会合办的期刊

①《化学进展》，主要刊登有机化学、无机化学、分析化学与物理化学等综合化学领域的评论性文章。

②《化学通报》，1934年创刊，主要刊登有机化学、分析化学等综合化学领域内的论文。

(3) 其他与有机化学相关的期刊

① *Chinese Chemical Letters*（中国化学快报），由中国医学科学院协和药物研究所与中国化学会合办，主要报道化学领域内各个学科的研究成果，文章形式为快报。

②《高等学校化学学报》，1980年创刊，栏目有研究论文、研究快报和研究简报，主要报道化学领域的研究成果。

③《中国科学B辑》，主要报道化学领域内各个学科的原始的、重要的研究成果。

④《应用化学》，中国化学会和中科院长春应用化学研究所合办，1983年创刊。文章形式主要有研究论文和研究简报，内容主要涉及应用化学领域的各个学科。

⑤《合成化学》，中科院成都有机化学研究所和四川省化工学会主办，主要报道有机化学领域内的论文，栏目有研究快报、综述、研究论文和研究简报。

⑥《化学试剂》，1979年创刊。栏目有研究报告与简报、专论与综述、试剂介绍、经验交流、生产与提纯技术等。

1.9.2 文摘与索引

1.《化学文摘》(Chemical Abstracts)

由美国化学会主办，简称CA，创刊于1907年。《化学文摘》是化学和生命科学研究领域中不可或缺的参考和研究工具，也是资料量最大、最具权威的出版物。目前网络版《化学文摘》(SciFinder) 已在全世界范围内被广泛使用，其整合了 Medline 医学数据库、欧洲和美国等近50家专利机构的全文专利资料以及《化学文摘》1907年至今的所有内容。它涵盖的学科包括应用化学、化学工程、普通化学、物理学、生物学、生命科学、医学、聚合体学、材料学、地质学、食品科学和农学等诸多领域。以往采用纸质版和光盘版的形式出版发行，目前可以通过网络直接查看1907年以来的所有期刊文献和专利摘要，以及四千多万的化学物质记录和CAS注册号（每年仍在更新）。它有多种先进的检索方式，如化学结构式（其中的亚结构模组对研发工作极具帮助）和化学反应式检索等，这些功能是CA光盘中所没有的。它还可以通过Chemport链接到全文资料库以及进行引文链接（从1997年开始）。

目前网络版《化学文摘》（SciFinder）可检索数据库包括：CAPLUSSM（＞2150万条参考书目记录，每天更新3000条以上，始自1907年）；CAS REGISTRYSM（＞2000万条物质记录，每天更新约4000条，每种化学物质有唯一对应的CAS注册号，始自1957年）；CASREACT®（＞570万条反应记录，每周更新约600～1300条，始自1974年）；CHEMCATS®（＞390万条商业化学物质记录，来自655家供应商的766种目录）；CHMLIST®（＞22.7万种化合物的详细清单，来自13个国家和国际性组织）；MEDLINE（National Library of Medicine数据库，＞1200万参考书目记录，来自3900多种期刊，始自1958年）。

2.《科学引文索引》(Science Citation Index)

简称SCI，是美国科学情报研究所（Institute for Scientific Information，简称ISI）出版的期刊文献检索工具，出版形式包括印刷版、光盘版、联机数据库以及Web版数据库。SCI收录全世界出版的数、理、化、农、林、医、生命科学、天文、地理、环境、材料、工程技术等自然科学领域约3500种核心期刊的论文。ISI具有严格的选刊标准和评估程序，因此SCI收录的文献能全面覆盖全世界最重要和最具影响力的研究成果。另外SCI还具有独特的“引文索引”（Citation Index），即通过先期的文献被当前文献的引用，来说明文献之间的相关性及先前文献对当前文献的影响，使得SCI不仅可以作为文献检索工具，而且成为科研评价的一种依据。目前，国内的许多图书馆已购买其网络版（Web of Science）的使用权。

1.9.3 综合资料

1. 词典、手册与大全

①《英汉化学化工词汇》（科学出版社），可以查阅英文化学类名词的中文译文，近17万条目，内容十分详尽。

②《英汉汉英化学化工大词典》（学苑出版社），可以查阅中文化学类名词的英文译文，共有14万条目。

③《化合物命名词典》（上海辞书出版社），主要以实例介绍了无机化合物及有机化合物的命名规则，并且有分子式索引和物质名称索引。

④ The Merck Index（默克索引），是德国Merck公司出版的非商业性的化学药品手册，提供1万种以上常用化学试剂和生物试剂的物理常数、分子式、化学物质名称、别名、结构式、用途、毒性、制备方法以及参考文献等内容。该书编排按英文字母排序，书末有分子式及化合物名称索引，便于查阅。

⑤ Dictionary of Organic Compounds（有机化合物字典），简称DOC，内容和编排与Merck Index类似，该书提供了10多万种化合物的分子式、分子量、别名、物理常数、用

途与参考文献等。该字典有许多分册，索引单独成册，包括分子式索引、化合物名称索引与CA登记号对照索引。

⑥《危险化学品安全技术全书》（第三版）（通用卷）（化学工业出版社）由中华人民共和国应急管理部化学品登记中心、中国石油化工股份有限公司青岛安全工程研究院、化学品安全控制国家重点实验室组织编写。本书选录的化学品，是目前我国生产、流通量大，常用的化学品；也是列入我国的一些重要的危险化学品管理名录、目录或标准，危害性大的化学品。每种物质包括大项目16项，分别为化学品标识、危险性概述、成分/组成信息、急救措施、消防措施、泄漏应急处理、操作处置与储存、接触控制/个体防护、理化特性、稳定性和反应性、毒理学信息、生态学信息、废弃处置、运输信息、法规信息和其他信息；大项目下又列出若干小项目。

《危险化学品安全技术全书》（第三版）数据资料系统全面、翔实可靠，可作为危险化学品登记、编制安全技术说明书的指定参考书，亦是化工和石油化工行业从事设计、生产、科研、供销、安全、环保、消防和储运等工作的专业人员必备的工具书。

⑦《国际化学品安全卡》（上下册）（化学工业出版社），国际化学品安全规划署-欧洲联盟委员会合编。本书由国际化学品安全卡片整理而成，全书保留了卡片的格式体例，介绍了近1700种化学品的理化性能、基本毒性数据、接触危害、爆炸预防、急救/消防、储存、泄漏处置、包装与标志和环境数据等基础数据。

⑧ Handbook of Chemistry and Physics（CRC物理化学手册），简称CRC，包括12000种无机化合物、有机化合物与金属有机化合物的各种物理常数，非常实用。其中第三分册有机化合物排序与CA类似，以母体化合物为主，查阅十分方便。另外，该手册还收集了共沸混合物、溶度积、蒸气压、指示剂的配制等实验室常用的数据与方法。

⑨ Lange's Handbook of Chemistry（兰氏化学手册），内容和CRC类似，将有机化学、无机化学、分析化学、电化学、热力学等理化资料分11章编排。其中第7章为有机化学的内容，包括7600种有机化合物的名称、分子式、分子量、物理常数等。

⑩ Beilstein Handbuch der Organischen Chemie（贝尔斯坦有机化学大全），简称Beilstein，介绍有机化合物的结构、理化性质、衍生物的性质、鉴定分析方法、提取纯化或制备方法以及原始参考文献等，尤其化合物的制备极其详尽。该大全从正篇到第四补篇为德文，第五补篇改用英文。目前，由《贝尔斯坦有机化学大全》正篇到第四补篇与相关的原始文献以及175种期刊为数据来源开发的数据库——Beilstein Crossfire，收录了九百多万个化合物和九百多万个化学反应，是世界上最大的关于有机化学的实时数据库。用户可以通过化学物质索引、化学反应索引与化学文献索引进行检索，也可用反应物或产物的结构或亚结构进行检索，还可用相关的生态、毒物学、药理学等特征进行检索。

2. 商用试剂目录

① Aldrich Advancing Science，美国Aldrich公司出版，该目录包括37000种化学品的理化常数、规格与价格，并且还有各种实验设备的详细附图、功能说明及价格。

② Sigma Biochemicals，Reagents & Kits，主要提供美国Sigma公司的生化试剂产品及一些化学品的理化常数、规格和价格，还包括该公司销售的实验设备的详细附图、功能说明和价格。

③ Fluka，由瑞典Fluka化学公司出版，主要提供各种实验室及分析试剂的理化常数、

规格和价格。

④ Acros Catalogue of Fine Chemicals，主要提供比利时 Acros 公司的化学试剂的理化常数、规格与价格。由于 Acros 公司供货期短（2～4 周），价格比较优惠，目前国内许多实验室使用该公司的产品。

⑤ Merck Catalogue，德国 Merck 公司的商品目录，包括 8000 种化学和生物试剂的理化常数、规格与价格以及实验设备的附图和功能说明与价格。

⑥ 阿拉丁试剂，生产和销售高纯度特种化学品和生命科学研发用试剂产品，领域涵盖化学、分析化学、生命科学和材料科学等基础创新领域。

1.9.4 化学网站

① 化学学科信息门户（http://chin. csdl. ac. cn），介绍国内外化学化工资源。

② 有机化学网（http://www. organicchem. com），主要包括基础有机化学文献、合成数据库、论坛等栏目。

③ 化学在线（http://www. chemonline. net），介绍化学知识、相关软件等。

④ 国际化学品安全卡数据库（http://www. brici. ac. cn/icsc），中文版提供常用危险化学品的职业健康、急救、消防、泄漏处置和事故预防等 14 项内容。

⑤ 中国化学品安全网（http://www. nrcc. com. cn/），提供化学品安全知识及登记注册内容。

⑥ 各种专利网站：欧洲专利局（http://ep. espacenet. com）；美国专利局（http://www. uspto. gov）；中国专利信息网（http://www. patent. com. en）等，这些专利网站一般可通过专利号索引、主题索引或发明人索引检索到专利说明书。

第2章 有机化学实验基本操作技术

2.1 加热与冷却

2.1.1 加热

有机实验中最常用的是间接加热方法（如电热套），而直接用火焰加热玻璃器皿很少被采用，因为剧烈的温度变化和不均匀的加热会造成玻璃仪器破损，引起燃烧甚至爆炸事故的发生。另外由于局部过热，还可能引起部分有机化合物的分解。为了避免直接加热带来的问题，加热时可根据液体的沸点、有机化合物的特征和反应要求选用适当的加热方法。下面介绍几种间接加热的方法。

（1）空气浴

空气浴就是让热源把局部空气加热，空气再把热能传导给反应容器。电热套加热是简便的空气浴加热，能从室温加热到300℃左右，是有机实验中最常用的加热方法。安装电热套时，要使反应瓶的外壁与电热套内壁保持0.5cm左右的距离，以便利用热空气传热和防止局部过热等。

（2）水浴

加热温度不超过100℃时，可以将容器浸入水中，用水浴加热。容器浸入水浴中，热浴液面应略高于容器中物料的液面，勿使容器底触及水浴锅底。当用到活泼金属钾或钠的操作时，绝不能在水浴上进行。若长时间加热，水浴中的水会汽化蒸发，要注意控制水浴高度位置。还可在水面上加几片石蜡，石蜡受热熔化在水面上，可减少水的蒸发。

电热多孔恒温水浴，用起来较为方便。

如果加热温度稍高于100℃，则可选用适当无机盐类的饱和溶液作为热浴液，它们的沸点列于表2-1。

表2-1 某些无机盐作热浴液

盐类	$NaCl$	$MgSO_4$	KNO_3	$CaCl_2$
饱和水溶液的沸点/℃	109	108	116	180

（3）油浴

加热温度在80～250℃之间时可用油浴。油浴所能达到的最高温度取决于油的种类。若在植物油中加入1%的对苯二酚，可增加油在受热时的稳定性。甘油和邻苯二甲酸二丁酯的混合液适合于加热到140～180℃，温度过高则分解。甘油吸水性强，放置过久的甘油，使用前应先蒸去吸收的水分，然后再用于油浴。液体石蜡可加热到220℃，温度稍高，虽不易分解，但易燃烧。固体石蜡可加热到220℃以上，其优点是室温时为固体，便于保存。硅油和真空泵油在250℃以上时较稳定，但由于价格贵，一般实验室较少使用。常用热浴物质的极限加热温度见表2-2。

表2-2 常用热浴物质的极限加热温度

热浴物质	水	液体石蜡	甘油	浓硫酸	加氢油脂	石油润滑油	石蜡	6份浓硫酸加4份硫酸钾
极限加热温度/℃	98	200	220	250	250	300	310	325

用油浴加热时，要在油浴中装置温度计（温度计的水银球不要放到油浴锅底），以便随时观察和调节温度。油浴所用的油不能溅入水，否则加热时会产生泡沫或爆溅。使用油浴时，要特别注意防止油蒸气污染环境和引起火灾。为此可用一块中间有圆孔的石棉板盖住油浴锅。

(4) 沙浴

沙浴使用方便，可加热到350℃。一般用铁盘装沙，将容器半埋在沙中加热。沙浴的缺点是沙对热的传导能力较差，沙浴温度分布不均，且不易控制。因此，容器底部的沙层要薄些，使容器易受热；而容器周围的沙层要厚些，使热不易散失。沙浴中应插温度计，以控制温度；温度计的水银球应紧靠容器。使用沙浴时，桌面要铺石棉板，以防辐射热烤焦桌面。

除了以上介绍的几种加热方法外，还可用熔盐浴、金属浴（合金浴）、电热法等更多的加热方法，以适于实验的需要。无论用何法加热，都要求加热均匀而稳定，尽量减少热损失。

2.1.2 冷却

有机合成反应中，有时会产生大量的热，使得反应温度迅速升高，如果控制不当，可能引起副反应或使反应物蒸发，甚至会发生冲料和爆炸事故。要把温度控制在一定范围内，就要进行适当的冷却。有时为了降低溶质在溶剂中的溶解度或加速结晶析出，也要采用冷却的方法。

(1) 冰水冷却

可用冷水在容器的外壁流动，或把容器浸在冷水中，交换移走热量。也可用水和碎冰的混合物作冷却剂，其冷却效果比单用冰块好。如果水不影响反应进行时，也可把碎冰直接投入反应器中，以便更有效地保持低温。

(2) 冰盐冷却

要在0℃以下进行操作时，常用按不同比例混合的碎冰（雪）和无机盐作为冷却剂，见表2-3。可把盐研细，把冰砸成小碎块，将盐均匀撒在冰块上。在使用过程中应随时加以搅拌。

(3) 干冰或干冰与有机溶剂混合冷却

干冰（固体二氧化碳）和乙醇、乙异丙醚或氯仿混合，可冷却到－78～－50℃。应将这

表 2-3　常用冷却剂

盐类	100 份碎冰(或雪)中加入盐的质量份数	混合物能达到的最低温度/℃
NH_4Cl	25	−15
$NaNO_3$	50	−18
NaCl	33	−21
$CaCl_2 \cdot 6H_2O$	100	−29
$CaCl_2 \cdot 6H_2O$	143	−55

种冷却剂放在杜瓦瓶、保温瓶中或其他绝热效果好的容器中，以保持其冷却效果。

(4) 低温浴槽

低温浴槽是一个小冰箱，冰室口向上，蒸发面用筒状不锈钢槽装酒精，外设压缩机循环氟利昂制冷。适于−30～30℃范围的反应使用。

(5) 液氮冷却

液态氮可冷至−196℃ (77K)，用有机溶剂可以调节所需的低温浴浆。一些作低温恒温浴的化合物列在表 2-4。

液氮和干冰是两种方便而又廉价的冷冻剂，这种低温恒温冷浆浴的制法是：在一个清洁的杜瓦瓶中注入纯的液体化合物，其用量不超过容积的 3/4，在良好的通风橱中缓慢地加入新取的液氮，并用一支结实的搅拌棒迅速搅拌，最后制得的冷浆稠度应类似于黏稠的麦芽。

表 2-4　可作低温恒温浴的化合物

化合物	乙酸乙酯	丙二酸乙酯	异戊烷	乙酸甲酯	乙酸乙烯酯	乙酸正丁酯
冷浆浴温度/℃	−83.6	−51.5	−160.0	−98.0	−100.2	−77.0

2.2 搅拌与搅拌器

搅拌是有机制备实验常用的基本操作。搅拌的目的是使反应物混合得更均匀，反应体系的热量容易散发和传导使反应体系的温度更加均匀，从而有利于反应的进行，特别是非均相反应，搅拌更为必不可少的操作。

搅拌的方法有 3 种：人工搅拌、机械搅拌和磁力搅拌。简单的、反应时间不长的，而且反应体系中放出的气体是无毒的制备实验可以用人工搅拌。比较复杂的、反应时间比较长的，而且反应体系中放出的气体是有毒的制备实验则要用机械搅拌或磁力搅拌。

机械搅拌装置主要包括 3 个部分：电动机、搅拌棒和搅拌密封装置。电动机是动力部分，固定在支架上。搅拌棒与电动机相连，当接通电源后，电动机就带动搅拌棒转动而进行搅拌，搅拌密封装置是搅拌棒与反应器连接的装置，它可以防止反应器中的蒸气往外逸。搅拌的效率很大程度上取决于搅拌棒的结构，图 2-1 介绍的各式搅拌棒，是用粗玻璃棒制成的。

根据反应器的大小、形状、瓶口的大小及反应条件的要求，搅拌棒可以有各种样式，其

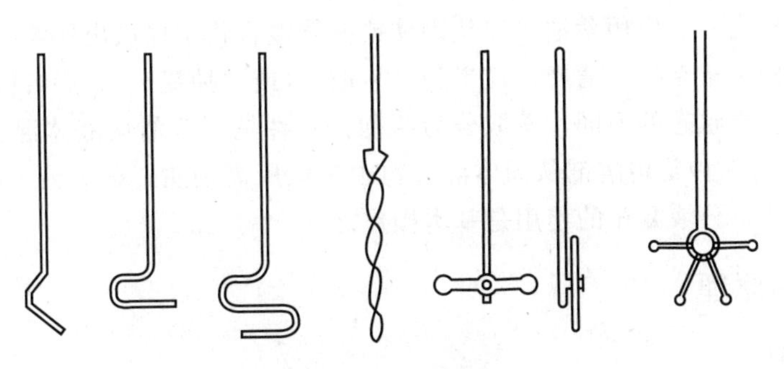

图 2-1　各式搅拌棒

中前 3 种较易制作，后 4 种搅拌效果较好。

实验室用的搅拌密封装置一般可以采用简易密封装置，如图 2-2(a) 所示，是一段（长 2～3cm）弹性好的橡皮管封口。简易封闭装置制作的方法是：在选择好了的塞子中央打一个孔，孔道必须垂直，插入一根长 6～7cm、内径较搅拌棒稍粗的玻璃管，使搅拌棒可以在玻璃管内自由地转动。把橡皮管套于玻璃管的上端，然后由玻璃管下端插入已制好的搅拌棒。这样，橡皮管的上端松松地裹住搅拌棒，棒的搅拌部分接近三口烧瓶的底部，但不能相碰。在橡皮管和搅拌棒之间滴入少许甘油起润滑和密封作用。搅拌密封装置有商品供应。

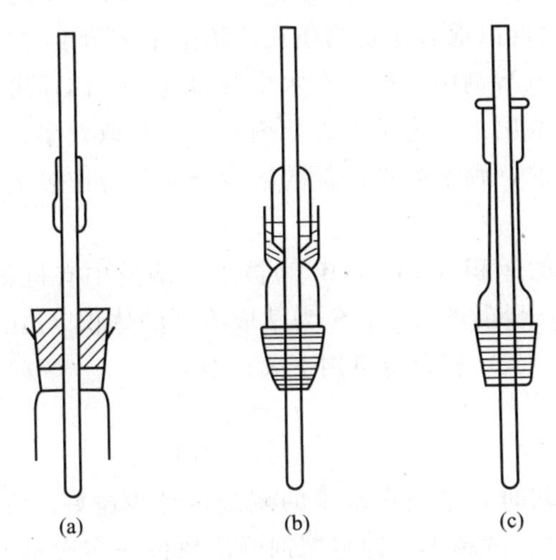

图 2-2　搅拌密封装置

搅拌密封装置和搅拌器套管有油密封器（用液体石蜡或甘油作填充液）[见图 2-2(b)、图 2-2(c)] 和水银密封器等（用水银作填充液，适当地加些液体石蜡或甘油，避免在快速搅拌下水银溅出及蒸发）。由于水银有毒，尽量少用。

恒温磁力搅拌器，可用于液体恒温搅拌，使用方便，噪声小，搅拌能力也较强，调速平衡，电子自动恒温控制。

2.3　萃取

萃取是物质从一相向另一相转移的操作过程。它是有机化学实验中用来分离或纯化有机化合物的基本操作之一。应用萃取可以从固体或液体混合物中提取出所需要的物质，也可以用来洗去混合物中少量杂质。通常称前者为“萃取”（或“抽提”），后者称为“洗涤”。

随着被提取物质状态的不同，萃取分为两种：一种是用溶剂从液体混合物中提取物质，称为液-液萃取；另一种是用溶剂从固体混合物中提取所需物质，称为液-固萃取。从液体中萃取常用分液漏斗，分液漏斗的使用是基本操作之一。

2.3.1 萃取的原理

1. 液-液萃取

液-液萃取是利用物质在两种互不相溶（或微溶）的溶剂中溶解度或分配系数的不同，使物质从一种溶剂内转移到另一种溶剂中。分配定律是液-液萃取的主要理论依据。在两种互不相溶的混合溶剂中加入某种可溶性物质时，它能以不同的溶解度分别溶解于此两种溶剂中。实验证明，在一定温度下，若该物质的分子在此两种溶剂中不发生分解、电离、缔合和溶剂化等作用，则此物质在两液相中浓度之比是一个常数，不论所加物质的量是多少都是如此。用公式表示即：

$$\frac{c_A}{c_B}=K$$

c_A、c_B 为一种物质在 A、B 两种互不相溶的溶剂中的物质的量浓度；K 是一个常数，称为“分配系数”，它可以近似地看作是物质在两溶剂中溶解度之比。

由于有机化合物在有机溶剂中一般比在水中溶解度大，因而可以用与水不互溶的有机溶剂将有机物从水溶液中萃取出来。为了节省溶剂并提高萃取效率，根据分配定律，用一定量的溶剂一次加入溶液中萃取，则不如将同量的溶剂分成几份作多次萃取效率高。可用下式来说明。

设：V 为被萃取溶液的体积（mL），W 为被萃取溶液中有机物（X）的总量（g）；W_n 为萃取 n 次后有机物（X）剩余量（g），S 为萃取溶剂的体积（mL）。

经 n 次提取后有机物（X）剩余量可用下式计算：

$$W_n=W\left(\frac{KV}{KV+S}\right)^n$$

当用一定量的溶剂萃取时，希望在水中的剩余量越少越好。而上式 $KV/(KV+S)$ 总是小于 1，所以 n 越大，W_n 就越小。即将溶剂分成数份作多次萃取比用全部量的溶剂作一次萃取的效果好。但是，萃取的次数也不是越多越好，因为溶剂总量不变时，萃取次数 n 增加，S 就要减小。当 $n>5$ 时，n 和 S 两个因素的影响就几乎相互抵消了，n 再增加，$W_n/(W_n+1)$ 的变化很小，所以一般同体积溶剂分为 3～5 次萃取即可。

一般从水溶液中萃取有机物时，选择合适萃取溶剂的原则是：要求溶剂在水中溶解度很小或几乎不溶；被萃取物在溶剂中要比在水中溶解度大；溶剂与水和被萃取物都不反应；萃取后溶剂易于和溶质分离开，因此最好用低沸点溶剂，萃取后溶剂可用常压蒸馏回收。此外，价格便宜，操作方便，毒性小，不易着火也应考虑。

经常使用的溶剂有：乙醚、苯、四氯化碳、氯仿、石油醚、二氯甲烷、二氯乙烷、正丁醇、醋酸酯等。一般水溶性较小的物质可用石油醚萃取；水溶性较大的可用苯或乙醚；水溶性极大的用乙酸乙酯。

常用的萃取操作包括：

① 用有机溶剂从水溶液中萃取有机反应物；

② 通过水萃取，从反应混合物中除去酸碱催化剂或无机盐类；

③ 用稀碱或无机酸溶液萃取有机溶剂中的酸或碱，使之与其他的有机物分离。

2. 液-固萃取

从固体混合物中萃取所需要的物质是利用固体物质在溶剂中的溶解度不同来达到分离、提取的目的。通常是用长期浸出法或采用索氏（Soxhlet）提取器［脂肪提取器，图 2-3(a)］来提取物质。前者是用溶剂长期的浸润溶解而将固体物质中所需物质浸出来，然后用过滤或倾析的方法把萃取液和残留的固体分开。这种方法效率不高，时间长，溶剂用量大，实验室不常采用。

索氏提取器是利用溶剂加热回流及虹吸原理，使固体物质每一次都能为纯的溶剂所萃取，因而效率较高并节约溶剂，但对受热易分解或变色的物质不宜采用。索氏提取器由三部分构成，上面是冷凝管，中部是带有虹吸管的提取管，下面是烧瓶。萃取前应先将固体物质研细，以增加液体浸溶的面积。然后将固体物质放入滤纸套内，轻轻压实，上盖以滤纸，将其放在提取器中，内装物不得超过虹吸管，溶剂由上部经中部虹吸加入烧瓶中。当溶剂沸腾时，蒸气通过通气侧管上升，被冷凝管凝成液体，滴入提取管中，固体混合物在一段时间内被沸腾的溶剂浸润溶解。当液面超过虹吸管的最高处时，产生虹吸、萃取液自动流入烧瓶中，因而萃取出溶于溶剂的部分物质。再蒸发溶剂，如此循环多次，直到被萃取物质大部分被萃取为止。固体中可溶物质富集于烧瓶中，然后用适当方法将萃取物质从溶液中分离出来。操作中如果没有现成的滤纸套，可以先将滤纸卷成圆柱状，其直径大小稍微小于提取器内径，一段用线扎紧，一端盖上滤纸，然后放于提取器中操作。回流时注意控制加热温度，使溶剂蒸气上升的高度不超过冷凝管的 1/3 为宜。有时也可以用恒压滴液漏斗替代索氏提取器进行实验，见图 2-3(b)，通过调整滴液活塞控制萃取液漏入圆底烧瓶中的速度。

如果样品量少，可以用简易半微量提取器，把被提取的固体物质放在折叠好的滤纸中，按照图 2-4 装置操作。

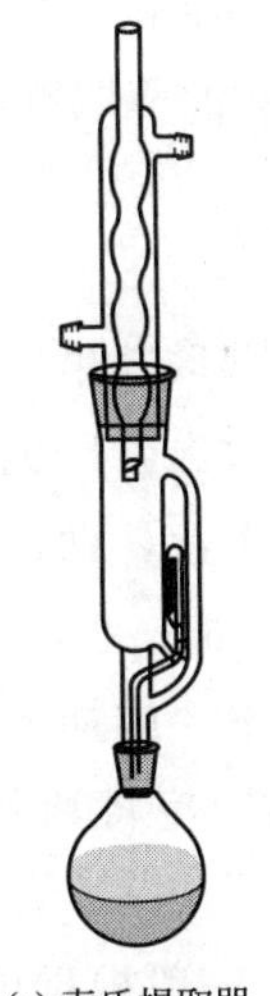

(a) 索氏提取器

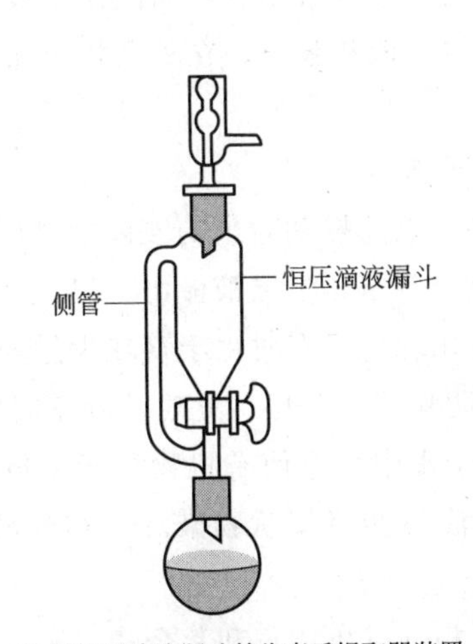

(b) 用恒压滴液漏斗替代索氏提取器装置

图 2-3　索氏提取器

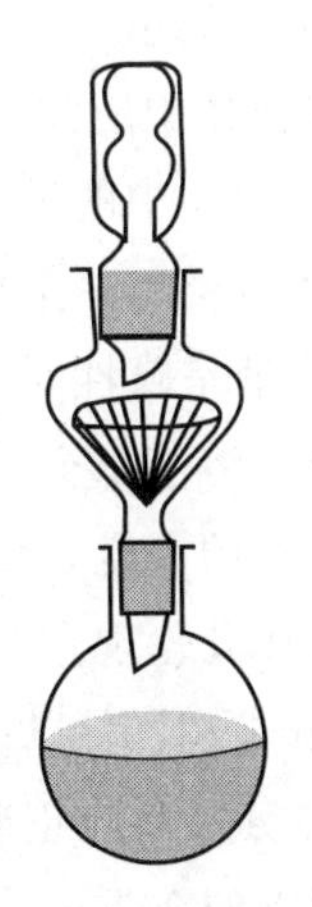

图 2-4　简易半微量提取器

2.3.2 萃取的操作

萃取常用的仪器是分液漏斗。使用前应先检查下口活塞和上口塞子是否有漏液现象。在活塞处涂少量凡士林，旋转几圈将凡士林涂均匀。在分液漏斗中加入一定量的水，将上口塞子塞好，上下摇动分液漏斗中的水，检查是否漏水。确定不漏后再使用。

将待萃取的原溶液倒入分液漏斗中，再加入萃取剂（如果是洗涤应先将水溶液分离后，再加入洗涤溶液），将塞子塞紧，用右手的拇指和中指拿住分液漏斗，食指压住上口塞子，左手的食指和中指夹住下口管，同时，食指和拇指控制活塞。然后将漏斗平放，前后摇动或做圆周运动，使液体振动起来，两相充分接触，见图 2-5。在振动过程中应注意不断放气，以免萃取或洗涤时，内部压力过大，造成漏斗的塞子被顶开，使液体喷出，严重时会引起漏斗爆炸，造成伤人事故。放气时，将漏斗的下口向上倾斜，使液体集中在下面，用控制活塞的拇指和食指打开活塞放气，注意不要对着人，一般摇动两三次就放一次气。经几次摇动放气后，将漏斗放在铁架台的铁圈上，将塞子上的小槽对准漏斗上的通气孔，静止 2～5min。待两相完全分开后，打开上面的活塞，再将活塞缓缓旋开，下层液体自活塞放出到一个干燥好的锥形瓶中。有时在两相间可能出现一些絮状物也应同时放去。然后将上层液体从分液漏斗上口倒出，且不可也从活塞放出，以免被残留在漏斗颈上的另一种液体所沾污。重复以上操作过程，萃取后，合并萃取相，加入干燥剂进行干燥。干燥后，先将低沸点的物质和萃取剂用简单蒸馏的方法蒸出，然后视产品的性质选择合适的纯化手段。

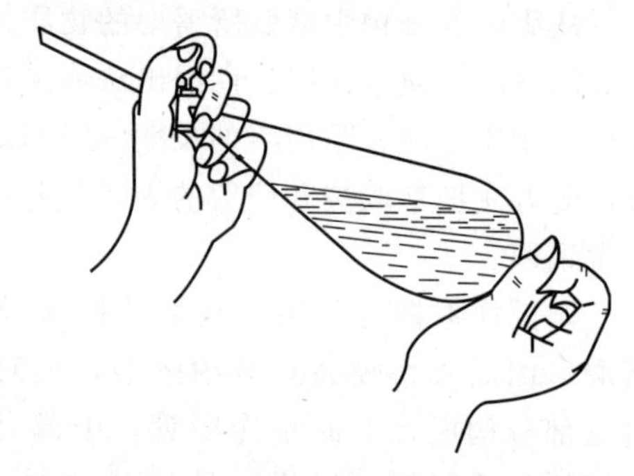

图 2-5　手握分液漏斗的姿势

当被萃取的原溶液量很少时，可采取微量萃取技术进行萃取。取一支离心分液管放入原溶液和萃取剂，盖好盖子，用手摇动分液管或用滴管向液体中鼓气，使液体充分接触，并注意随时放气。静止分层后，用滴管将萃取相吸出，在萃余相中加入新的萃取剂继续萃取。以后的操作如前所述。

在萃取操作中应注意以下几个问题：

① 分液漏斗中的液体不宜太多，以免摇动时影响液体接触而使萃取效果下降。

② 液体分层后，上层液体由上口倒出，下层液体由下口经活塞放出，以免污染产品。

③ 在溶液呈碱性时，常产生乳化现象。有时由于存在少量轻质沉淀，两液相密度接近，两液相部分互溶等都会引起分层不明显或不分层。此时，静止时间应长一些，或加入一些食盐，增加两相的密度，使絮状物溶于水中，迫使有机物溶于萃取剂中，或加入几滴酸、碱、醇等，以破坏乳化现象。如上述方法不能将絮状物破坏，在分液时，应将絮状物与萃余相（水层）一起放出。

④ 液体分层后应正确判断萃取相（有机相）和萃余相（水相），一般根据两相的密度来确定，密度大的在下面，密度小的在上面。如果一时判断不清，应将两相分别保存起来，待弄清后，再弃掉不要的液体。

2.4 干燥

干燥是指除去附在固体或混杂在气体中的少量水分，也包括除去少量溶剂。因此，干燥是最常用且十分重要的基本操作。

有机化合物的干燥方法有物理方法和化学方法两种。物理方法如冷冻、分子筛脱水等。在实验室中常用化学方法，是向液态有机化合物中加入干燥剂。第一类干燥剂，与水结合生成水合物，从而除去液态有机化合物中所含的水分；第二类干燥剂是与水起化学反应。

例如：

$$CaCl_2 + 6H_2O \longrightarrow CaCl_2 \cdot 6H_2O \quad \text{（第一类）}$$

$$2Na + 2H_2O \longrightarrow 2NaOH + H_2 \quad \text{（第二类）}$$

2.4.1 液态有机化合物的干燥

1. 干燥剂的选择

常用干燥剂的种类很多，选用时需注意以下几点：

① 液态有机化合物的干燥，通常是将干燥剂加入液态有机化合物中，故所用的干燥剂必须不与该有机化合物发生化学或催化作用。

② 干燥剂应不溶于该液态有机化合物中。

③ 当选用与水结合生成水合物的干燥剂时，必须考虑干燥剂的吸水容量和干燥效能。吸水容量是指单位质量干燥剂吸水量的多少；干燥效能是指达到平衡时液体被干燥的程度。例如，无水 Na_2SO_4 可形成 $Na_2SO_4 \cdot 10H_2O$，即 1g Na_2SO_4 最多能吸收 1.27g 水，其吸水容量为 1.27。但其水化物的水蒸气压也较大（25℃时为 255.98Pa），故干燥效能差。$CaCl_2$ 能形成 $CaCl_2 \cdot 6H_2O$，其吸水容量为 0.97，此水化合物在 25℃时水蒸气压为 39.99Pa，无水 $CaCl_2$ 的吸水容量虽然较小，但干燥效能强，所以干燥操作时应根据除去水分的具体要求而选择合适的干燥剂。通常这类干燥剂形成水合物需要一定的平衡时间，所以加入这类干燥剂必须放置一段时间才能达到干燥效果。

已吸水的干燥剂加热后又会脱水，其蒸气压随着温度的升高而增加，所以，对已干燥的液体在蒸馏之前必须把干燥剂滤去。

2. 干燥剂的用量

掌握好干燥剂的用量是很重要的。若用量不足，则不可能达到干燥的目的；若用量太多，则由于干燥剂的吸附而造成液体的损失。以乙醚为例，水在乙醚中的溶解度在室温时为 1%～1.5%，若用无水氯化钙来干燥 100mL 含水的乙醚时，全部转变成 $CaCl_2 \cdot 6H_2O$，其吸水容量为 0.97，也就是说 1g 无水 $CaCl_2$ 大约可吸收 0.97g 水，这样，无水 $CaCl_2$ 的理论用量最少需要 1g，而实际上远远超过 1g，这是因为醚层中还有悬浮的微细水滴，其次形成高水化物的时间需要很长，往往不可能达到应有的吸水容量，故实际投入的无水 $CaCl_2$ 的量是大大过量的，常需用 7～10g 的无水 $CaCl_2$，操作时，一般投入少量干燥剂到液体中，振摇，如出现干燥剂附着器壁或互相黏结，则说明干燥剂用量不足，应再添加干燥剂；如投入干燥剂后出现水相，必须用吸管把水吸出，然后再添加新的干燥剂。

干燥前，液体呈浑浊状，经干燥后变成澄清，这可简单地作为水分基本除去的标志。一般干燥剂的用量为每 10mL 的液体需 0.5～1g。由于含水量、干燥剂质量、干燥剂颗粒大小、干燥时的温度等诸多因素的影响，较难规定具体数量，以上用量仅供参考。

3. 常用的干燥剂

(1) 无水氯化钙 价廉，吸水后形成 $CaCl_2 \cdot nH_2O$，$n=1, 2, 4, 6$。吸水容量为 0.97（按 $CaCl_2 \cdot 6H_2O$ 计算），干燥效能中等，因为作用不快，平衡速率慢，所以，用无水氯化钙干燥液体时需放置一段时间，并要间歇振荡。无水氯化钙适用于烃类、醚类化合物的干燥；不适用于醇、酚、胺、酰胺和某些醛、酮、酯的干燥，因为氯化钙能与它们形成配合物。工业品可能含有氢氧化钙或氧化钙，故不能用于干燥酸类化合物。温度对氯化钙水合物蒸气压影响见表 2-5。

表 2-5 温度对氯化钙水合物蒸气压影响

温度/℃	压力/Pa(mmHg)	固相
−55	0.0	冰-$CaCl_2 \cdot 6H_2O$
29.2	759.9(5.7)	$CaCl_2 \cdot 6H_2O$-$CaCl_2 \cdot \beta 4H_2O$
29.8	922.8(6.8)	$CaCl_2 \cdot 6H_2O$-$CaCl_2 \cdot \alpha 4H_2O$
38	1053.5(7.9)	$CaCl_2 \cdot 4H_2O$-$CaCl_2 \cdot 2H_2O$

(2) 无水硫酸镁 中性，不与有机物和酸性物质起作用，吸水形成 $MgSO_4 \cdot nH_2O$，$n=1,2,4,5,6,7$。48℃以下形成 $MgSO_4 \cdot 7H_2O$；吸水容量为 1.05，效能中等，可代替氧化钙，还可干燥许多不能用氧化钙干燥的有机化合物，应用范围广，是一个很好的中性干燥剂。

(3) 无水硫酸钠 为中性干燥剂，价廉，吸水容量为 1.27，但干燥速度缓慢，干燥效能差，一般用于有机液体的初步干燥，然后再用效能高的干燥剂干燥。

(4) 无水硫酸钙 与有机化合物不起化学反应，不溶于有机溶剂中，与水形成相当稳定的水合物，25℃时蒸气压为 0.532Pa，是一种作用快、效能高的干燥剂，唯一的缺点是吸水容量小，常用于第二次干燥（即在无水硫酸镁、无水硫酸钠干燥后作最后干燥之用）。

(5) 无水碳酸钾 与水形成 $K_2CO_3 \cdot 2H_2O$，干燥速度慢，吸水容量为 0.2，干燥效能较弱，一般用于水溶性醇和酮的初步干燥，或代替无水硫酸镁，有时代替氢氧化钠干燥胺类化合物。但不适用于酸性物质。

(6) 金属钠 醚、烷烃、芳烃和叔胺类有机物用无水氯化钙或硫酸镁等处理后，若仍含有微量的水分时，可加入金属钠（切成薄片或压成丝）除去。但不宜用作醇、酯、酸、卤代烃、酮、醛及某些胺等能与钠起反应或易被还原的有机物的干燥剂。

有机化合物的常用干燥剂列于表 2-6。

(7) 分子筛 应用最广的分子筛是沸石分子筛，它是一种含铝硅酸盐的结晶，具有高效能选择性吸附能力，常用的 A 型分子筛有 3A 型、4A 型和 5A 型三种。分子筛具有高度选择性吸附性能，是由于其结构形成许多与外部相通的均一微孔，凡是比此孔径小的分子均进入孔道中，而较大者留在孔外，借此以筛分各种分子大小不同的混合物。有机化学实验室常用分子筛吸附乙醚、乙醇和氯仿等有机溶剂中的少量水分；此外，还用于吸附有机反应中生成的水分，效果较好。

表 2-6　有机化合物的常用干燥剂

液态有机化合物	适用的干燥剂
醚类、烷烃、芳烃	$CaCl_2$、Na、P_2O_5
醇类	K_2CO_3、$MgSO_4$、Na_2SO_4、CaO
醛类	$MgSO_4$、Na_2SO_4
酮类	K_2CO_3、$MgSO_4$、Na_2SO_4
酸类	$MgSO_4$、Na_2SO_4
酯类	K_2CO_3、$MgSO_4$、Na_2SO_4
卤代烃	$CaCl_2$、P_2O_5、$MgSO_4$、Na_2SO_4
有机碱类、胺类	NaOH、KOH

在使用分子筛干燥时应注意以下几点：

① 分子筛使用前应脱水活化，温度为 350℃，在常压下烘干 8h；活化温度不超过 600℃。活化后的分子筛待冷至 200℃左右，应立即取出存于干燥器备用。

② 使用后的分子筛其活性会降低，须再经活化方可使用，活化前须用水蒸气或惰性气体把分子筛中的其他物质替代出来，然后再按①进行处理。

③ 使用分子筛时，介质的 pH 应控制在 5～12。

④ 分子筛宜除去微量水分，倘若水分过多，应先用其他干燥剂去水，然后再用分子筛干燥。分子筛的吸附性能列于表 2-7。

表 2-7　分子筛的吸附性能

型号	孔径/Å	能吸附的物质	不能吸附的物质
3A	3.2～3.3	氮气，氧气，氢气，水	乙烯，乙炔，二氧化碳等
4A	4.2～4.7	氮气，氧气，氢气，水，甲醇，乙醇，乙腈，三氯甲烷	
5A	4.9～5.5	氮气，氧气，氢气，水，甲醇，乙醇，乙腈，三氯甲烷，C_3～C_{14}的直链烷烃	$(n\text{-}C_4H_9)_2NH$ 及更大的分子

注：1Å＝0.1nm。

4. 液态有机化合物干燥的操作

把已经分净水分的液态有机化合物（不应有可见水层）置于干燥的锥形瓶内，按照条件选定适量的干燥剂投入液体里，塞紧（用金属钠作干燥剂时则例外，此时塞中应插入一根无水氯化钙管，使氢气放空而水气不致进入），振摇片刻，静置，使所有的水分全被吸去。若干燥剂用量太少，致使部分干燥剂溶解于水时，用吸管吸出水层，再加入新的干燥剂，放置一定时间，至澄清为止。然后过滤，进行蒸馏精制。

2.4.2　固体的干燥

从重结晶得到的固体常带水分或有机溶剂，应根据化合物的性质选择适当的方法进行干燥。

(1) 晾干

这是最简便的干燥方法。把要干燥的固体先放在瓷孔漏斗中的滤纸上，或在滤纸上面压干，然后在一张滤纸上面薄薄地摊开，用另一张滤纸覆盖起来，让它在空气中慢慢地晾干。

(2) **加热干燥**

对于热稳定的固体化合物可以放在烘箱内干燥，加热的温度切忌超过该固体的熔点，以免固体变色和分解，如需要可在真空恒温干燥箱中干燥。

(3) **红外线干燥**

红外线干燥特点是穿透性强，干燥快。

(4) **干燥器干燥**

对易吸湿，或在较高温度干燥时会分解或变色的固体化合物可用干燥器干燥。干燥器有普通干燥器和真空干燥器两种。

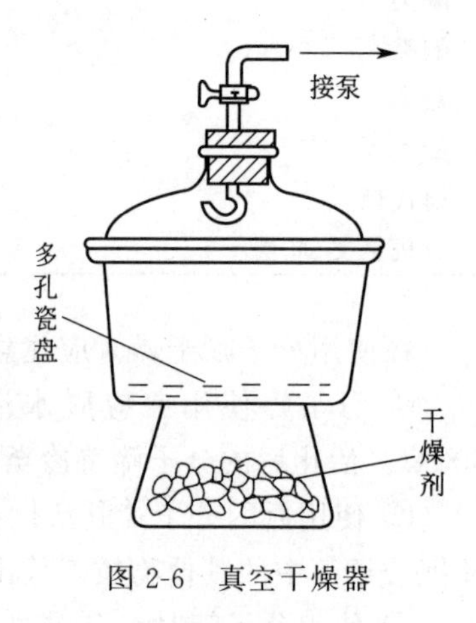

图 2-6　真空干燥器

真空干燥器如图 2-6 所示，其底部放置干燥剂，中间隔一个多孔瓷板，把待干燥的物质放在瓷板上，顶部装有带活塞的玻璃导气管，由此处连接抽气泵，使干燥器压力降低，从而提高了干燥效率。使用真空干燥器前必须试压。试压时用网罩或防爆布盖住干燥器，然后抽真空，关上活塞放置过夜。使用时，必须十分注意，防止万一干燥器炸碎时玻璃碎片飞溅而伤人。解除器内真空时，开动活塞通入空气的速度宜慢，以免吹散被干燥的物质。

(5) **减压恒温干燥器**

减压恒温干燥器也称减压恒温干燥枪。当在烘箱或真空干燥器内干燥效果欠佳时，则要使用减压恒温干燥枪，或简称为干燥枪，见图 2-7。使用时，将盛有样品的小船放在夹层内，连接上盛有 P_2O_5 的曲颈瓶，然后减压至可能的最高真空度时，停止抽气，关闭活塞，加热溶剂（溶剂的沸点切勿超过样品的熔点），回流，令溶剂的蒸气充满夹层的外层，这时，夹层内的样品就在减压恒温情况下被干燥。在干燥过程中，每隔一定时间应抽气保持应有的真空度。

真空恒温干燥器也有如图 2-8 所示的，它与减压恒温干燥枪有相同的功能，差别仅在于加热方式不同。

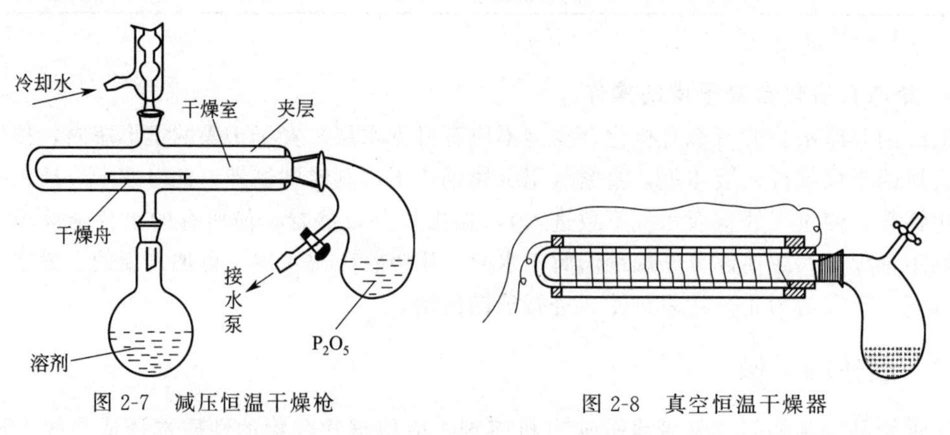

图 2-7　减压恒温干燥枪　　图 2-8　真空恒温干燥器

2.5　固体有机化合物的提纯方法

从有机反应中或是从天然物中获取的固体有机物，常含有杂质，必须加以纯化。重结晶和升华是实验室常用的固体有机化合物的提纯方法。

2.5.1 重结晶的原理及方法

对一个化学工作者来说，重结晶操作是应该掌握的很有用的技巧之一。重结晶提纯法的原理是利用混合物中各组分在某种溶剂中的溶解度不同，而使它们相互分离，许多固态有机化合物的精制常靠重结晶提纯。

1. 重结晶提纯法的一般过程

① 选择适宜的溶剂。

② 将粗产品溶于适宜的热溶剂中制成饱和溶液。

③ 趁热过滤除去不溶性杂质。如溶液的颜色深，则应先脱色，再进行过滤。

④ 冷却溶液，或蒸发溶剂，使之慢慢析出结晶而杂质则留在母液中，或者杂质析出，而欲提纯的化合物则留在溶液中。

⑤ 抽气过滤分离母液，分出结晶体或杂质。

⑥ 洗涤结晶，除去附着的母液。

⑦ 干燥结晶。

2. 溶剂的选择

在重结晶法中选择适宜的溶剂是非常重要的。否则，达不到纯化的目的，作为适宜的溶剂，要符合下面几个条件。

① 与被提纯的有机化合物不起化学反应。

② 对被提纯的有机物应在热溶剂中易溶，而在冷溶剂中几乎不溶。

③ 如果杂质在热溶剂中不溶，则趁热过滤除去杂质。若杂质在冷溶剂中易溶时，则留在溶液中，待结晶后才分离。

④ 对提纯的有机化合物能生成较整齐的晶体。

⑤ 溶剂的沸点不宜太低，也不宜过高。若过低时，溶解度改变不大，难分离，且操作较困难。过高时，附着于晶体表面的溶剂不易除去。

⑥ 价廉易得。

常用的溶剂有水、乙醇、丙酮、石油醚、四氯化碳、苯和乙酸乙酯等。

在选择溶剂时应根据“相似相溶”的一般原理。溶质往往易溶于结构与其相似的溶剂中。可查阅有关化合物在不同溶剂和不同温度时的溶解度。然而，在实际工作中往往通过试验来选择溶剂，溶解度试验方法如下。

取 0.1g 结晶的固体置于一小试管中，用滴管逐滴滴加溶剂，并不断振摇，待加入的溶剂约为 1mL 时，在水浴上加热至沸腾，能完全溶解，冷却后析出大量结晶，这种溶剂一般可认为合用。如样品在冷却或热时，都能溶于 1mL 溶剂中，表示这种溶剂不合用。若样品不全溶于 1mL 沸腾的溶剂中时，则可逐步添加溶剂，每次约加 0.5mL，并加热至沸腾，若加入溶剂总量达 3mL 时，样品在加热时仍然不溶解，表示这种溶剂不合用，则必须寻找其他溶剂。若样品能溶于 3mL 以内的沸腾的溶剂中，则将它冷却，观察有没有结晶析出，还可用玻璃棒摩擦试管壁或用盐水浴冷却，以促使结晶析出，若仍未析出结晶，则这种溶剂也不适用，若有结晶析出，则以结晶体析出的多少来选择溶剂。

按照上述方法逐一试验不同的溶剂，如冷却后有结晶体析出，比较结晶体的多少，选择其中最佳的作为重结晶的溶剂。

如果难于找到一种合用的溶剂时，则可采用混合溶剂，混合溶剂一般由两种能以任意比例互溶的溶剂组成，其中一种对被提纯物质的溶解度较大，而另一种对被提纯物质的溶解度较小。一般常用的混合溶剂有乙醇-水、乙醇-乙醚、乙醇-丙酮、乙醚-石油醚、苯-石油醚等。

3. 固体物质的溶解

使用易燃溶剂时，必须按照安全操作规程进行，不可粗心大意！

有机溶剂往往不是易燃的就是具有一定的毒性，也有两者兼具的，操作时要熄灭邻近的一切明火。最好在通风橱内操作。常用锥形瓶或圆底烧瓶作容器，因为它的瓶口较窄，溶剂不易挥发，又便于摇动促进固体物质溶解。若用低沸点易燃的溶剂，严禁在石棉网上直接加热，必须装上回流冷凝管，并根据其沸点的高低，选用热浴。若固体物质在溶剂中溶解速度较慢，需要较长加热时间时，也要装上回流冷凝管，以免溶剂损失。

溶解操作是将待重结晶的粗产物放入窄口容器中，加入比计算量略少的溶剂，然后逐渐添加至恰好溶解，最后再多加20%～100%的溶剂将溶液稀释，否则趁热过滤时容易析出结晶。若用量为未知数，可先加入少量溶剂，煮沸仍未全溶，渐渐添加至恰好溶解，每次加入溶剂均要煮沸后作出判断。

在溶解过程中，有时会出现油珠状物，这对于物质的纯化极为不利，因为杂质会伴随析出，并带有少量的溶剂，故应尽量避免这种现象的发生，可从下列两方面加以考虑：

① 所选用的溶剂的沸点应低于溶质的熔点；

② 低熔点物质进行重结晶，如不能选出沸点较低的溶剂时，则应在比熔点低的温度下溶解。

用混合溶剂重结晶时，一般先用溶解度较大的溶剂，在加热情况下使样品溶解，溶液若有颜色则用活性炭脱色，趁热过滤除去不溶物，将滤液加热至接近沸点的情况下慢慢滴加溶解度较小的溶剂至刚好浑浊，加热浑浊不消失时，再小心地滴加溶解度较大的溶剂直至溶液变清，放置结晶。若已知两种溶剂的某一种比例适用重结晶，可事先配好混合溶剂，按单一溶剂重结晶的方法进行。

4. 杂质的除去

溶液如有不溶性物质时，应趁热过滤。如有颜色时，则要脱色，待溶液冷却后加入活性炭脱色。使用活性炭脱色应注意下列几点：

① 活性炭用量根据杂质颜色深浅而定，一般用量为固体质量的1%～5%，煮沸5～10min，不断搅拌，如一次脱色不好，可再加少量活性炭，重复操作。

② 不能向正在沸腾的溶液中加入活性炭，以免溶液暴沸溅出。一般来说，应当溶液冷却至室温时才加入活性炭，较为安全。

③ 活性炭对水溶液脱色较好，对非极性溶液脱色较差。

④ 如发现滤液中有活性炭时，应重新过滤。

5. 趁热过滤

趁热过滤一般用热水漏斗和折叠式滤纸（菊花形滤纸），热水漏斗见图2-9。

它是把一个短颈玻璃漏斗套在一个金属制的热水漏斗套里，热水漏斗夹层中充满水，并在过滤前将热水漏斗夹层中水加热至沸腾。

趁热过滤的好处是，在热水漏斗的保温下可以防止在过滤过程中因温度降低而在滤纸上析出结晶，所以，如果溶液里的溶质在冷却时析出，但又不希望这些溶质在过滤时析出于滤纸和漏斗颈，就需要趁热过滤。

为减少在过滤时析出结晶的机会，趁热过滤主要采取以下措施。

① 过滤前要用少量溶剂润湿滤纸，避免滤纸在过滤时因吸附溶剂而使结晶析出。

② 用菊花形滤纸，增大过滤面积，可加快过滤速度。

③ 使用热水漏斗减缓过滤时温度下降。如果溶剂是水，过滤时可加热热水漏斗的侧管，并用小火将溶液保温。如果溶剂是可燃性的，过滤时务必熄灭热水漏斗的火焰。

④ 用短颈玻璃漏斗缩短滤液流过漏斗颈的距离。

⑤ 加快操作速度，缩短过滤的时间。

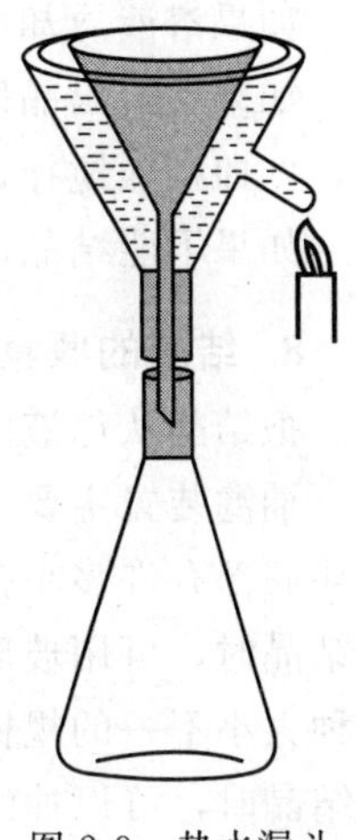

图 2-9　热水漏斗

6. 折叠式滤纸（菊花形滤纸）的折叠方法

① 先将圆形滤纸等折成四分之一，得折痕 1-2、2-3、2-4，见图 2-10(a)；再在 2-3 与 2-4 之间对折出 2-5，在 1-2 与 2-4 间对折出 2-6，见图 2-10(b)。

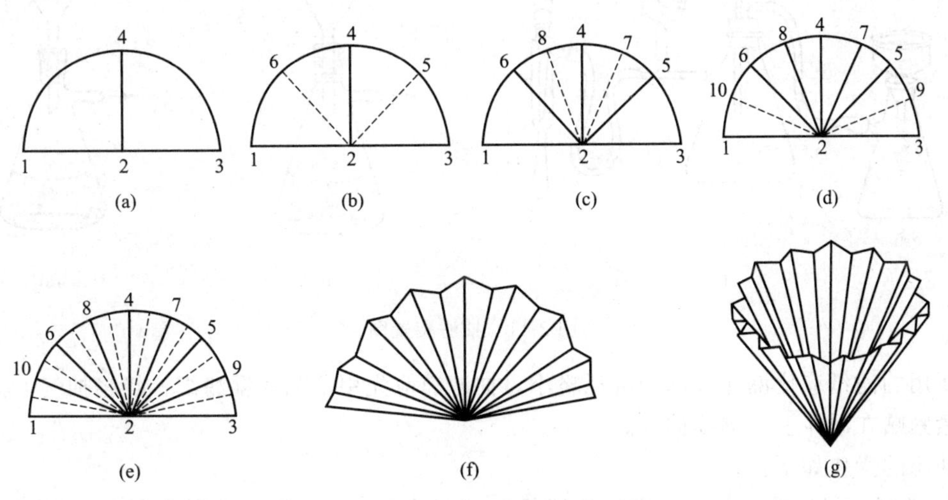

图 2-10　折叠式滤纸的折叠顺序

② 在 2-3 与 2-6 间对折出 2-7，在 1-2 与 2-5 间对折出 2-8，见图 2-10(c)。

③ 在 1-2 与 2-6 间对折出 2-10，在 2-3 与 2-5 间对折出 2-9，见图 2-10(d)。

④ 从上述折痕的相反方向，在相邻两折痕（如 2-3 与 2-9 间，2-9 与 2-5 间）都对折一次，见图 2-10(e)，呈双层的扇形，见图 2-10(f)。

⑤ 拉开双层，即得菊花形滤纸，见图 2-10(g)。

7. 晶体的析出

将趁热过滤收集的热滤液静置，让它慢慢地冷却下来，一般在几小时后才能完全冷却。在某些情况下，要更长的时间，不要急冷滤液，因为这样形成的结晶会很细。但也不要使形成的晶体过大，过大的晶体中会夹杂母液，造成干燥困难，当看到有大晶体正在形成时，摇动使之形成较均匀的小晶体。

如果溶液冷却后仍不结晶，可投“晶种”，或用玻璃棒摩擦器壁引发晶体形成。

如果不析出晶体而得油状物时，可加热至成清液后，让其自然冷却至开始有油状物析出时，立即剧烈搅拌，使油状物分散，也可搅拌至油状物消失。

如果不能结晶，通常必须用其他方法（色谱、离子树脂交换法）提纯。

8. 结晶的收集和洗涤

把结晶从母液中分离出来，通常用抽气过滤（减压过滤），简称为抽滤。

抽滤装置主要由布氏漏斗、抽滤瓶、安全瓶、减压泵四部分构成［见图 2-11(a)］。布氏漏斗底部有许多小孔，有不同直径的各种规格，选用时应与所要过滤物之量相称，抽滤少量的结晶时，可用玻璃钉漏斗。抽滤瓶是一个厚壁并有支管的玻璃三角瓶，用来接收滤液，有各种大小不一的规格，选用时除应与漏斗大小相称外，尚要根据滤液量多少而定，抽滤少量的结晶时，可以抽滤管代替抽滤瓶。安全瓶为一带塞子且在塞子上装有两根玻璃弯管和一根玻璃直管的广口瓶。减压泵有金属水泵、玻璃水泵和真空泵三种。布氏漏斗配上橡皮塞，装在抽滤瓶上，抽滤瓶的支管上套入一根橡皮管，借它与减压装置联系起来，如减压装置使用真空泵，一般应有安全瓶。

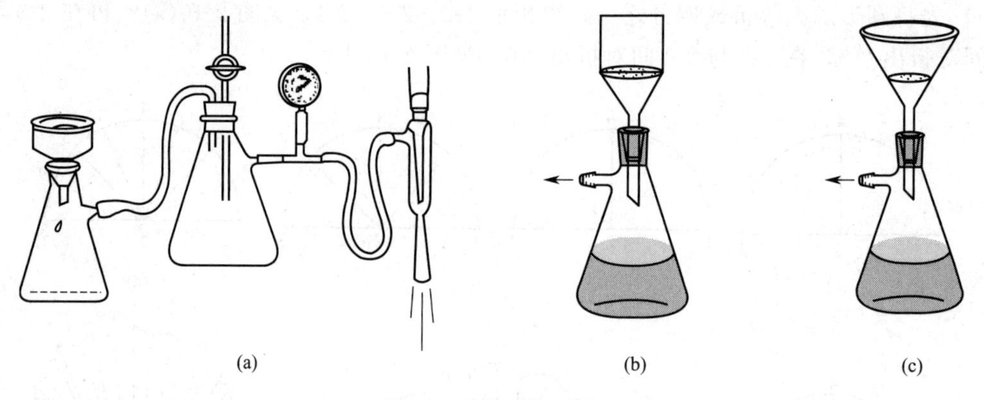

图 2-11　抽滤装置图

所用的滤纸应比漏斗底部的直径略小，抽滤前应先用溶剂润湿滤纸，轻轻抽气，务必使滤纸紧紧贴在漏斗上，继续抽气。

抽滤的操作如下：

① 选择直径应略小于漏斗内径的滤纸铺在布氏漏斗上，以能紧贴于漏斗的底壁，恰好盖住所有小孔为度。

② 将布氏漏斗配一橡皮塞，然后塞在抽滤瓶上必须紧密不漏气，漏斗管下端的斜口要正对抽滤瓶的支管。

③ 在抽滤之前必须用同一种溶剂将滤纸湿润，使滤纸紧贴于布氏漏斗的底面。然后，打开减压装置将滤纸吸紧，避免固体在抽滤时从滤纸边沿吸入抽滤瓶中。

④ 把要过滤的混合物倒入布氏漏斗中，使固体物质均匀地分布在整个滤纸面上，用少量滤液将黏附在容器壁上的结晶洗出，抽气到几乎没有母液滤出时，用玻璃瓶塞或玻璃钉将结晶压干，尽量除去母液，滤得的固体习惯叫滤饼。

⑤ 停止抽滤时，先将抽滤瓶与减压装置连接的橡皮管拆开，或者将安全瓶上的活塞打开与大气相通，然后才关闭减压装置，防止水倒流入抽滤瓶内。

为了除去结晶表面的母液，应进行洗涤滤饼的工作。洗涤前将连接吸滤瓶的橡皮管拔开，关闭抽气泵，把少量溶剂均匀地洒在滤饼上，使全部结晶刚好被溶剂盖住为度，重新接上橡皮管，开启抽气泵把溶剂抽去，重复操作两次，就可以把滤饼洗净。

用重结晶法纯化后的晶体，其表面还吸附有少量溶剂，应根据所用溶剂及结晶的性质选择恰当的方法进行干燥。过滤少量的结晶（1～2g 以下），可用玻璃钉漏斗抽气装置。

2.5.2 升华

升华是提纯固体有机化合物的方法之一。

1. 升华的原理

某些物质在固态时具有相当高的蒸气压，当加热时，不经过液态而直接汽化，蒸气受到冷却又直接冷凝成固体，这叫作升华。表 2-8 列出樟脑和蒽醌的温度与蒸气压的关系，它们在熔点之前，蒸气压已相当高，可以进行升华。

表 2-8 樟脑和蒽醌的温度与蒸气压的关系

樟脑(m.p. 176℃)		蒽醌(m.p. 285℃)	
温度/℃	蒸气压/Pa	温度/℃	蒸气压/Pa
20	19.9	200	239.4
60	73.2	220	585.2
80	1216.9	230	944.3
100	2666.6	240	1635.9
120	6397.3	250	2660.0
160	29100.4	270	6995.8

若固态混合物具有不同的挥发度，则可应用升华法提纯。升华得到的产品一般具有较高的纯度。

升华法只能用于在不太高的温度下有足够高的蒸气压（在熔点前高于 266.69Pa）的固态物质，因此有一定的局限性，在常压下能升华的有机物不多。

2. 升华的装置

图 2-12 是常压下简单的升华装置，在瓷蒸发皿中盛粉碎了的样品，上面用一个直径小

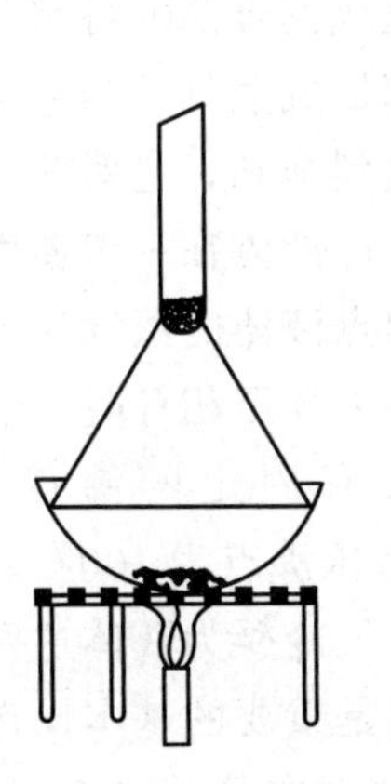

图 2-12 升华少量物质的装置

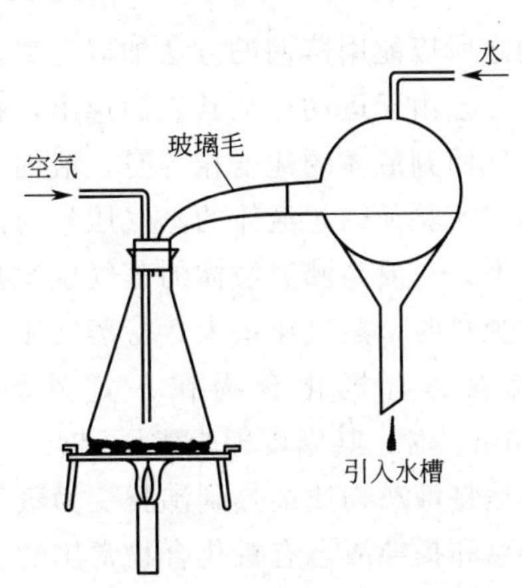

图 2-13 在空气或惰性气流中升华装置

于蒸发皿的漏斗盖住，漏斗颈用棉花塞住，防止蒸气逸出，两者用一张穿有许多小孔（孔刺向上）的滤纸隔开，以避免升华上来的物质再落到蒸发皿内。操作时，可用砂浴[1]（或其他热浴）加热，小心调节火焰[2]，控制浴温（低于被升华物质的熔点），让其慢慢升华。蒸气通过滤纸小孔，冷却后凝结在滤纸或漏斗壁上。若物质具有较高的蒸气压，可采用图 2-13 装置。

为了加快升华速度，可在减压下进行升华。减压升华法特别适用于常压下其蒸气压不大或受热易分解的物质。图 2-14 用于少量物质的减压升华，通常用油浴加热，并视具体情况而采用油泵或水泵抽气。

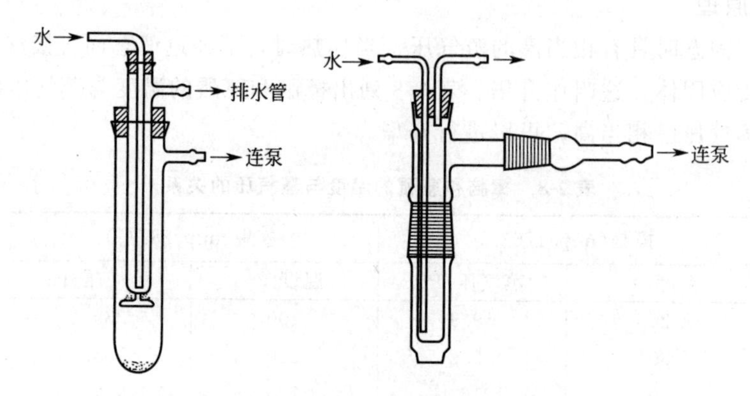

图 2-14　减压升华少量物质的装置

【注释】

［1］可在石棉网上铺一层厚约 1cm 的细沙代替砂浴。

［2］用小火加热必须留心观察，当发觉开始升华时，小心调节火焰，让其慢慢升华。

2.6 常压蒸馏

2.6.1 常压蒸馏原理

液体混合物之所以能用蒸馏的方法加以分离，是因为组成混合液的各组分具有不同的挥发度。液体中的分子由于运动可从其表面逸出，在液面上部形成蒸气，当分子从液体逸出的速度与分子由蒸气回到液体的速度相等时，液面上的蒸气达到饱和，它对液面所施加的压力称为饱和蒸气压。实验证明，液体的蒸气压只与温度有关，即液体在一定温度下具有一定的蒸气压，在室温下，一般高沸点液体的蒸气压比具有较低沸点液体的蒸气压要小。

当液态物质受热时，蒸气压增大，待蒸气压大到和外界大气压相等时，液体沸腾，即达到沸点。每种纯液态有机化合物在一定外界压力下具有固定的沸点，外界压力为 101.325kPa（1atm）时，其温度即为常压沸点。例如水的常压沸点为 100℃。

所谓蒸馏就是将液态物质加热到沸腾变为蒸气，又将蒸气冷凝为液体这两个过程的联合操作。蒸馏是分离和提纯液态有机化合物常用的方法之一，是重要的基本操作，必须熟练掌握。当被蒸馏的液体混合物沸腾时，液体上面的蒸气组成与液体混合物组成不同，蒸气主要是易挥发的（低沸点）组分，把蒸气导引出来并冷却，收集到低沸点的组分，而不易挥发的组分大多留在原来的液相中。因此利用蒸馏可将沸点相差较大（如相差30℃）的液态混合物分开，以达到分离和提纯的目的。但在蒸馏沸点比较接近的混合物时，各种物质的蒸气将同时蒸出，只不过低沸点的多一些，故难以达到分离和提纯的目的，只好借助于分馏。

纯液态有机化合物在蒸馏过程中沸点范围很小（0.5～1℃），所以可以利用蒸馏来测定沸点，用蒸馏法测定沸点一般用常量法，此法用量在10mL以上，若样品不多时，可采用微量法。混合物的蒸馏开始沸腾时其沸点接近于易挥发组分的沸点，随着易挥发组分在液体中的逐渐减少，混合物的沸点稍升高，当易挥发组分大部分被蒸出时，混合物的沸点快速上升，接近难挥发组分的沸点。值得注意的是，某些含有2个或2个以上组分的混合物，可以形成共沸混合物。在蒸馏具有一定组成的共沸混合物时，其蒸气组成与液体组成相同，这就是恒沸现象，共沸混合物不能利用常压蒸馏的方法将各组分分开。许多有机物溶液在蒸馏中都有恒沸现象，有些溶液的恒沸点低于组成溶液的任一纯物质的沸点，称为低恒沸现象，如乙醇-水溶液在常压下的恒沸点是78.15℃（恒沸组成为95.5%乙醇+4.5%水），低于纯乙醇的沸点78.3℃和水的沸点100℃。也有些溶液具有最高恒沸点，如氯仿-丙酮溶液等。

2.6.2 常压蒸馏应用范围

蒸馏操作是有机化学实验中常用的实验技术，一般用于下列几方面：

① 分离提纯液体混合物（仅对混合物中各成分的沸点有较大的差别时才能有效地分离提纯）；

② 分离提纯，除去不挥发的杂质；

③ 测定纯净液体有机化合物的沸点；

④ 回收溶剂，或蒸出部分溶剂以浓缩溶液。

2.6.3 常压蒸馏的装置

实验所用的实验装置一般都需要使用者自己根据具体实验需求，选取合适的各种玻璃仪器及其他配件，依照一定的常规合理搭配、组装而成。常用的蒸馏实验装置主要由汽化、冷凝和接收三部分组成，分别有蒸馏瓶（长颈或短颈）、蒸馏头、温度计套管、温度计、直形冷凝管、接引管、接收瓶等，如有特别要求再补充其他器材。汽化反应发生在蒸馏瓶中，不同条件选取不同要求的蒸馏瓶。汽化所需要的能量由不同类型的热源提供，依照操作需求条件可以是电热套、电热板、带石棉网的酒精灯、煤气、电炉、热水等。蒸馏中操作时需要控温蒸馏的要注意加装温度计及温度计套管，见图2-15。套管使用前注意检查密封性。所用温度计应根据被蒸馏液体的沸点来选，低于100℃，可选用100℃温度计；高于100℃，应选用250～300℃水银温度计。蒸出的气体发生冷凝反应是在冷凝管中发生，冷凝管可分为直形水冷凝管和空气冷凝管两类，直形水冷凝管用于被蒸液体沸点低于140℃，在实验使用时是要保证直形冷凝管的夹管内充满正确方向流动的冷却水（从下口进水，上口出水），水流不宜太快；空气冷凝管用于被蒸液体沸点高于140℃，见图2-16。使用时水冷凝管上端的出水口应向上，保证套管内充满水。接收部分是尾接管及接收瓶，尾接管将冷凝液导入接收瓶中。常压蒸馏选用锥形瓶为接收瓶，减压蒸馏选用圆底烧瓶为接收瓶。

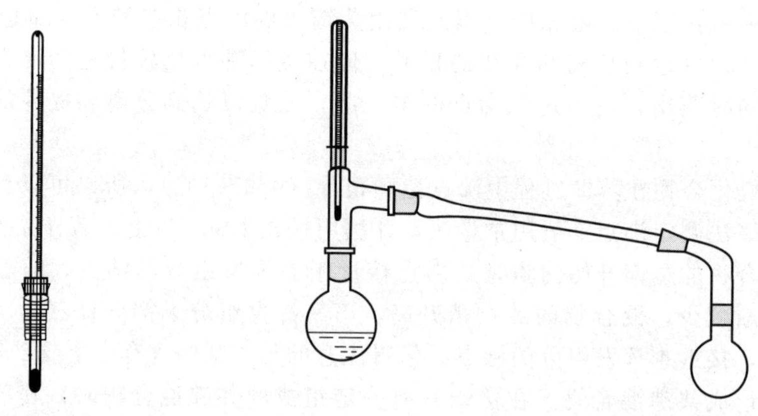

图 2-15 温度计及套管　　　　图 2-16 空气冷凝的蒸馏装置

实验中最简单常用的普通蒸馏装置，见图 2-17(a)。如果蒸馏沸点低、易挥发、易燃的液体，如乙醚，烧瓶应用热水加热，接收瓶应放在冷水或冰水中冷却，在接引管支口处需连上橡皮管，将气体导入水槽或室外，见图 2-17(b)。如果蒸馏时需要防潮，在支管口接上干燥管，可用作防潮的蒸馏，见图 2-18。蒸馏时有有害气体产生时，则需要加装气体吸收装置，见图 2-19。如是粗蒸馏操作，无需控制温度可选用更简单的蒸馏装置，见图 2-17(c)。图 2-20 装置适用于低熔点的固体蒸馏，装置中靠空气冷却，无需加装冷却管。

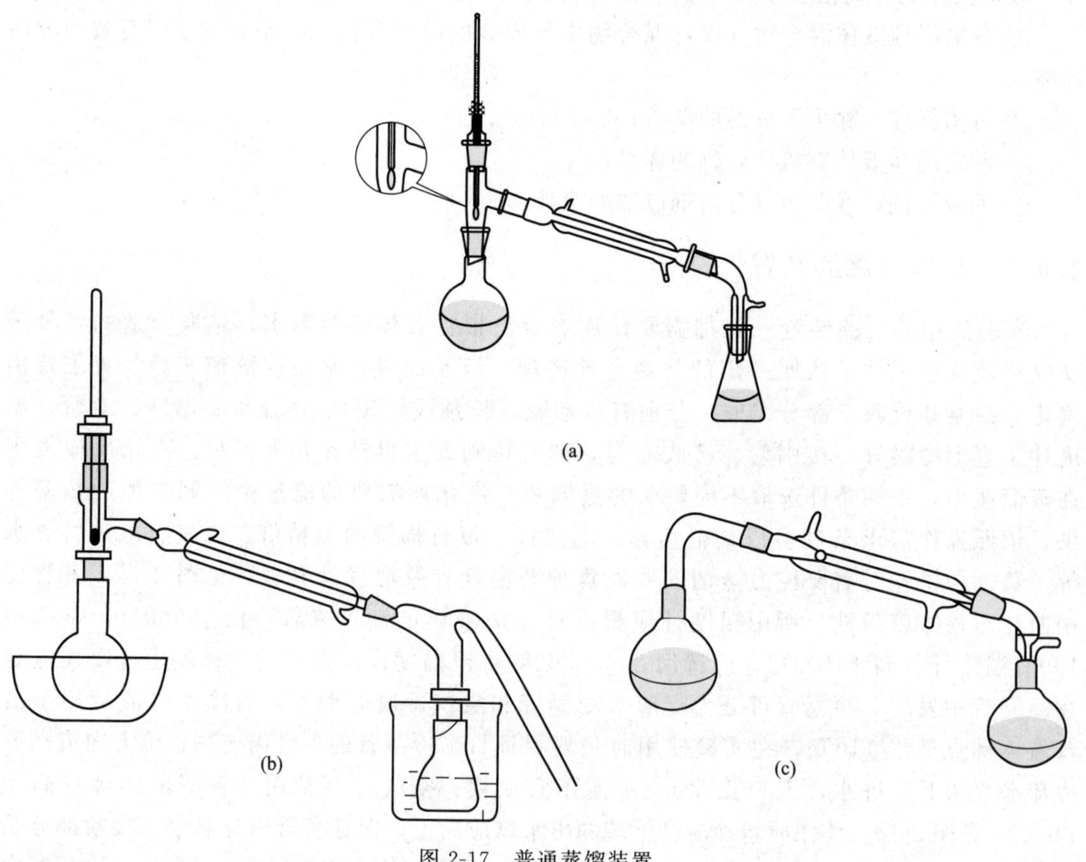

图 2-17 普通蒸馏装置

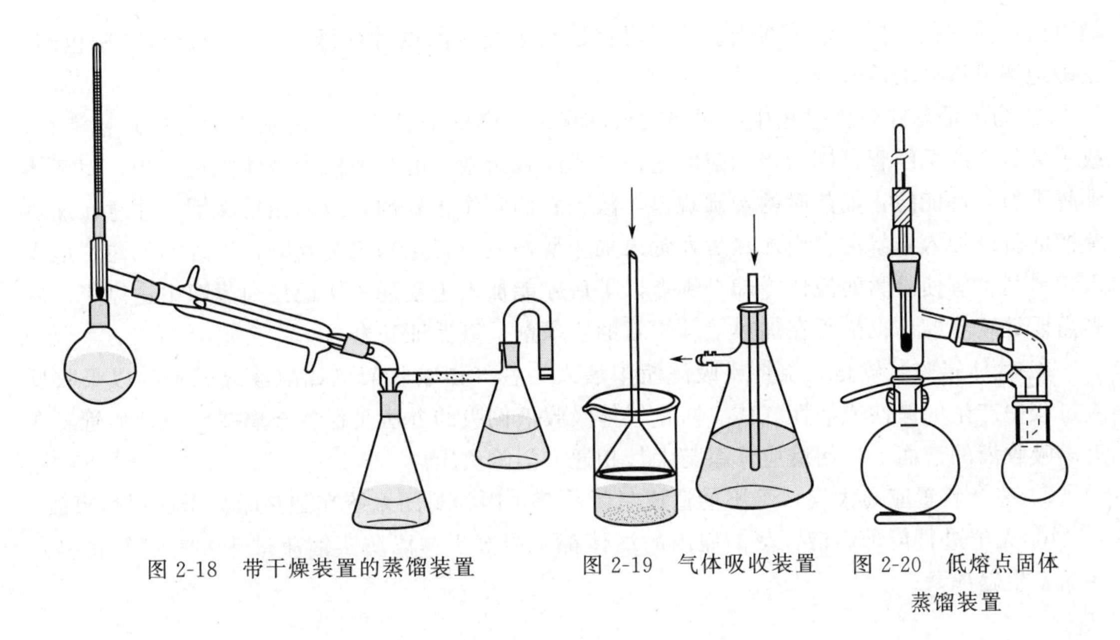

图 2-18　带干燥装置的蒸馏装置　　图 2-19　气体吸收装置　　图 2-20　低熔点固体蒸馏装置

当实验需要蒸除较大量溶剂时，或者当某些有机反应需要一边滴加反应物一边将产物之一蒸出反应体系，防止产物再次发生反应并破坏可逆反应平衡，使反应进行彻底，可采用带恒压滴液漏斗装置，见图 2-21。蒸馏时液体自滴液漏斗中不断地加入，既可调节滴入和蒸出的速度，又可避免使用较大的蒸馏瓶。

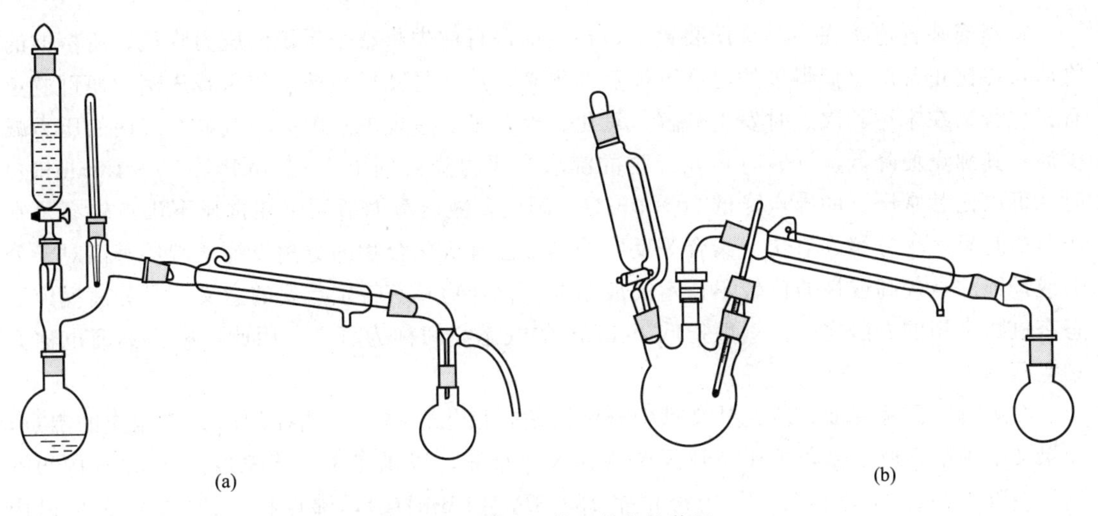

图 2-21　带滴加装置的蒸馏装置

以上几种常见装置也适合直接水蒸气蒸馏法的蒸馏装置应用。

2.6.4　常压蒸馏注意的事项

① 蒸馏前应根据蒸馏液体的体积选择合适的蒸馏瓶。一般被蒸馏的液体占蒸馏瓶容积的 2/3 为宜，蒸馏瓶越大产品损失越多。在蒸馏低沸点液体时，选用长颈蒸馏瓶；而蒸馏高沸点液体时，选用短颈蒸馏瓶。

② 操作前必须调整温度计的位置使温度计的液泡球的上沿恰好位于蒸馏烧瓶支管接口

的下沿，使它们在同一水平线上。这样可保证在蒸馏时温度计的液泡球完全被蒸气所包围，正确地测量该处的蒸气温度。

③ 为了消除在蒸馏过程中的过热现象和保证沸腾的平稳状态，常加入素烧瓷片或沸石，或一端封口的毛细管，因为当加热时它们会不断冒出微小的气泡成为液体汽化中心，使液体沸腾平稳，都能防止加热时的暴沸现象，故把它们叫作止暴剂，或叫做助沸剂。注意在加热蒸馏前就应加入止暴剂。当加热后发觉未加止暴剂或原有止暴剂失效时，千万不能匆忙地投入止暴剂。应使沸腾的液体冷却至沸点以下后才能加入止暴剂。切记！如蒸馏中途停止，后来需要继续蒸馏，也必须在加热前补添新的止暴剂，以保证安全。

④ 气体接收装置是在烧杯或吸滤瓶中装入一些气体吸收液（如酸液或碱液）以吸收反应过程中产生的碱性或酸性气体。防止气体吸收液倒吸的办法是保持玻璃漏斗或玻璃管悬在近离吸收液的液面上，使反应体系与大气相通，消除负压。

⑤ 整个装置应通大气，绝不能造成封闭系统，因为封闭系统在加热时会引起爆炸事故。

⑥ 无论进行何种蒸馏，蒸馏瓶内的液体都不能蒸干，以防蒸馏瓶过热或有过氧化物存在而发生爆炸。

2.7 减压蒸馏

2.7.1 减压蒸馏的原理

将蒸馏装置连接在一套减压装置上，在蒸馏进行前先将整个系统的压力降低，所蒸馏的物质可在比正常沸点低得多的温度下被蒸馏出来，这就是减压蒸馏。使用减压蒸馏便可避免有机化合物在未达到沸点时发生分解、氧化、聚合等反应现象，因为当蒸馏系统内的压力减少后，其沸点便降低，许多有机化合物的沸点当压力降低到 1.3～2.0kPa（10～15mmHg）时，可以比其常压下的沸点降低 80～100℃。因此，减压蒸馏适用于在常压下沸点较高及常压蒸馏时易发生分解、氧化、聚合等反应的热敏性有机化合物的分离提纯。减压蒸馏对于分离或提纯沸点较高或性质比较不稳定的液态有机化合物具有特别重要的意义，是分离提纯液态有机物常用的方法之一。一般把低于 1atm 的气态空间称为真空，因此，减压蒸馏也称为真空蒸馏。

在进行减压蒸馏前，应先从文献中查阅清楚，该化合物在所选择的压力下相应的沸点，如果文献中缺乏此数据，可用下述经验规律大致推算，以供参考。当蒸馏在 1333～1999Pa（10～15mmHg）下进行时，压力每相差 133.3Pa（1mmHg），沸点相差约 1℃。也可以用图 2-22 来查找，即从某一压力下的沸点便可近似地推算出另一压力下沸点。例如，水杨酸乙酯常压下的沸点为 234℃，减压至 1999Pa（15mmHg）时，沸点为多少摄氏度？可在图 2-22中 B 线上找到 234℃的点，再在 C 线上找到 1999Pa（15mmHg）的点，然后两点连一直线通过与 A 线的交点为 113℃，即水杨酸乙酯在 1999Pa（15mmHg）时的沸点，约为 113℃。反之，若希望在某安全温度下蒸馏有机化合物，可以根据此温度及该有机化合物在常压下的沸点，连一条直线交于系统压力线 C 上，交点指出此操作需选择的系统压力。

一般把压力范围划分为几个等级：粗真空（10～760mmHg），一般可用水泵获得；次高真空（0.001～1mmHg），可用油泵获得；高真空（$<10^{-3}$mmHg），可用扩散泵获得。

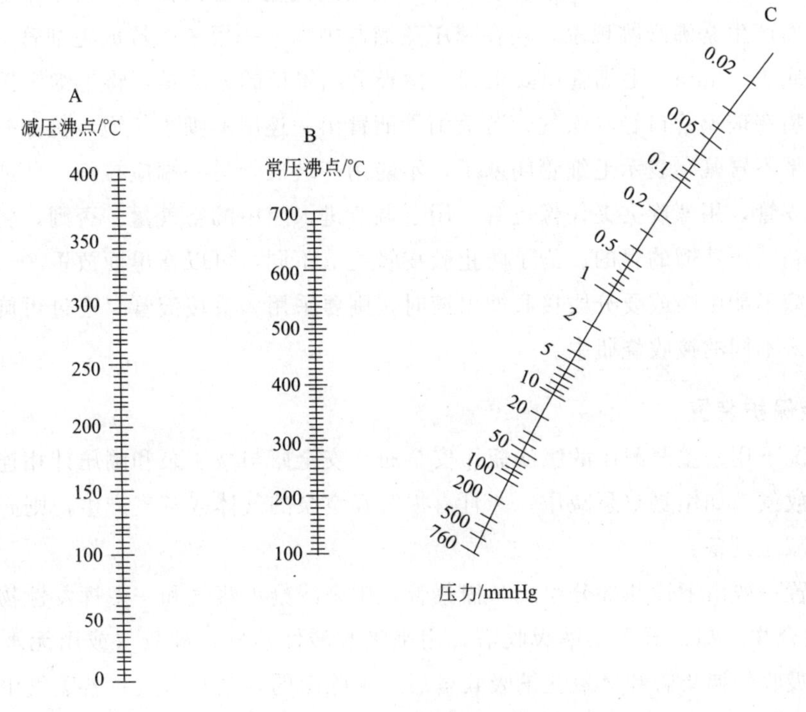

图 2-22　压力-温度关系

2.7.2　减压蒸馏的装置

减压蒸馏装置如图 2-23 所示。装置由蒸馏、安全保护、减压和测压 4 部分组成。

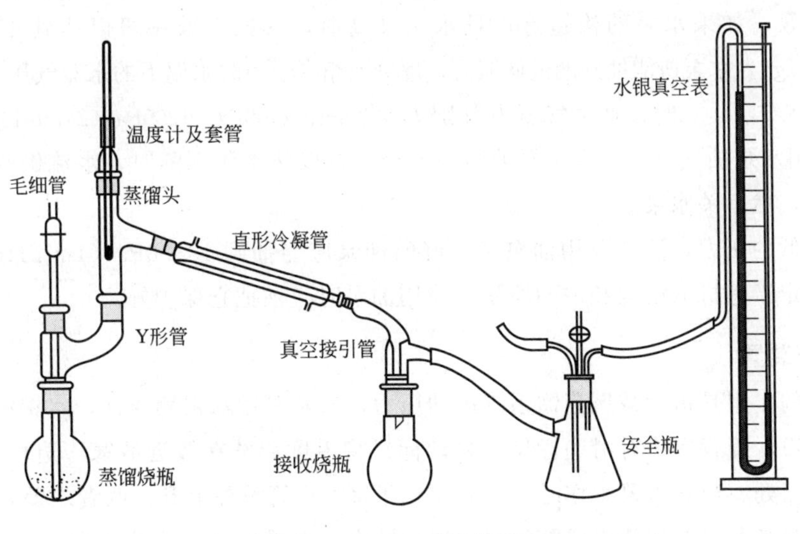

图 2-23　减压蒸馏装置

1. 蒸馏装置

蒸馏部分由蒸馏烧瓶、克氏蒸馏头、毛细管、温度计、真空接引管和接收烧瓶等组成。减压蒸馏要用克氏蒸馏头，它有两个颈口，其目的是避免减压蒸馏时烧瓶内液体沸腾过于剧烈直接冲入冷凝管内。减压情况下沸石已经不能起到汽化中心的作用，为了平稳地蒸馏，避免液体过热而产生暴沸溅跳现象，还在减压蒸馏瓶中插入一根末端拉成毛细管的玻璃管，毛细管口距瓶底1～2mm。毛细管口要很细，检查毛细管口的方法是，将毛细管插入小试管的乙醚内，用嘴在玻璃管口轻轻吹气，若毛细管能冒出一连串的细小气泡，仿如一条细线，即为合用。如果不冒气，表示毛细管闭塞了，不能用。玻璃管另一端应拉细一些或在玻璃管口套上一段橡皮管，用螺旋夹夹住橡皮管，用于调节进入瓶中的空气量。否则，将会引入大量空气，达不到减压蒸馏的目的。为了防止胶皮管变形不同，可以在里面放置2～3根细铜丝。

如果蒸馏不能中断或要分段接收馏出液时，则要采用多头接液管，通过可旋转接头使不同的馏分流入不同的接收烧瓶中。

2. 安全保护装置

一般情况下用一壁厚耐压的吸滤瓶作安全瓶，安全瓶与减压泵和测压计相连，活塞用来调节压力及放气。如用真空泵减压，并且有损害真空泵的气体或蒸气产生，则必须有吸收装置，以保护减压设备。

吸收装置一般由下述几部分组成：捕集管，用来冷凝水蒸气和一些挥发性物质，捕集管外用冰-盐混合物冷却；氢氧化钠吸收塔，用来吸收酸性蒸气；硅胶（或用无水氯化钙）干燥塔，用来吸收经捕集管和氢氧化钠吸收塔后还未除净的残余水蒸气；若蒸气中含有碱性蒸气或有机溶剂蒸气，则要增加碱性蒸气吸收塔或有机溶剂蒸气吸收塔等。总之，应根据蒸馏过程中产生气体的具体情况组配相应的吸收装置。

3. 减压装置

在有机化学实验室通常使用的减压泵（抽气泵）有水泵和油泵两种，若不需要很低的压力时可用水泵，如果水泵的构造好，且水压又高时，其抽空效率可以达到1067～3333Pa（8～25mmHg）。水泵所能抽到的最低压力，理论上相当于当时水温下的水蒸气压力。例如，水温在25℃、20℃、10℃时，水蒸气压力分别为3200Pa、2400Pa、1200Pa（24mmHg、18mmHg、9mmHg）。用水泵抽气时，应在水泵前装上安全瓶，以防水压下降时，水流倒吸。停止蒸馏时要先放气，然后关水泵。

若要较低的压力，那就要用油泵了，好的油泵应能抽到133.3Pa（1mmHg）以下，油泵的好坏决定于其机械结构和油的质量，使用油泵时必须把它保护好。

4. 测压装置

测压计的作用是指示减压蒸馏系统内的压力，通常采用水银测压计，水银测压计在厚玻璃管内盛水银，管背后装有滑动标尺，移动标尺将零度调整在接近活塞一边玻璃管（B管）中的水银平面处。当减压泵工作时，A管汞柱下降，B管汞柱上升，两者之差，表明系统的压力。使用时必须注意勿使水或脏物侵入压力计内，水银柱中也不得有气泡存在。否则，将影响测定度数的准确性。测压计有封闭式水银测压计和开口式水银测压计两种，如图2-24所示。

封闭式水银测压计的优点是轻巧方便，但如有残留空气，或引入了水及杂质时，则准确度受到影响。这种测压计装入汞时要严格控制不让空气进入，方法如图2-25所示，先将纯

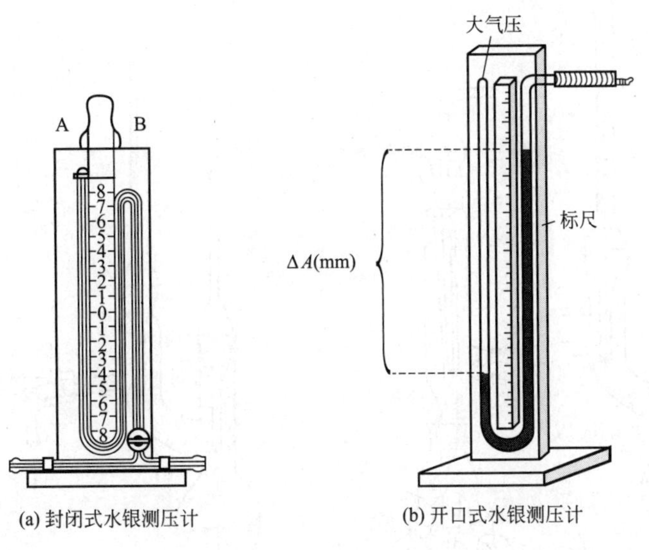

图 2-24　测压计

净汞放入小圆底烧瓶内，然后与测压计连接，用高效油泵抽空至 13.33Pa（10^{-1} mmHg）以下，并轻拍小烧瓶，使汞内的气泡逸出，用电吹风微热玻璃管使气体抽出，然后把汞注入 U 形管，停止抽气，放入大气即成。

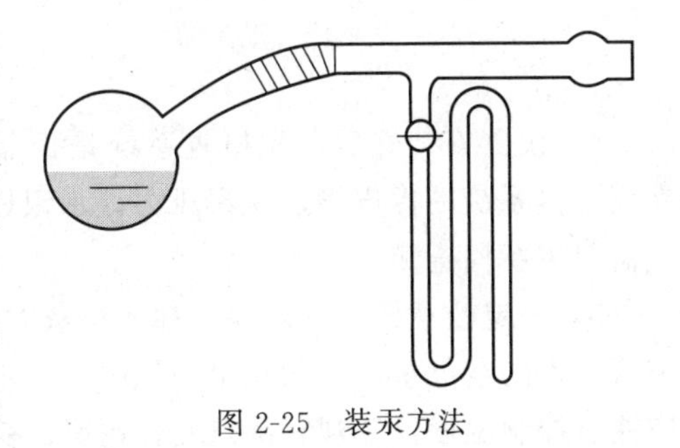

图 2-25　装汞方法

开口式水银测压计装汞方便，比较准确，所用玻璃管的长度需超过 760mm。U 形管两臂汞柱高度之差即为大气压力与系统中压力之差。因此。蒸馏系统内的实际压力应为大气压力减去这一汞柱之差。

蒸馏小量物质时，可采用如图 2-26 所示装置进行减压蒸馏。

2.7.3　减压蒸馏的注意事项

1）减压系统必须保持密封不漏气，所有的橡皮塞的大小和孔道都要十分合适，橡皮管要用厚壁的真空用的橡皮管。磨口玻璃塞涂上真空硅脂。减压蒸馏时仪器不能有裂缝，不能使用薄壁及不耐压的仪器（如锥形瓶、平底烧瓶），仪器安装正确，不能有扭力和加热后产生内应力。以防外部压力过大时引起爆炸。蒸馏瓶内液体不可超过一半，因为减压下蒸气的体积比常压下大得多。

2）使用油泵时必须注意下列几点：①在蒸馏系统和油泵之间，必须装有吸收装置，干燥塔也称吸收塔，可填装无水氯化钙（或活性炭、硅胶等）、颗粒氢氧化钠及片状固体石蜡，用以吸收水分、酸性气体及烃类物质；②蒸馏前必须先用水泵彻底抽去系统中的低沸点物质蒸气；③如能用水泵抽气的，则尽量使用水泵。如蒸馏物中含有挥发性杂质，可先用水泵减压抽除，然后改用油泵。

3）在减压情况下，沸石已起不到汽化中心的作用，一般用毛细管通入空气或惰性气体，进行气动搅拌。

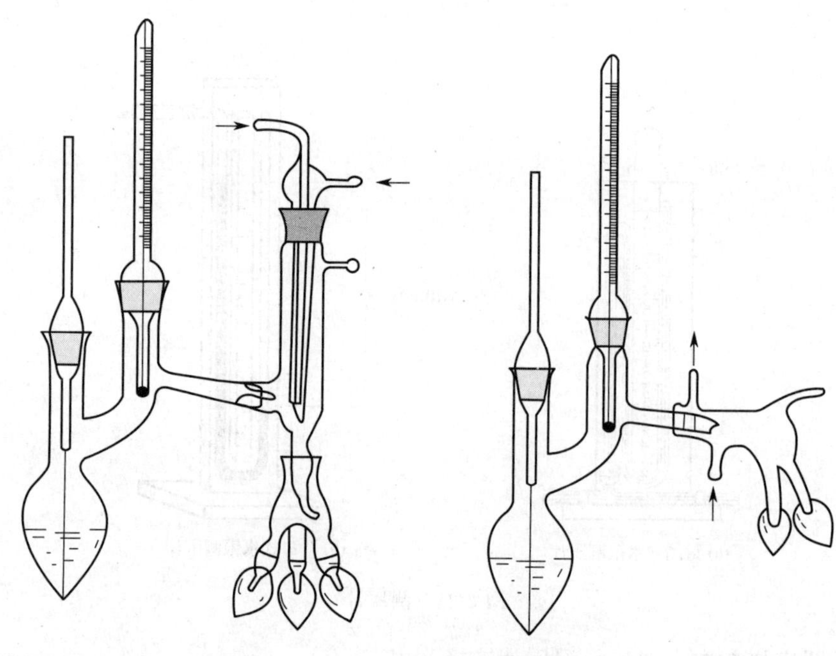

图 2-26　小量减压蒸馏装置

4）仪器安装好后，先检查系统是否漏气，方法是：关闭毛细管，减压至压力稳定后，夹住连接系统的橡皮管，观察压力计水银柱有无变化，无变化说明不漏气，有变化即表示漏气需要重新检查测试。

5）一定注意操作的顺序：加入待蒸的液体，关好安全瓶上的活塞，开动油泵，调节毛细管导入的空气量，以能冒出一连串小气泡为宜。当压力稳定后，开始加热。液体沸腾后，应注意控制温度，并观察沸点变化情况。待沸点稳定时，转动多尾接液管接收馏分，蒸馏速度以每秒 0.5～1 滴为宜，操作时要密切注意蒸馏情况，调整体系内压，记录压力和相应的沸点值。根据要求，收集不同馏分。蒸馏完毕，先除去热源，然后慢慢旋开夹在毛细管上的橡皮管的螺旋夹，同时慢慢打开安全瓶上的活塞，平衡内外压力，使得测压计的水银柱缓慢地恢复原状，若开得太快，水银柱很快上升，有冲破测压计的可能。待内外压力平衡后才关闭抽气泵，以免抽气泵中的油反吸入干燥塔。

6）最后按照与安装相反的程序拆除仪器。在减压蒸馏的过程中，务必戴上护目镜。

2.8　水蒸气蒸馏

2.8.1　水蒸气蒸馏的原理

当有机物与水一起共热时，根据分压定律，整个系统的蒸气压应为各组分蒸气压之和：

$$p=p_{水}+p_{A}$$

式中，p 为总蒸气压；$p_{水}$ 为水蒸气压；p_{A} 为与水不相溶或难溶物质的蒸气压。

当 p 与外界大气压相等时，则液体沸腾。显然，混合物的沸点低于任何一个组分的沸点，即有机物可在比其沸点低得多的温度，而且在低于 100℃ 的温度下随蒸汽一起蒸馏出来，这样的操作叫做水蒸气蒸馏。例如在制备苯胺时（苯胺的沸点为 184.4℃），将水蒸气通入含苯胺的反应混合物中，当温度达到 98.4℃时，苯胺的蒸气压为 5652.5Pa，水的蒸气压为 95427.5Pa，两者总和接近大气压力，于是，混合物沸腾，苯胺就随水蒸气一起被蒸馏出来。

伴随水蒸气蒸馏出的有机物和水，两者的质量比（$m_A/m_{水}$）等于两者的分压（p_A和$p_{水}$）分别和两者的分子量（M_A和$M_{水}$）的乘积之比，因此在馏出液中有机物同水的质量比可按下式计算：

$$m_A/m_{水}=\frac{M_A p_A}{M_{水} p_{水}}$$

例如：$p_{水}=95427.5\text{Pa}$，$p_{苯胺}=5652.5\text{Pa}$，$m_{水}=18$，$m_{苯胺}=93$

代入上式的计算结果约为 0.31，即每蒸出 0.31g 苯胺便伴随蒸出 1g 水。所以馏出液中苯胺的质量分数为

$$0.31/(1+0.31)\times 100\%\approx 23.7\%$$

这个数值为理论值，因为实验时有相当一部分水蒸气来不及与被蒸馏物作充分接触便离开蒸馏烧瓶，同时，苯胺微溶于水，所以实验蒸出的水量往往超过计算值，故计算值仅为近似值。

2.8.2 水蒸气蒸馏的适用的范围和条件

水蒸气蒸馏是用来分离和提纯液态或固态有机化合物的一种方法，常用于下面几种情况：

① 某些沸点高的有机化合物，在常压蒸馏虽可与副产品分离，但易将其破坏；

② 混合物中含有大量树脂状杂质或不挥发性杂质，采用蒸馏、萃取等方法都难于分离；

③ 从较多固体反应物中分离出被吸附的液体。

被提纯物质必须具备以下几个条件：

① 不溶或微溶于水；

② 共沸腾下与水不发生化学反应；

③ 在 100℃左右时，必须具有一定的蒸气压（至少 666.5～1333Pa，即 5～10mmHg）。

2.8.3 水蒸气蒸馏的实验装置及注意事项

水蒸气蒸馏包括活蒸汽法和直接法。图 2-27 是实验室常用的活水蒸气蒸馏装置，包括水蒸气发生器、蒸馏部分、冷凝部分和接收器四个部分。

水蒸气发生器一般是用金属制成的，如图 2-28，也可用短颈圆底烧瓶代替。例如，1000mL 短颈圆底烧瓶作为水蒸气发生器，瓶口配一双孔软木塞，一孔插入直径约 5mm 的玻璃管作为安全管，另一孔插入内径约 8mm 的水蒸气导出管。导出管与一个 T 形管相连，T 形管的支管套上一短橡皮管，橡皮管上用螺旋夹夹住，T 形管的另一端与蒸馏部分的导入管相连，这段水蒸气导入管应尽可能短些，以减少水蒸气的冷凝。T 形管用来除去水蒸气中冷凝下来的水，有时当操作发生不正常的情况时，可使水蒸气发生器与大气相通。

蒸馏部分通常采用长颈圆底烧瓶，被蒸馏的液体体积不能超过烧瓶容积的 1/3，倾斜放置成 45°，避免蒸馏时液体剧烈跳动而从导出管冲出，以至玷污馏出液。

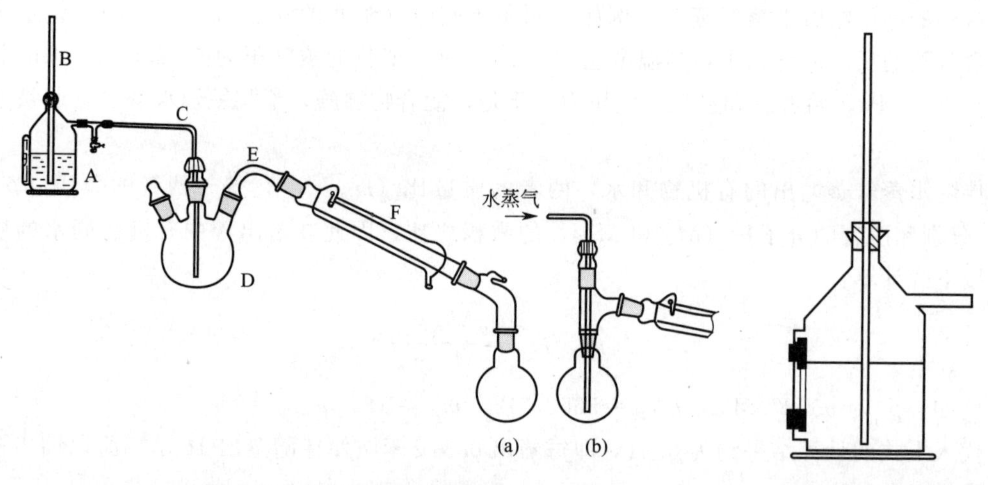

图 2-27　水蒸气蒸馏的实验装置

A—螺旋止水夹；B—安全管；C—导气管；D—蒸馏瓶；E—蒸馏弯管；F—冷凝管

图 2-28　金属制的水蒸气发生器

为了减少由于反复移换容器而引起的产物损失，常直接利用原来的反应器（即短颈圆底烧瓶）按图 2-29 装置进行水蒸气蒸馏；如产物不多，则改用半微量装置见图 2-30。

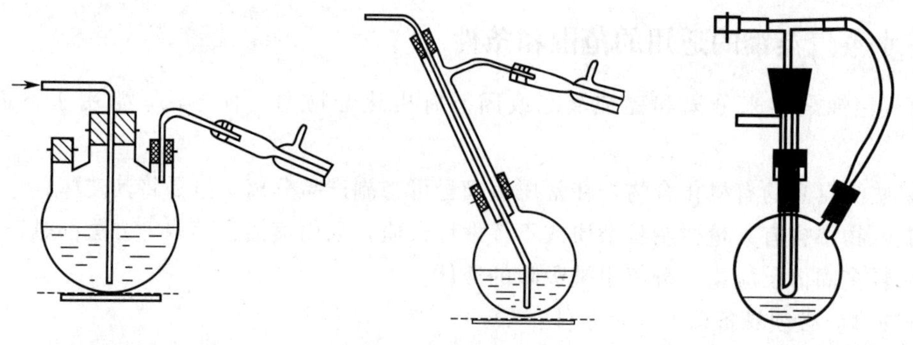

图 2-29　利用原来的反应器进行水蒸气蒸馏装置　　图 2-30　少量物质的水蒸气蒸馏装置

直接法水蒸气蒸馏也称简化的水蒸气蒸馏装置，可以用普通蒸馏装置或改装过的回馏装置。如在普通蒸馏装置中的蒸馏瓶中加入适量的水，进行的蒸馏操作也是水蒸气蒸馏，见图 2-17(a)、图 2-17(c)。如果在水蒸气蒸馏中还要不断补充水，要加装恒压滴液漏斗，见图 2-21。直接法水蒸气蒸馏进行微量样品的水蒸气蒸馏特别方便。

2.8.4　水蒸气蒸馏的注意事项

① 水蒸气发生瓶中，只能加入约占容器 3/4 的热水，如果太满，沸腾时水将冲至烧瓶。蒸气导入管的末端正对瓶底中央并伸到接近瓶底 2～3mm 处。馏液通过接液管进入接收器，接收器外围可用冷水浴冷却。装置应尽量缩短水蒸气发生器与圆底烧瓶之间距离，以减少水汽的冷凝。

② 操作前应注意操作先后顺序。应先检查整个装置不漏气后，旋开 T 形管的螺旋夹，加热水蒸气发生瓶至沸腾。当有大量水蒸气产生从 T 形管的支管冲出时，立即旋紧螺旋夹，水蒸气便进入蒸馏部分。

③ 开始蒸馏时控制蒸馏速度为2～3滴/s。如烧瓶内液体量超过烧瓶容积的2/3时，考虑将蒸馏瓶加热。在蒸馏过程中，必须经常检查安全管中的水位是否正常，有无倒吸现象，蒸馏部分混合物溅飞是否厉害。一旦发生不正常，应立即旋开螺旋夹，移去热源，找原因排故障，待故障排除后，方可继续蒸馏。

当馏出液无明显油珠，澄清透明时便可停止蒸馏，此时必须先旋开螺旋夹，然后移开热源，以免发生倒吸现象。

2.9 简单分馏

2.9.1 分馏原理

普通蒸馏技术作为分离液态的有机化合物的常用方法，要求其组分的沸点至少要相差30℃，只有当组分的沸点差达30℃以上时，才能用蒸馏法充分分离。但对沸点相近的混合物，仅用一次蒸馏就不可能把它们分开。若要获得良好的分离效果，就非得采用分馏不可。

分馏实际上就是使沸腾着的混合物蒸气通过分馏柱（工业上用分馏塔）进行一系列的热交换，由于柱外空气的冷却，蒸气中高沸点的组分就被冷却为液体，回流入烧瓶中，故上升的蒸气中含低沸点的组分就相对地增加，当冷凝液回流途中遇到上升的蒸气，两者之间又进行热交换，上升的蒸气中高沸点的组分又被冷凝，低沸点的组分仍继续上升，易挥发的组分又增加了，如此在分馏柱内反复进行着汽化、冷凝、回流等程序，当分馏柱的效率相当高且操作正确时，在分馏柱顶部出来的蒸气就接近于纯低沸点的组分。这样，最终便可将沸点不同的物质分离出来。

通过沸点-组成图解，能更好地理解分馏原理。图2-31是苯和甲苯混合物的图解。从下面一条曲线可看出这两个化合物所有混合物的沸点，而上面一条曲线是用Raoult定律计算得到的，它指出了在同一温度下和沸腾液相平衡的蒸气相组成。例如，在90℃沸腾的液体是由58%（mol）苯、42%（mol）甲苯组成的（见图2-31*A*点），而与其相平衡的蒸气相

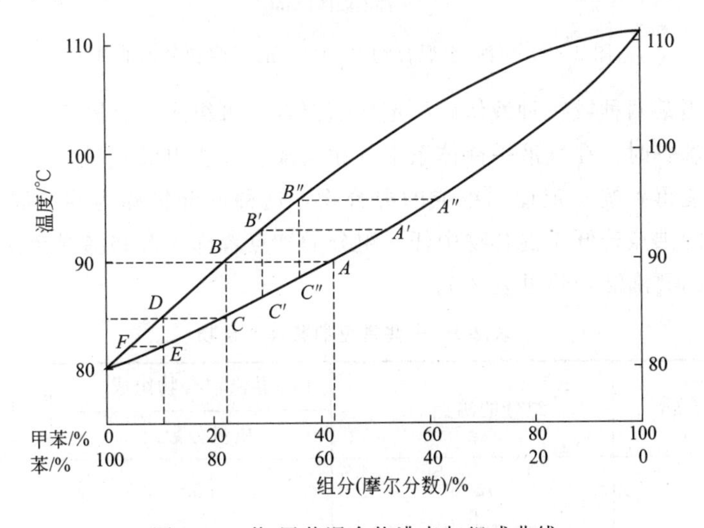

图2-31 苯-甲苯混合物沸点与组成曲线

由78%（mol）苯、22%（mol）甲苯组成（图2-31*B*点）。总之，在任意温度下蒸气相总比与其平衡的沸腾液相含有更多的易挥发组分。

如蒸馏A，最初一小部分馏出液（由蒸气相冷凝）的组成将是B，B中苯的含量要比A中多得多。相反残留在蒸馏烧瓶的液体中的苯含量降低了，而甲苯的含量增加了，如继续蒸馏，混合物的沸点将继续上升，从$A \to A' \to A''$等，直到接近或达到甲苯的沸点，而馏出液组成为$B \to B' \to B''$，直到最终为甲苯。

再将B的最初一小部分馏出液进行蒸馏，则其沸点就为*C*点的温度（85℃）；又收集C的最初一小部分馏出液，则此馏出液的组成为D，反复这一操作，从理论上来说可以得到少量的纯苯。收集残留液，反复蒸馏也可多得到少量的纯苯，显然这样处理是极其麻烦和费时的。

采用分馏的分离效果比蒸馏好得多。例如，将20mL甲醇和20mL水混合物分别进行普通蒸馏和分馏，控制蒸出速度为1mL/3min，每收集1mL馏出液记录温度，以馏出液体积为横坐标，温度为纵坐标，分别得出蒸馏曲线和分馏曲线，如图2-32所示，从分馏曲线可以看出，当甲醇蒸出后，温度便很快上升，达到水的沸点，甲醇和水可以得到较好的分开，显然，分馏比只用普通蒸馏（一次）要好得多。

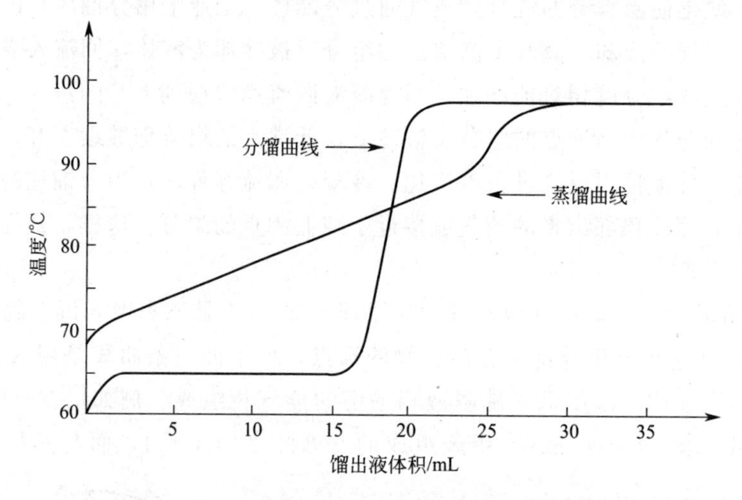

图2-32　甲醇-水混合物（1∶1）的蒸馏和分馏曲线

必须指出，当某两种或三种液体以一定比例混合，可组成具有固定沸点的混合物，将这种混合物加热至沸腾时，在气液平衡体系中气相组成和液相组成一样，故不能使用分馏法将其分离出来，只能得到按一定比例组成的混合物，这种混合物称为共沸混合物或恒沸混合物，共沸混合物的沸点若低于混合物中任一组分的沸点者称为低共沸混合物，也有高共沸混合物。一些常见的共沸混合物见表2-9。

表2-9　一些常见的共沸混合物

共沸混合物	组分的沸点/℃	共沸混合物组成	共沸点/℃
		质量分数/%	
乙醇 水	78.3 100.0	95.6 4.4	78.2

续表

共沸混合物	组分的沸点/℃	共沸混合物组成	共沸点/℃
		质量分数/%	
乙酸乙酯 水	77.2 100.0	91.0 9.0	70.0
乙醇 四氯化碳	78.3 76.5	16.0 84.0	64.9
甲酸 水	100.7 100.0	22.6 74.4	107.3

具有低共沸混合物体系如乙醇-水体系低共沸相图见图 2-33。我们应该注意到水能与多种物质形成共沸混合物，所以，化合物在蒸馏前，必须仔细地用干燥剂除水。有关共沸混合物的更全面的数据可在相关化学手册中查找。

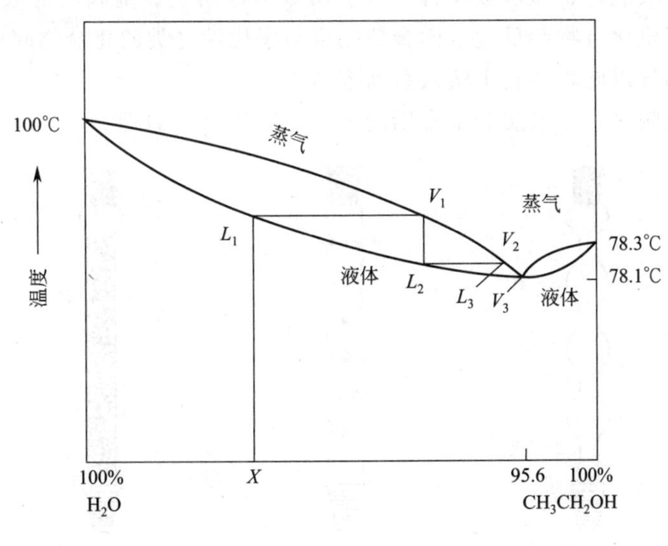

图 2-33　乙醇-水共沸相图

2.9.2　影响分馏效率的因素

1. 理论塔板

分馏柱效率是用理论塔板来衡量的，如图 2-31 所示，分馏柱中的混合物经过一次汽化和冷凝的热力学平衡过程，相当于一次普通蒸馏所达到的理论浓缩效率，当分馏柱达到这一浓缩效率时，那么分馏柱就具有一块理论塔板。柱的理论塔板数越多，分离效果越好。分离一个理想的二组分混合物所需的理论塔板数与该两个组分的沸点差之间的关系见表 2-10。

其次还要考虑理论板层高度，在高度相同的分馏柱中，理论板层高度越小，则柱的分离效率越高。

2. 回流比

在单位时间内，由柱顶冷凝返回柱中液体的数量与蒸出物量之比称为回流比。若全回流中每 10 滴收集 1 滴馏出液，则回流比为 9∶1。对于非常精密的分馏，使用高效率的分馏柱，回流比可达 100∶1。

表 2-10　二组分的沸点差与分离所需的理论塔板数

沸点差值/℃	分离所需的理论塔板数	沸点差值/℃	分离所需的理论塔板数
108	1	20	10
72	2	10	20
54	3	7	30
43	4	4	50
36	5	2	100

3. 柱的保温

许多分馏柱必须进行适当的保温，以便能始终维持温度平衡。

为了提高分馏柱的分馏效率，在分馏柱内装入具有大表面积的填料，填料之间应保留一定的空隙，要遵守适当紧密且均匀的原则，这样就可以增加回流液体和上升蒸气的接触机会。填料有玻璃（玻璃珠、短段玻璃管）或金属（不锈钢丝、金属丝烧成固定形状），玻璃的优点是不会与有机化合物起反应，而金属则可与卤代烷之类的化合物起反应。在分馏柱底部往往放一些玻璃丝以防止填料下坠入蒸馏容器中。

分馏柱的种类颇多，一般实验室常用的分馏柱有如图 2-34 所示的几种。

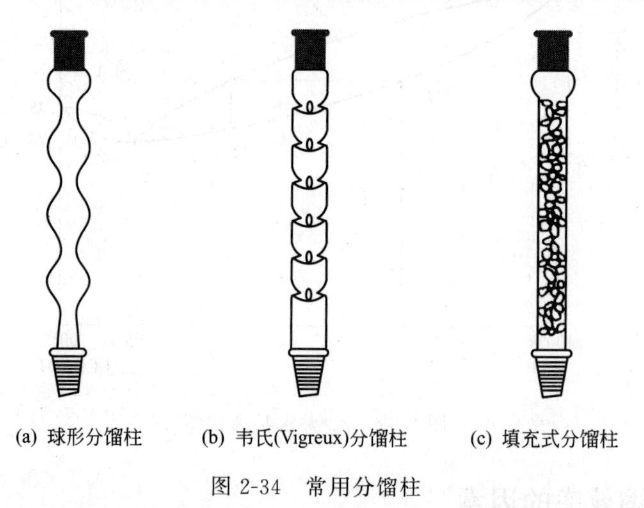

(a) 球形分馏柱　(b) 韦氏(Vigreux)分馏柱　(c) 填充式分馏柱

图 2-34　常用分馏柱

韦氏分馏柱因其结构简单、使用方便成为实验室常用的一种分馏柱。韦氏分馏柱管中间一段每隔一段距离向内伸入三根向下的刺状物（该刺状物在分馏柱内部分是封闭的，在分馏柱壁上是开放的，和大气相通），在柱中相交，每堆刺状物间排成螺旋状，一般为六节，管内也可以添加合适的填料。此分馏柱的分馏效率不高，仅相当于两次的普通蒸馏。在分馏过程中，无论用哪一种柱，都应该防止回流液体在柱内聚集，否则会减少液体和上升气体的接触，或者上升气体把液体冲入冷凝管中造成“液泛”，达不到分馏的目的。为了避免这种情况，通常在分馏柱外包扎石棉绳、石棉布等绝缘物以保持柱内温度，提高分馏效率。

2.9.3　简单的分馏装置

实验室中简单的分馏装置包括：热源、蒸馏器（一般用圆底烧瓶）、分馏柱、冷凝管和接收器五个部分，如图 2-35 所示。在分馏柱顶端插一温度计，温度计水银球上缘恰与分馏柱支管接口下缘相平，这就是有机化学实验室中常用的分馏装置。在装置中所有玻璃仪器都要干燥。分馏柱中的填料常用的有玻璃珠或玻璃环。接收器在本实验中用 5 个 100mL 带砂塞锥形瓶，分别标上 1、2、3、4、5 的字样。如装置中还需要滴加液体，控制温度甚至搅拌等见图 2-36。

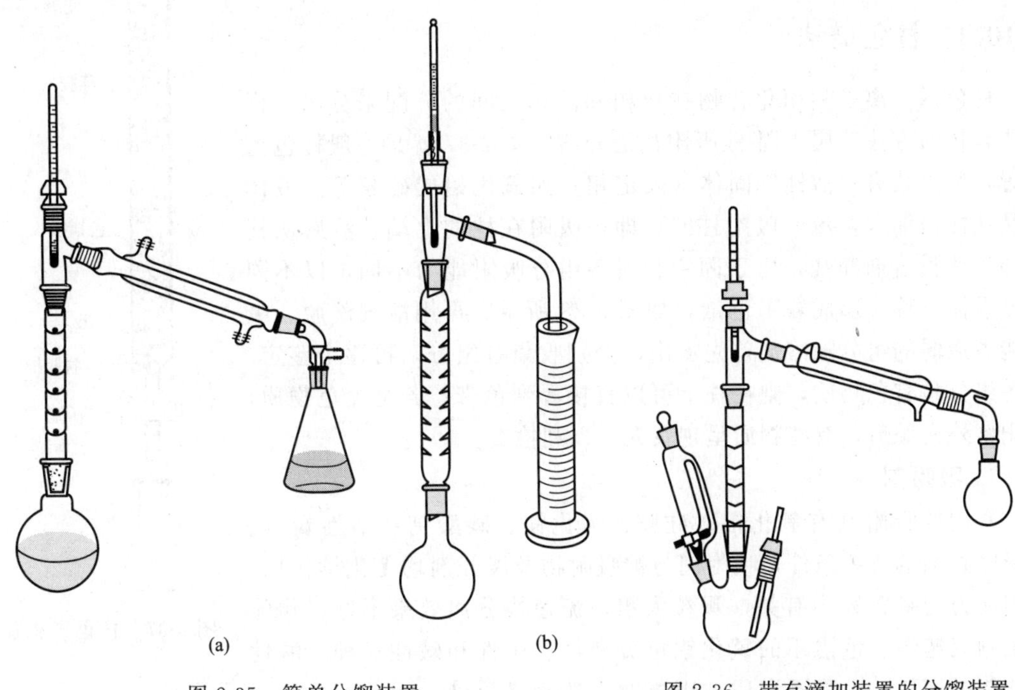

图 2-35　简单分馏装置　　　　图 2-36　带有滴加装置的分馏装置

分馏装置安装使用时要注意先把沸石放在圆底烧瓶中，由于分馏装置比较高，所以在搭建装置时要特别留意装置的稳定性，加热时还要注意控制馏出液为每秒 2～3 滴，分馏速度太快，馏出液纯度下降。分馏速度太慢，上升的蒸气时断时续，馏出温度波动不稳。应注意根据实验规定要求，分段收集馏分。

2.10　色谱法

色谱法是分离、提纯和鉴定有机化合物的重要方法，有着广泛的用途，20 世纪初色谱法首次成功地用于植物色素的分离，将色素溶液流经装有吸附剂的柱子，结果在柱的不同高度显示出各种色带，从而使色素混合物得到分离，因此早期称为色层分析也叫层析法，现在一般称为色谱法。经过长期的不断发展，已经成功地发展为各种类型的色谱分析方法。常用的色谱法有柱色谱法、纸色谱法、薄层色谱法、气相色谱法和高压液相色谱法。

色谱法是一种物理的分离方法，其分离原理是利用混合物中各个成分的物理化学性质的差别，当选择某一个条件使各个成分流过支持剂或吸附剂时，各成分可由于其物理性质的不同而得到分离。色谱法能否获得满意的分离效果其关键在于条件的选择。

色谱法的分离效果远比分馏、重结晶等一般方法要好。近年来，这一方法在化学、生物学、医学中得到了普遍应用，它帮助解决了像天然色素、蛋白质、氨基酸、生物代谢产物、激素和稀土元素等的分离和分析。

本书主要介绍柱色谱法、纸色谱法和薄层色谱法，气相色谱法和高压液相色谱法一般在仪器分析中介绍。

2.10.1 柱色谱法

柱色谱分离是利用化合物在液相和固相之间的分配来分离、提纯化合物的方法，属于固-液吸附色谱分离。图 2-37 就是一般柱色谱装置，柱内装有“活性”固体（固定相）如氧化铝或硅胶等。液体样品从柱顶加入，流经吸附柱时，即被吸附在柱的上端，然后从柱顶加入洗脱溶剂冲洗，由于固定相对各组分吸附能力不同，以不同速度沿柱下移，形成若干色带，如图 2-38 所示。再用溶剂洗脱，吸附能力最弱的组分随溶剂首先流出，分别收集各组分，再逐个鉴定。若各组分是有色物质，则在柱上可以直接看到色带；若是无色物质，可用紫外光照射，有些物质呈现荧光，以利检查。

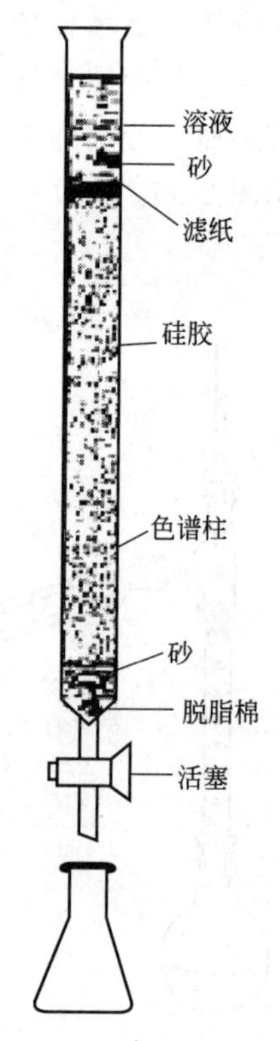

图 2-37 柱色谱装置

1. 吸附剂

常用的吸附剂有氧化铝、硅胶、氧化镁、碳酸钙和活性炭等。选择吸附剂的首要条件是吸附剂与被吸附物及展开剂均无化学作用。吸附能力与颗粒大小有关，颗粒太粗，流速快分离效果不好，颗粒太细则流速慢。色谱用的氧化铝可分酸性、中性和碱性三种。酸性氧化铝是用 1% 盐酸浸泡后，用蒸馏水洗至悬浮液 pH 为 4～4.5，用于分离酸性物质；中性氧化铝 pH 为 7.5，用于分离中性物质，应用最广；碱性氧化铝 pH 为 9～10，用于分离生物碱等。

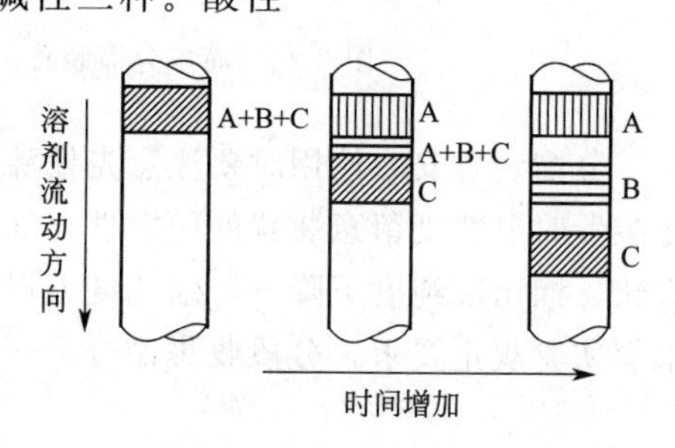

图 2-38 色层的展开

吸附剂的活性与其含水量有关（见表 2-11），含水量越低，活性越高。氧化铝的活性分五级，其含水量分别为 0、3%、6%、10% 和 15%。将氧化铝放在高温炉（350～400℃）烘 3h，得无水物。加入不同量水分，得不同程度活性氧化铝，一般常用为Ⅱ～Ⅲ级。硅胶也可用上述方法处理。

表 2-11 吸附剂的活性与含水量的关系

活性	Ⅰ	Ⅱ	Ⅲ	Ⅳ	Ⅴ
氧化铝加水量/%	0	3	6	10	15
硅胶加水量/%	0	5	15	25	38

化合物的吸附能力与分子极性有关，分子极性越强，吸附能力越大，分子中所含极性较大的基团，其吸附能力也较强，具有下列极性基团的化合物，其吸附能力按下列排列次序依次递增。

$$—Cl，—Br，—I，\ \rangle C{=}C\langle\ ，—OCH_3，—COOR，\ \rangle C{=}O\ ，$$

$$—CHO，—SH，—NH_2，—OH，—COOH$$

2. 溶剂

吸附剂的吸附能力与吸附剂和溶剂的性质有关，选择溶剂时还应考虑到被分离物各组分的极性和溶解度，非极性化合物用非极性溶剂。先将分离样品溶于非极性溶剂中，从柱顶流入柱中，然后用稍有极性的溶剂使谱带显色，再用极性更大的溶剂洗脱被吸附的物质。为了提高溶剂的洗脱能力，也可用混合溶剂洗提。溶剂的洗脱能力按下列次序依次递增：

己烷＜四氯化碳＜甲苯＜苯＜二氯甲烷＜氯仿＜乙醚＜乙酸乙酯＜丙酮＜丙醇＜乙醇＜甲醇＜水

经洗脱出的溶液，可利用纸色谱法、薄层色谱法或气相色谱法进一步鉴定各部分的成分。

3. 装柱

柱色谱的装置见图 2-37。色谱柱的大小，视处理量而定，柱的长度与直径之比，一般为（1∶10）～（1∶20）。固定相用量与分离物质的量比约为 1∶（50～100）。先将玻璃管洗净干燥，柱底铺一层玻璃棉或脱脂棉，再铺一层约 0.5cm 厚的海石砂，然后将氧化铝装入管内，必须装填均匀，严格排除空气，吸附剂不能有裂缝。装填方法有湿法和干法两种：湿法是先将溶剂装入管内，再将氧化铝和溶剂调成浆状，慢慢倒入管中，将管子下端活塞打开，使溶剂流出，吸附剂渐渐下沉，加完氧化铝后，继续让溶剂流出，至氧化铝沉淀不变为止；干法是在管的上端放一漏斗，将氧化铝均匀装入管内，轻敲玻璃管，使之填装均匀，然后加入溶剂，至氧化铝全部润湿，氧化铝的高度为管长的 3/4。氧化铝顶部盖一层约 0.5cm 厚的砂子。敲打柱子，使氧化铝顶端和砂子上层保持水平。先用纯溶剂洗柱，再将要分离的物质加入，溶液流经柱后，流速保持每秒 1～2 滴，可由柱下的活塞控制。最后用溶剂洗脱，整个过程都应有溶剂覆盖吸附剂。

2.10.2 纸色谱法

1. 纸色谱法的原理

纸色谱法是以滤纸作为载体，让样品溶液在纸上展开达到分离的目的。

纸色谱法的原理比较复杂，主要是分配过程，纸色谱的溶剂是由有机溶剂和水组成的，当有机溶剂和水部分溶解时，即有两种可能，一相是以水饱和的有机溶剂相，另一相是以有机溶剂饱和的水相。纸色谱用滤纸作为载体，因为纤维和水有较大的亲和力，对有机溶剂则较差。水相为固定相，有机相（被水饱和）为流动相，称为展开剂，展开剂如常用的丁醇-水，这是指用水饱和的丁醇。再如正丁醇-醋酸-水的体积比为 4∶1∶5，按它们的比例用量，放在分液漏斗中，充分振荡混合，放置，待分层后，取上层正丁醇溶液作为展开剂。在滤纸的一定部位点上样品，当有机相沿滤纸流动经过原点时，即在滤纸上的水与流动相间连续发生多次分配，结果在流动相中具有较大溶解度的物质随溶剂移动的速度较快，而在水中溶解度较大的物质随溶剂移动的速度较慢，这样便能把混合物分开。

通常用比移值（R_f）表示物质移动的相对距离：

R_f＝溶质的量高浓度中心至原点中心的距离/溶剂前沿至原点中心的距离

例如：R_f(化合物 A)＝4.0cm/12.0cm＝0.33；R_f(化合物 B)＝9.0cm/12.0cm＝0.75

各种物质的 R_f 随被分离化合物的结构、滤纸的种类、溶剂、温度等不同而异。但在上述条件固定的情况下，对每一种化合物来说 R_f 是一个特定数值。所以纸色谱法是一种简便的微量分析方法，它可以用来鉴定不同的化合物，还用于物质的分离及定量测定。

因为许多化合物是无色的，在色谱分离后，需要在纸上喷某种显色剂，使化合物显色以确定移动的距离。不同物质所用的显色剂是不同的，如氨基酸用茚三酮，生物碱用碘蒸气，有机酸用溴酚蓝等。除用化学方法外，也有用物理方法或生物方法来鉴定的。

纸上色谱分离须在密闭的色谱缸中展开，式样多种，图 2-39 所示的是其中一种。

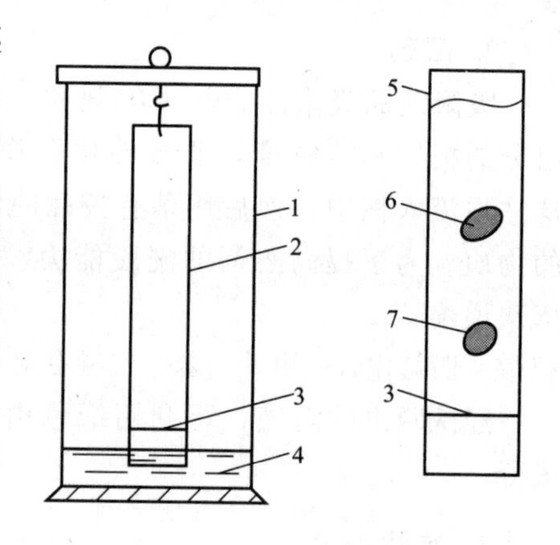

图 2-39　纸色谱装置

1—色谱缸；2—滤纸；3—样品点位置；4—展开剂；5—展开剂前沿线；6,7—样品斑点

2. 纸色谱用纸

纸色谱用的滤纸，对其质地、纯度及机械强度都有严格要求，实质上是高级滤纸。如 Whatman1 号和新华 1～6 型，国产新华牌色谱用滤纸的型号及性能见表 2-12。作一般分析时可用新华 2 号色谱滤纸，若样品较多时可用新华 5 号厚滤纸。

表 2-12　新华牌色谱用滤纸的型号及性能

型号	标重/(g/m²)	厚度/mm	吸水性(30min 内水上升数)/mm	灰分/g	性能
1	90	0.17	150～120	0.08	快速
2	90	0.16	120～91	0.08	中速
3	90	0.15	90～60	0.08	慢速
4	180	0.34	151～121	0.08	快速
5	180	0.32	120～90	0.08	中速
6	180	0.32	90～60	0.08	快速

滤纸一般切成纸条，大小可以自由选择，一般为 3cm×20cm、5cm×30cm 或 8cm×50cm 等。

3. 纸色谱法的点样

在滤纸的一端 1.5～2.0cm 处用干净的直尺和铅笔轻画点样记号，必须注意，整个过程只能用手接触纸条上端，因为皮肤表面沾着的脏物碰到滤纸时会出现错误的斑点，如有必要，剪好悬挂滤纸条用的小孔。

将样品溶于适当的溶剂中，用毛细管吸取样品溶液轻点于起点线的圆点处，点的直径不超过 0.5cm。

4. 纸色谱法的展开与显色

用带小钩的玻璃棒钩住滤纸（或用木夹夹住滤纸）置于色谱缸中，使滤纸条下端浸入展开剂中约 1cm（样品点不能浸入展开剂中），展开剂即在滤纸上上升。

样品中组分随之而展开，待展开剂上升至终点线时，取出纸条，晾干，显色，测量斑点中心与起点的距离，求出比移值 R_f。

上面介绍的仅为上升法中的一种方法，还有下降法和双向色谱法，需要时请参阅其他书刊。

2.10.3 薄层色谱法

薄层色谱法（TLC）是快速分离和定性分析少量物质的一种很重要的实验技术，也用于跟踪反应进程。最典型的是在玻璃板上均匀铺上一薄层吸附剂，制成薄层板，用毛细管将样品溶液点在起点处，把此薄层板置于盛有溶剂（展开剂）的容器中，利用各成分对同一吸附剂吸附能力不同，使在移动相（溶剂）流过固定相（吸附剂）的过程中，连续地产生吸附、解吸附、再吸附、再解吸附，待溶液到达前沿后取出，晾干，显色，测定色斑的位置。由于色谱分离是在薄层板上进行，故称为薄层色谱。薄层色谱比移值（R_f）计算方式方法与纸色谱类似。

一般薄层色谱分为吸附薄层色谱、分配薄层色谱、离子交换薄层色谱和凝胶薄层色谱。其中吸附薄层色谱在实验室中使用最为广泛。

1. 薄层色谱的吸附剂

最常用于薄层色谱的吸附剂为硅胶和氧化铝。

（1）硅胶

常用的商品薄层色谱用的硅胶为：

硅胶 H——不含黏合剂和其他添加剂的色谱用硅胶。

硅胶 G——含煅烧过的石膏（$CaSO_4 \cdot 1/2H_2O$）作黏合剂的色谱用硅胶。标记 G 代表石膏（gypsum）。

硅胶 HF_{254}——含荧光物质色谱用硅胶，可用于 254nm 的紫外光下观察荧光。

硅胶 GF_{254}——含煅烧石膏和荧光物质的色谱用硅胶。

（2）氧化铝

与硅胶相似，商品氧化铝也有 Al_2O_3-G、Al_2O_3-HF_{254}、Al_2O_3- GF_{254}。

关于硅胶、氧化铝作为吸附剂的性能见表 2-11，其中常用的为氧化铝 G 和硅胶 G。

2. 薄层板的制备与活化

（1）制备薄层载片

如果是新的玻璃板（厚约 2.5mm），切割成 150mm×30mm×2.5mm 或 100mm×30mm×2.5mm 的载玻片，洗净并干燥。如果是重新使用的载玻片，要用洗衣粉和水洗涤，用水和 50%甲醇溶液淋洗，让载玻片完全干燥。取用时应用手指接触载玻片的边缘，因为指印沾污载玻片的表面，将使吸附剂难以铺在载玻片上。

硬质塑料膜也可作为载片。

（2）制备浆料

容器：高型烧杯或带螺旋盖的广口瓶。

操作：制成的浆料要求均匀，不带团块，黏稠适当。为此，应将吸附剂慢慢加至溶剂中，边加入边搅拌。如果将溶剂加至吸附剂中常常会出现团块状。加料毕，剧烈搅拌。最好用广口瓶，旋紧盖子，将瓶剧烈摇动，保证充分混合。

一般 1g 硅胶 G 需要 0.5%羧甲基纤维素钠（CMC-Na）清液 3～4mL 或氯仿约 3mL；1g 氧化铝 G 需要 0.5%羧甲基纤维素钠（CMC-Na）清液约 2mL。

不同性质的吸附剂用溶剂量有所不同，应根据实际情况予以增减。

(3) 浆料铺层

按照上述规格的载玻片，每块约用1g硅胶G。薄层的厚度为0.25～1mm，厚度尽量均匀。否则，在展开时溶剂前沿不齐。用浆料铺层常采取下列三种方法。

① 平铺法。可用涂布器铺层（见图2-40）。将洗净的几块载玻片在涂布器中间摆好，上下两边各夹一块比前者厚0.25～1mm的玻璃板，将浆料倒入涂布器的槽中，然后将涂布器自左向右推动即可将浆料均匀地铺于载玻片上。若无涂布器，也可将浆料倒在左边的玻璃板上，然后用边缘光滑平直的不锈钢尺或玻璃片将浆料自左向右刮平，即得一定厚度的薄层。

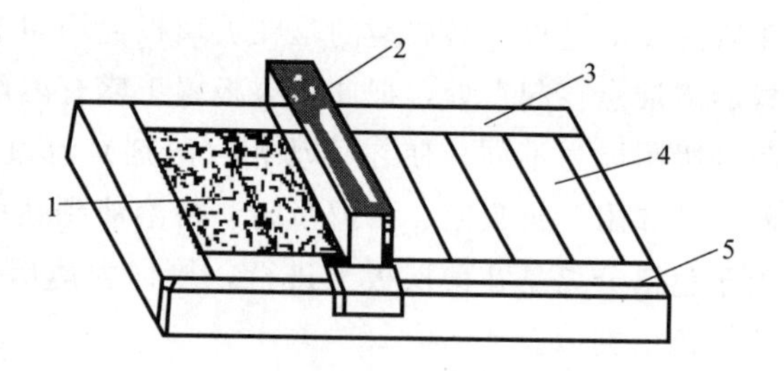

图2-40 薄层涂布器

1—吸附剂薄层；2—涂布器；3,5—玻璃夹板；4—载玻片

② 倾注法。将调好的浆料倒在玻璃板上，用手左右摇晃，使表面均匀光滑（必要时可于平台处让一端触台面另一端轻轻跌落数次并互换位置）。然后，把薄层板放于已校正平面的平板上阴干。

③ 浸涂法。将载玻片浸入盛有浆料的容器中，浆料高度约为载玻片长度的5/6，使载玻片涂上一层均匀的吸附剂[1]，操作方法是在带有螺旋盖的瓶子中盛满浆料（1g硅胶G需要3mL氯仿或体积比为2∶1的氯仿-乙醇混合物），在不断搅拌下慢慢将硅胶加入氯仿中，旋紧盖上并用力振摇，使之成均匀糊状，选取大小一致的载玻片紧贴在一起，两块同时浸涂。因为浆料在放置时会沉积，故浸涂之前均应将其剧烈振摇。用拇指和食指捏住载玻片上端，缓慢、均匀地将载玻片浸入浆料中，取出后多余的浆料任其自动滴下，直至大部分溶剂已蒸发后将两块载玻片分开，放在水平板上晾干。

若浆料太稠，涂层可能太厚，甚至不均匀；若浆料太稀，则可能使涂层薄。若出现上述两种情况，需调整黏稠度。要掌握好铺层技术，要反复实践。

薄层板的活化温度：硅胶板于105～110℃烘30min，氧化铝板于150～160℃烘4h，可得Ⅲ～Ⅳ活性级的薄层，活化后的薄层板放在干燥器内保存备用。

3. 薄层色谱的点样

在距薄层底端8～10mm处，画一条线作为起点线。用毛细管（内径小于1mm）吸取样品溶液（一般以氯仿、丙酮、甲醇、乙醇、苯、乙醚或四氯化碳等作溶剂，配成1%溶液），垂直地轻轻接触到薄层的起点线上。如溶液太稀，一次点样不够，第一次点样干后，再点第二次、第三次；多次点样时，每次点样都应点在同一圆心上。点的次数依样品溶液浓度而定，一般为2～5次。若样品量太少时，有的成分不易显色；若样品量太多时易造成斑点过大，互相交叉或拖尾，不能得到很好的分离。点样后的斑点直径以扩散成1～2mm圆点为度。若为多处点样时，则点样间距为1～1.5cm。

4. 薄层色谱的展开

薄层色谱的展开需在密闭的容器中进行。先将选择的展开剂[2]放在色谱缸中，使色谱缸内空气饱和5～10min，再将点好样品的薄层板放入色谱缸中进行展开。点样的位置必须在展开剂液面之上。当展开剂上升到薄层的前沿（离顶端5～10mm处）或各组分已明显分开时，取出薄层板放平晾干，用铅笔或小针画出前沿的位置后即可显色。根据R_f值的不同对各组分进行鉴定。

5. 薄层色谱的显色

展开完毕，取出薄层板，画出前沿线。薄层色谱的显色方法有如下几种。

① 如果化合物本身有颜色，就可直接观察它的斑点。

② 如果本身无色，可先在紫外灯下观察有无荧光斑点，如有荧光斑点，用小针在薄层上画出斑点的位置。

③ 在紫外灯下观察如无荧光斑点，可在溶剂蒸发前用显色剂喷雾显色。不同类型的化合物需选用不同的显色剂，凡可用于纸色谱的显色剂都可用于薄层色谱，薄层色谱还可使用氧化性的显色剂如浓硫酸。对于未知的样品显色剂是否合适，可先取样品溶液一滴，点在滤纸上，然后滴加显色剂，观察有否有色点产生。

④ 也可将薄层板除去溶剂后，放在含有少量碘的密闭容器中显色来检查色点，许多化合物都能和碘成黄棕色斑点。但当碘蒸气挥发后，棕色斑点即易消失，所以显色后，应立即用铅笔或小针标出斑点的位置，计算出 R_f 值。

一些常用显色剂见表 2-13。

表 2-13 常用的显色剂

显色剂	配制方法	能被检出对象
硫酸	10% H_2SO_4	大多数有机化合物在加热后可显出黑色斑点
碘蒸气	将薄层板放入缸内被碘蒸气饱和数分钟	很多有机化合物显黄棕色
碘的氯仿溶液	0.5%碘的氯仿溶液	很多有机化合物显黄棕色
磷钼酸乙醇溶液	5%磷钼酸乙醇溶液，喷后 120℃烘干，还原性物质显蓝色，氨熏，背景变为无色	还原性物质显蓝色
铁氰化钾-三氯化铁试剂	1%铁氰化钾、2%三氯化铁使用前等量混合	还原性物质显色，再喷 2mol/L 盐酸，蓝色加深，适用于酚、胺、还原性物质
四氯邻苯二甲酸酐	2%溶液，溶剂为丙酮-氯仿（体积比 10∶1）	芳烃
硝酸铈铵	6%硝酸铈铵的 2mol/L 硝酸溶液	薄层板在 105℃烘干 5min 之后，喷显色剂，多元醇在黄色底色上有棕黄色斑点
香兰素-硫酸	3g 香兰素溶于 100mL 乙醇中，再加入 0.5mL 浓硫酸	高级醇及酮呈绿色
茚三酮	0.3g 茚三酮溶于 100mL 乙醇中，喷后 110℃热至斑点出现	氨基酸、胺、氨基糖

显色剂种类很多，需要时可参阅其他相关资料。

6. 薄层色谱分离鉴定的应用

偶氮苯的常见形式是反式异构体，反式异构体在紫外光或日光照射下，有一部分转化为较不稳定的顺式异构体：

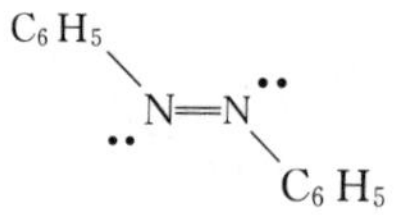

C_6H_5—N=N—C_6H_5

反式偶氮苯 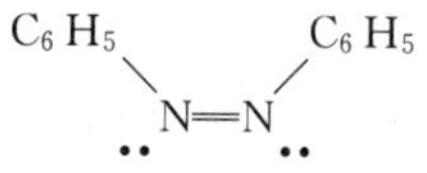　　　　顺式偶氮苯

生成的混合物组成与使用的光的波长有关，当波长为315nm的光照射偶氮苯溶液时，获得95%以上热力学不稳定的顺式异构体，反式偶氮苯用日光照射，也可获得50%以上的顺式偶氮苯。

（1）光异构化

取0.1g反式偶氮苯溶于5mL无水苯中，将此溶液置于两个小试管中，其中一试管放在太阳光下照射1h或置于紫外灯（波长为365nm）下照射0.5h进行光异构化反应；另一试管用黑纸包好避免光线照射，将两者进行比较。

（2）异构体的分离鉴定

取管口平整的毛细管吸取光照后的偶氮苯溶液，在离薄层（硅胶板）一端1cm起点线处点样，再用另一毛细管吸取未经光照的反式偶氮苯溶液在起点线处点样，两个样点之间的距离为1cm。待样点干燥后放在盛有15mL 3∶1（或8∶1）的环己烷-苯（也可用9∶3的环己烷-甲苯）作展开剂的棕色（或用黑纸包裹）广口瓶中展开（应使薄层板与水平成45°角，点样端伸入展开剂约0.5cm），待展开剂上行离板上端约1cm处时取出薄层板（大约需要20min），立即记下展开剂前沿的位置。晾干后观察，经光照后的偶氮苯有两个黄色斑点，判断哪个斑点是顺式，哪个斑点是反式，并计算其R_f值。

（3）胡萝卜素的分析

试剂：柱色谱分离有色物质的丙酮-石油醚溶液。

薄层板的制备：取7.5cm×2.5cm左右的载玻片5片，洗净，晾干。在50mL烧杯中放置3g硅胶G，逐渐加入0.5%羧甲基纤维素钠水溶液8mL，调成均匀的糊状，将此糊状物倾于上述洁净的载玻片上，用手将带浆的载玻片在玻璃板上或水平的桌面上做上下轻微的颤动，并不时转动方向，制成厚薄均匀、表面光洁平整的薄层板，涂好硅胶G的薄层板置于水平的桌面上，在室温放置晾干后，放入烘箱中，缓慢升温至110℃，恒温0.5h，取出，稍冷后置于干燥器中备用。

点样：取3片用上述方法制好的薄层板，分别在距一端点1cm处用铅笔轻轻画一横线作为起始线。取管口平整的毛细管插入样品溶液中，在一块板的起点线上点第一个色带的有色物样品，根据柱色谱分离的色带，依次点样，如果样点的颜色较浅，可重复点样，重复点样前必须待前次样点挥发干后进行。样点直径不应超过2mm。

展开：用1∶9的丙酮-石油醚（60～90℃）溶液为展开剂，待样点干燥后，小心地放入已加入展开剂的250mL广口瓶中进行展开。瓶的内壁贴一张高5cm，环绕周长约4/5的滤纸，下面浸入展开剂中，以使容器内被展开剂蒸气饱和。点样一端浸入展开剂0.5cm（样点不浸泡在展开剂中）。盖好瓶塞，观察展开剂前沿上升至离板的上端1cm处时取出，尽快用铅笔在展开剂前沿处画一记号，晾干后，量出展开剂和样点移动的距离，计算R_f值，三个样点的R_f值分别为0.48、0.26和0.15。比较由柱色谱分离出的几个色带是否为同一物质，同一个色带中是否为单一物质。

【注释】

[1] 载玻片上涂层要均匀，既不应有纹路、团粒，也不应有能看到玻璃的薄涂料点。

[2] 薄层色谱展开剂的选择原则和柱色谱相同，主要根据样品的极性、溶解度和吸附剂的活性等因素来综合考虑。溶剂的极性越大，则对化合物的洗脱力越大，即 R_f 值也越大。如发现样品各组分的 R_f 值较大，可考虑换用一种极性较小的溶剂，或在原来的溶剂中加入适量极性较小的溶剂去展开，如原用氯仿为展开剂，则可加入适量的苯。相反，如原用展开剂使样品各组分的 R_f 值较小，则可加入适量极性较大的溶剂，如氯仿中加入适量的乙醇试行展开，以达到分离的目的。各种溶剂的极性参见前柱色谱部分。

2.11 红外光谱

当用一束不同波长红外光照射某些物质时，该物质的分子由于其特定结构特征，要吸收部分特定波长的红外光，并将其变为另一种能量，即分子的振动能量和分子的转动能。将其透过的光用单色器进行色散，则得到带暗条的谱带，以波长（λ）或波数（σ）为横坐标，以透射比（T）或吸光度（A）为纵坐标，记录下来的就是红外吸收光谱。

物质红外光谱中吸收峰都对应着分子中各基团的振动形式，吸收峰的位置和形状是分子结构的特征性数据。因此，根据红外光谱可以进行有机化合物的结构分析。

2.11.1 制样方法

用作红外光谱分析的试样，都必须保证无水并有高纯度。否则，由于杂质和水的吸收，使光谱变得无意义，水不仅在 $3710cm^{-1}$ 和 $1630cm^{-1}$ 有吸收，而且对样品池的卤化钾盐片有腐蚀作用。

1. 气体样品的制样方法

气体试样一般都灌注入玻璃气槽内进行测定。它的两端黏合有透红外光的盐窗，盐窗的材质一般是 NaCl 或 KBr。进样时，先将气槽抽成真空，然后导入测试气体至所需压力，即可进行测试。

2. 液体样品的制样方法

(1) 液膜法

可用滴管滴一滴液体样品于可拆卸池的一块盐片上，在盖上另一块盐片之前放上适当厚度的间隔片，借助池架上的固紧螺丝拧紧两盐片。如果样品吸收很强，在两窗片间可以不放间隔片。

对于沸点高、不易挥发、黏度大的样品，可用不锈钢小勺直接将样品均匀地涂在一块盐锭片（在压片机上压制的盐片）上，使其形成适当的厚度，再将盐锭片放入样品架即可测定。

这种方法适用于沸点在 100～120℃、不易挥发的样品的测试，不适用于定量分析和低沸点试样的测试。

(2) 溶液法

溶液法是将液体试样溶在适当的红外溶剂中，然后用注射器注入固定池的一个入口，待液体进入池内后，用聚四氟乙烯塞塞紧出口即可进行测定。

该法特别适于定量分析和沸点低、易挥发的样品的测试，此外，它还能用于红外吸收很强，用液膜法不能得到满意谱图的液体样品的定性分析。

在使用溶液法时，必须特别注意红外溶剂的选择。在配制试样溶液时，要求溶剂不损伤盐片，不与试样起反应，且溶剂的光谱在较大范围内无吸收。非极性溶剂如四氯化碳和二硫化碳最为适用，极性较强的氯仿，因其溶解能力较强也广为应用。四氯化碳在 $1300cm^{-1}$ 以上吸收较小，而二硫化碳在 $1300cm^{-1}$ 以下几乎没有吸收，为得到完整的红外光谱图，经常要并行使用这两种溶剂。

3. 固体样品的制样方法

固体试样的制备，除前面介绍的溶液法外，还有粉末法、糊状法、压片法、薄膜法、反射法等。其中尤以糊状法、压片法和薄膜法最为常用。

(1) 压片法

首先将分析纯的溴化钾或氯化钠细粉放入铂金坩埚中，再放入马弗炉中于400℃干燥 2h 后置于干燥器内备用。

将干燥后的固体样品 1～2mg 以 1mg 样品对 100mg 溴化钾或氯化钠的比例加入玛瑙研钵中，研磨均匀，将研磨均匀的样品倒入模具中并使样品在模砧上堆集均匀，然后填入压舌，装好模具，置模具于压片机上，慢慢加压到 20MPa，保持 2min，再慢慢减压，使压力降到零，从压片机上取下模具，从中取出压好的含有样品的透明溴化钾或氯化钠片，放入样品架上即可测定。

(2) 薄膜法

对于一些熔点低并且在熔融状态下不发生分解的样品，可将其熔融后涂在 KBr 窗片上，或选择适当的溶剂将某些难压片的固体样品溶解，涂在 KBr 窗片上成膜，让溶剂挥发后进行测试。

此法主要用于高分子化合物的测定，但常因溶剂未除尽而干扰图谱。

(3) 糊状法

糊状法是将研细的试样粉末分散在与其折射率相近的液体介质（即糊剂）中进行测定。常用的分散剂是液体石蜡，但它不适于用来研究结构与其相似的饱和烃，此时可采用六氯丁二烯代替液体石蜡。

2.11.2 样品测试

可根据实验室的情况分别对已知气体、液体和固体样品进行测试，并测试未知样品。

2.11.3 图谱解析

测定出样品的红外光谱以后，对出现的谱带进行解析，进而推测样品的官能团和化学结构，图谱解析主要依靠对光谱与化学结构关系的理解和经验积累，灵活运用基团特征吸收峰及其变化规律。一般的解析可按如下顺序进行。

① 先观察高波数范围（$1350 \sim 4000cm^{-1}$），此区为基团特征频率区，从此范围内的吸收峰可确定样品中含有哪些官能团。

② 观察 $650 \sim 1350cm^{-1}$ 的指纹区，此区吸收峰显示了分子结构的细节，据此区的吸收

峰可确定烯烃、芳香烃的取代类型等。如两样品是同一化合物，则指纹区谱带的细微结构应完全相同。

解析谱图可采用“四先四后一抓法”，即先特征，后指纹；先最强峰，后次强峰；先粗查，后细找；先否定，后肯定；一抓一组相关峰。

通过谱图解析后，对样品的结构做出初步估计，再查阅标准 IR 谱图集与之对照确定样品的结构式。

表 2-14 列出比较常见的主要有机化合物中某些基团的特征吸收频率和强度。

表 2-14 某些基团特征吸收频率和强度

基团振动	频率范围/cm^{-1}	强度	基团振动	频率范围/cm^{-1}	强度
ν(—OH)	3650～3000	s	$\delta(CH_2)$,$\delta_a(CH_3)$	1470～1400	m
ν(—NH)	3500～3300	m	$\delta_s(CH_3)$	1380	s～m
ν(≡C—H)	3300	s	ν(C—C)芳香类	1600,1580	mm～s
ν(=C—H)	3100～3000	m		1500,1450	mm～s
ν(—C—H)	2960～2800	s	ν_a(C—O—C)	1150～1060	s
ν(—S—H)	2600～2550	w	ν_s(C—O—C)	970～800	ww～o
ν(—C≡N)	2255～2220	s～o	ν(O—O)	900～845	oo～w
ν(C≡C)	2250～2100	ww～o	ν(C—芳香—S)	1100～1080	ss～w
ν(—C=O)	1820～1680	vs	ν(C—脂肪—S)	790～630	ss～m
ν(—C=C)	1670～1600	w	ν(C—Cl)	800～550	s
ν(—C=N)	1680～1610	m	ν(C—Br)	700～500	s
ν(—C=S)	1250～1000	w	ν(C—I)	600～450	s

注：ν—伸缩振动；ν_a—反对称伸缩振动；ν_s—对称伸缩振动；δ—弯曲振动；δ_a—反对称弯曲振动；δ_s—对称弯曲振动；vs—很强；s—强；m—中等；w—弱；o—很弱或看不到。

2.11.4 标准图谱查阅

世界各国出版了多种标准谱图集，但收集谱图最多且最常用的是 Sadtler 标准谱图集。Sadtler 标准谱图集是美国 Sadtler 研究实验室 1967 年开始出版的大型光谱集。

这部大型光谱集自 1967 年开始，逐年增加，现包括数万张标准红外光谱图，数万张标准紫外和核磁共振谱图，自 1980 年又开始收集碳-13 核磁共振标准谱图。

Sadtler 红外光谱图集分为标准谱图和商品谱图两大部分，纯化合物标准谱图又分为棱镜光谱（以波长为横坐标）和光栅光谱（以波数为横坐标）两类。商品光谱图按 ASTM 分类法分成 20 类（如农业化学品、多元醇、表面活性剂等）。

为了查阅方便，编有多种索引，每种索引都能查到某化合物的红外、紫外和核磁共振谱图的序号，以便进一步查阅标准谱图。Sadtler 标准谱图集的总索引包括 4 种形式的索引：字顺索引——按化合物英文名称的字母顺序排列的索引，由化合物的名称可找到相应的光谱号；序号索引——是光谱连续号清单；分子式索引——按 Hill 系统排列，即先列 C、H，其他按字母顺序 Br、Cl、F、I、N、O、P、S 等；化学分类索引，可以方便地查出同系列化合物的一组光谱序号，便于查找那些只知道是何类型而对其结构不十分清楚的化合物的光谱序号。

可以根据自己的情况和要求去查找有关索引，如知道化合物的分子式，使用分子式索引是比较方便的，符合某分子式的化合物有多种，要按该化合物的英文名称从同一分子式的多种化合物中挑出自己所需要的谱图序号，再去查阅标准谱图。

2.12 核磁共振

2.12.1 核磁共振原理

核自旋量子数 $I \neq 0$ 的原子核具有磁性。当磁性核置于一外磁场 H_0 中时，由于外磁场 H_0 与磁性核的相互作用，磁性核在外磁场中要有一定的排列，共有 $2I+1$ 个取向。每个取向可由一个磁量子数（m）表示，^{1}H 核的 $I=1/2$，在外磁场中有 1/2 和 $-1/2$ 两个取向。$-1/2$ 取向逆着外磁场，为高能态，1/2 顺着磁场，为低能态，两能态的能量差为 ΔE，如图 2-41 所示。

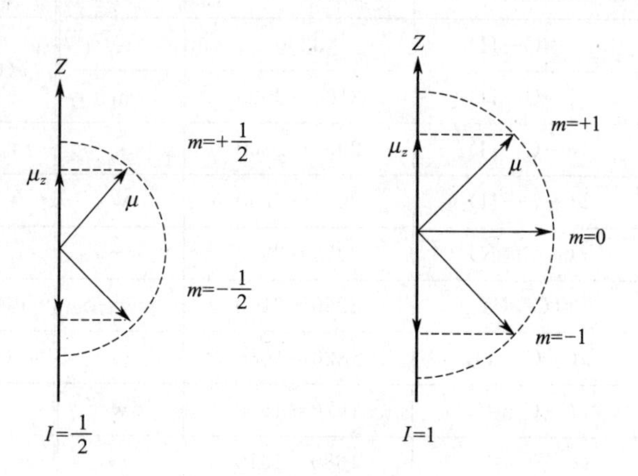

图 2-41 核磁的取向

由于磁核的自旋轴与外磁场 H_0 方向有一定的角度，自旋的核受到一定的扭力而导致核自旋轴绕磁场方向发生回旋，如图 2-42 所示。

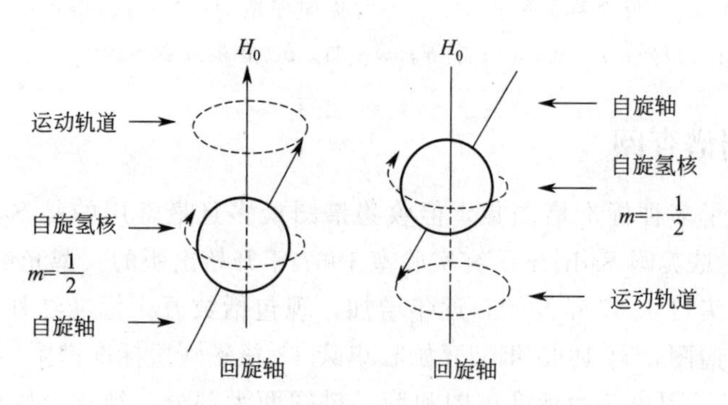

图 2-42 ^{1}H 原子核的自旋与回旋

回旋频率 ν_0 与 H_0 成正比：

$$\nu_0 = H_0\gamma/2\pi$$

式中，γ 为磁旋比，是原子核的特性常数，^{1}H 的磁旋比是 26.7。

由于核外电子的运动产生了对抗的感应磁场，使核实际受到的磁场 H 比外磁场 H_0 小，即所谓核受到屏蔽，其屏蔽作用的大小以屏蔽常数 σ 表示，因此，

$$\nu_0 = H_0\gamma(1-\sigma)/2\pi$$

^{1}H核两个能级差为：

$$\Delta E = h\nu_0 = \gamma h H_0(1-\sigma)/2\pi$$

若在H_0的垂直方向加一个频率为ν_1的交变磁场，即射频场H_1，调节$\nu_0=\nu_1$时，低能级的^{1}H核将吸收射频场的能量ΔE跃迁到高能级，称为核磁共振，被记录下的吸收信号即为核磁共振谱图。

2.12.2 ^{1}H NMR谱图解析概要

氢谱的重要参数有：等性氢数目（核磁共振峰组数）、化学位移δ（共振峰位置）、峰面积积分、偶合常数J。这四个参数从核磁共振一级谱（一级谱即$\Delta\nu/J>6$的谱，$\Delta\nu$为两组峰共振频率之差，以Hz为单位）上都可读出，根据它们的数值可以推测出有机化合物的结构。

（1）等性氢数目

化学环境相同的H叫做等性H。一个有机物分子中有几种等性氢，在NMR谱上就有几组共振峰。所以，可根据NMR谱上共振峰组数推测该化合物中有几种不同化学环境的H原子。

（2）峰面积积分

核磁共振谱上各组峰面积积分比，表示各类H核数目的最简比，此比例再结合化合物的分子量即可算出分子中各类H的数目。

（3）化学位移

有机物中不同化学环境的H的共振峰位置可以用它们的共振频率ν表示，也可用化学位移δ表示。

$$\delta = 10^6(\nu_{样品} - \nu_{TMS})/\nu_{仪器频率}$$

式中，$\nu_{样品}$为样品中某H核的共振频率；ν_{TMS}为标准物质四甲基硅烷的共振频率；$\nu_{仪器频率}$为核磁共振仪的照射频率。

从δ的表达式可知，一个有机物分子中不同H核的共振位置之差仅是百万分之几。

常见有机物不同质子的化学位移范围见图2-43。

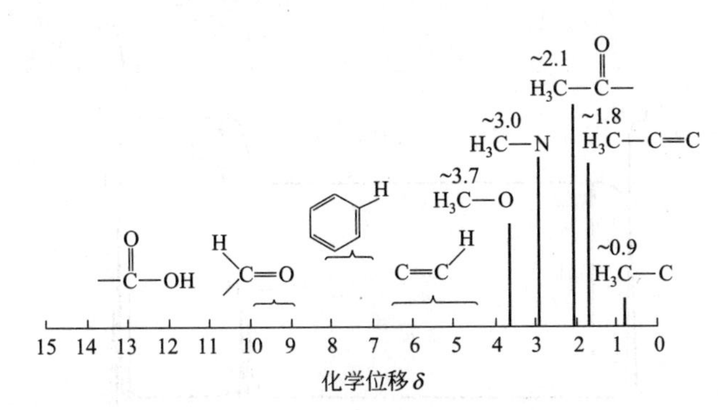

图2-43 常见质子化学位移范围

活泼H的化学位移范围见表2-15。

重氢溶剂残余质子化学位移见表2-16。

表 2-15　活泼 H 的化学位移范围

化合物类型	δ	化合物类型	δ
醇	0.5～0.55	RNH_2, R_2NH	0.4～3.5
酚(分子内缔合)	10.5～16.0	$ArNH_2$, Ar_2NH, ArNHR	2.9～4.8
其他酚	4.0～8.0	R—SH	0.9～2.5
烯酚(分子内缔合)	15.0～19.0	Ar—SH	3.0～4.0

表 2-16　重氢溶剂残余质子化学位移

溶剂	基团	δ	基团	δ
丙酮-D_6	CH_3	2.05		
$CHCl_3$-D		7.25		
重水		4.75		
甲醇-D_6	CH_3	3.35	OH	4.84

4. 偶合常数

有机物分子中的^{1}H 核的小磁矩可以通过化学键的传递相互作用，这种作用叫自旋偶合。自旋偶合可引起核磁共振峰分裂而使谱线增多，这叫自旋-自旋裂分。

对于一级核磁谱，可用"$n+1$"规律来判断峰的裂分数。n 是相邻碳原子上氢原子数，某峰的裂分数为邻碳原子上氢原子数加 1。如$\overset{a}{C}H_3\overset{b}{C}HO$谱中，$H_a$被裂分为两重峰，$H_b$被裂分为四重峰。原子核间自旋偶合作用是通过成键电子传递的，这种作用的强度以偶合常数（J）表示，并以 Hz 为单位。其计算方法是：

$$J=(\delta_1-\delta_2)\times 仪器频率$$

式中，$\delta_1-\delta_2$为峰裂距。

偶合常数反映自旋核相互偶合能力的大小，是分子结构（包括空间结构）的函数，而与外磁场强度大小无关，所以从 J 的分析也可以推测有机化合物的结构，一些有机化合物偶合常数见表 2-17。

图 2-44 是乙苯的^{1}H NMR 谱，可结合它进行以上诸项解析的练习。

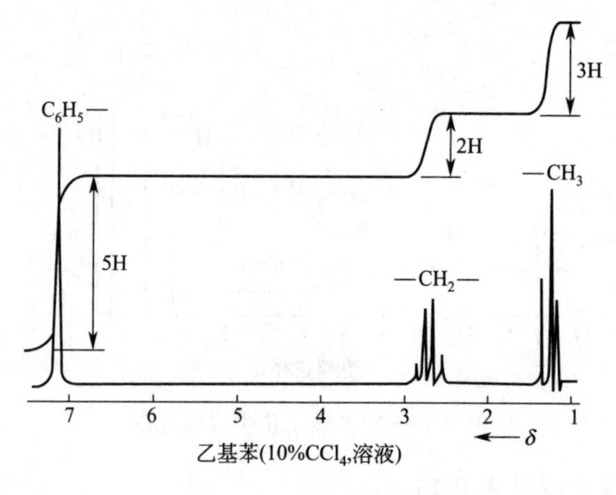

图 2-44　乙苯的共振谱

表 2-17　某些有机化合物的偶合常数

化合物类型	J_{ab}/Hz
H_a C H_b	0～30
H_a C=C H_b	0～3
H_a H_b C=C	6～12
H_a C=C H_b	12～18

化合物类型	J_{ab}/Hz
H_d H_e H_c H_a	a—a　6～14
	a—e　0～5
	a—a　0～5
苯	(*o*)0～10
	(*m*)1～3
	(*p*)0～1

2.13　紫外吸收光谱

紫外吸收光谱（主要指紫外-可见吸收光谱，简称 UV）是利用某些物质的分子吸收 200～800nm 光谱区的辐射来进行分析测定的方法。这种分子吸收光谱产生于价电子和分子轨道上的电子在电子能级间的跃迁，广泛用于有机和无机物质的定性和定量测定。

紫外吸收光谱在有机化学中的应用有两个方面。一是用于有机化合物的结构表征，二是用于有机化合物定量分析。由于紫外吸收光谱比较简单，特征性不强，大多数简单官能团在近紫外区只有微弱吸收或无吸收。因此，用它来表征化合物结构受到一定的限制。但是，由于紫外光谱法灵敏度高，能检查出 $10^{-4}\sim10^{-5}$ mol/L 甚至 $10^{-6}\sim10^{-7}$ mol/L 浓度的化合物，因此在有机化合物的定量分析中很重要。

在有机化学实验中，主要用紫外吸收光谱表征有机化合物的结构。有机分子的电子 $\pi\rightarrow\pi^*$ 跃迁吸收光谱可以很强，也可以很弱；$n\rightarrow\pi^*$ 跃迁都很弱；$\pi\rightarrow\pi^*$ 和 $n\rightarrow\pi^*$ 跃迁都发生在紫外可见光区内（200～800nm）。$\sigma\rightarrow\sigma^*$ 和 $n\rightarrow\sigma^*$ 电子跃迁都发生在远紫外区（＜200nm），需要在真空条件下测定。因此紫外光谱主要用来表征含双键尤其含共轭体系的分子结构。在近紫外可见光区产生吸收的不饱和基称生色团，常有特征吸收峰。几个生色团非共轭键相连于分子中时，分子的紫外吸收是其单独生色团的吸收总和（$\sum\lambda_i$）；如果生色团形成 $\pi\rightarrow\pi$ 共轭体系，吸收峰的位置向长波方向移动（红移），其摩尔吸收系数也增大。含有 p 电子的基团如—NR_2，—OR，—SR，—X（X＝F，Cl，Br，I）本身不吸收，但连接到生色团上构成 $\pi\rightarrow$p 共轭体系，也会产生红移现象，这些基团称为助色团。助色团的助色效应也是固定的。

单凭紫外吸收光谱很难确定一个化合物的结构，需要有红外、核磁共振、化学等方法支持才能确定化合物的结构。

利用紫外光谱确定有机分子结构有两种方法：一是将测定的谱图与标准谱图比较，如果一致，可以确定为它们可能有相同的发色团分子结构。二是利用经验规则计算最大吸收波长，然后与实测值比较。其方法是查到发色团的特征吸收峰波长 λ_{max} 和助色团助色效应 $\lambda_{助}$，根据伍德沃德（Woodward，主要用于共轭多烯）、斯格特（Scott，主要用于芳香族化合物）经验规则估计所测定化合物的紫外最大吸收位置，然后与实测比较。

在具体的紫外光谱吸收实验中，若想获得一张能理想反映样品性质的紫外吸收光谱图，首先要纯化样品，然后确定合适的溶剂、样品溶液浓度。选取的溶剂还要在测定波段无吸收，并能够使被测定化合物在溶剂中有良好的吸收峰形，还要具有良好的溶解能力、挥发性小、不易燃烧、无毒、价格便宜等优点。最后人为摸索出比较合适测定的浓度范围等相关条件。测定时还要注意吸收池（比色皿）和参比池要严格匹配，必要时可通过交换样品池和参比池的方法调整吸光度。

第3章

有机化学基础实验

实验1　乙酰苯胺的重结晶

【实验目的】

1. 学习重结晶提纯固体有机物的原理和方法。

2. 掌握热过滤和抽滤的操作方法。

【实验原理】

参看2.5.1节重结晶原理。

本实验采用学生实验室合成的粗产品，通过重结晶制成较纯的产品。提高重结晶效率首要条件是选取合适有效的溶剂，乙酰苯胺在水中的溶解度随温度升降的变化明显，因此可以水为溶剂进行重结晶（参照表3-1）。

【实验装置】

重结晶各种装置如图2-9～图2-11所示。

【实验步骤】

方法一：称取4g实验室合成的粗乙酰苯胺，放在250mL锥形瓶中，加入80mL纯水，加热至沸腾，直至乙酰苯胺溶解，如果溶液中仍有油珠，可采用少量多次方式添加少量热水，搅拌并加热至接近沸腾使乙酰苯胺溶解[1]，稍冷后，加入适量（约0.2g）活性炭于溶液中，煮沸5～10min，趁热用热水漏斗和折叠式滤纸过滤，用锥形瓶收集滤液，在过滤过程中，热水漏斗和溶液均应用小火加热保温以免冷却。滤液放置冷却后，有乙酰苯胺结晶析出，减压抽滤[2]，抽干后，用玻璃钉或玻璃瓶塞压挤晶体，继续抽滤，尽量除去母液，然后进行晶体的洗涤工作。即先把橡皮管从抽滤瓶上拔出，关闭抽气泵，把少量蒸馏水（作溶剂）均匀地洒在滤饼上，浸没晶体，用玻璃棒小心均匀地搅动晶体，接上橡皮管，抽滤至干，如此重复洗涤二次，晶体已基本上被洗净。洗涤结束后，取出晶体，放在表面皿上晾干或放在红外灯下干燥后称重，计算重结晶回收率。

方法二：称取4g实验室合成的粗乙酰苯胺，放在250mL锥形瓶中，加入80mL纯水，加热至沸腾。如果溶液中仍有油珠，需补加热水，直至油珠完全溶解为止。稍冷后，加入适量（约0.2g）活性炭于溶液中，加玻璃棒搅动并煮沸1～2min。趁热快速用预先用100℃水浴加热好的布氏漏斗减压过滤。冷却滤液，乙酰苯胺呈无色片状晶体析出。减压抽滤，用玻璃瓶塞挤压晶体，以尽量除去晶体中的水分。然后用适量冷水洗涤晶体 2～3 次。取出晶体，放在表面皿上晾干或放在红外灯下干燥后称重，计算重结晶回收率。因为乙酰苯胺会升华，烘干时要小心控制温度在 100℃以下。

本实验约需 3h。

表 3-1　乙酰苯胺在水中的溶解度

温度 t/℃	0	10	20	30	50	70	80	100
溶解度/[g/(100mL)]	0.36	0.44	0.56	0.73	1.32	2.67	3.45	5.55

【注释】

[1] 在溶解过程中会出现油珠状物，此油珠状物不是杂质。乙酰苯胺的熔点虽为 114℃，但当乙酰苯胺用水重结晶时，往往于 83℃时就熔化成液体，这时在水层有熔化的乙酰苯胺，在熔化的乙酰苯胺层中含有水，故珠状物为未溶于水而已熔化的乙酰苯胺，所以，应继续加入溶剂直至完全溶解。

[2] 转移瓶壁上的残留晶体时，应用母液转移，不能用新的溶剂转移，以防止溶剂将晶体溶解而造成产品损失。用母液转移的次数和每次母液的用量都不宜太多，一般 2～3 次即可。

【思考题】

1. 重结晶法一般包括哪几个步骤？各步骤的主要目的是什么？
2. 重结晶时，溶剂的用量为什么不能过量太多，也不能过少？正确的应该如何？
3. 加热溶解待重结晶的粗产物时，为什么加入溶剂的量要比计算量稍少呢？然后逐渐添加至恰好溶解，最后再加入少量的溶剂？
4. 用活性炭脱色为什么要待固体物质完全溶解后才加入？为什么不能在溶液沸腾时加入？
5. 选择重结晶用的溶剂时，应考虑哪些因素？
6. 用水重结晶乙酰苯胺，在溶解过程中有无油珠状物出现？这是什么？
7. 在重结晶过程中，必须注意哪几点才能使产品的产率高、质量好？
8. 如何证明以重结晶纯化的产物是纯粹的呢？
9. 在布氏漏斗上用溶剂洗涤滤饼时应注意哪些问题？

实验 2　熔点的测定

【实验目的】

1. 了解熔点的测定原理和意义。
2. 掌握利用毛细管法测定熔点的操作方法。
3. 利用熔点测定判断化合物纯度。

4. 掌握显微熔点仪测定熔点的原理和方法。

【实验原理】

熔点是在一个大气压下固体化合物固相与液相平衡时的温度。这时固相与液相的蒸气压相等。每种纯固体有机化合物一般都有一个固定的熔点，即在一定压力下，从初熔到全熔（这一熔点范围称为熔程或熔距）温度变化范围在0.5～1℃。

熔点是鉴定固体有机化合物的重要物理常数，也是化合物纯度的判断标准。当化合物中混有杂质时，熔程较长，熔点降低。当测得一未知物的熔点同已知某物质熔点相同或接近时，可将该已知物与未知物混合，测量混合物的熔点，至少要按1∶9、1∶1、9∶1这三种比例混合。若它们是相同化合物，则熔点值不降低；若是不同的化合物，则熔程长，熔点值下降（少数情况下熔点值上升）。有时候也可能观察到熔点升高的现象，这是由于样品与已知物相互作用形成熔点较高的新化合物，此种情况很少遇到。

纯物质的熔点和凝固点是一致的。从图3-1可以看到，当加热纯固体化合物时，在一段时间内温度上升，固体不熔。当固体开始熔化时，温度不会上升，直至所有固体都变为液体，温度才继续上升。反过来，当冷却一种纯液体化合物时，在一段时间内温度下降，液体未固化。当开始有固体出现时，温度不会下降，直至液体全部固化时，温度才会再下降。

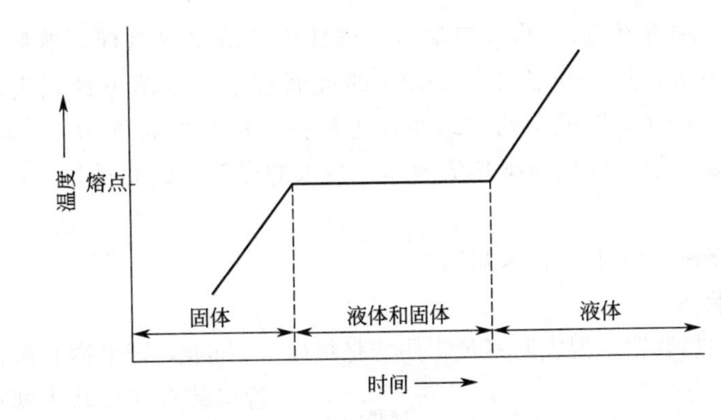

图3-1　相随着时间和温度的变化

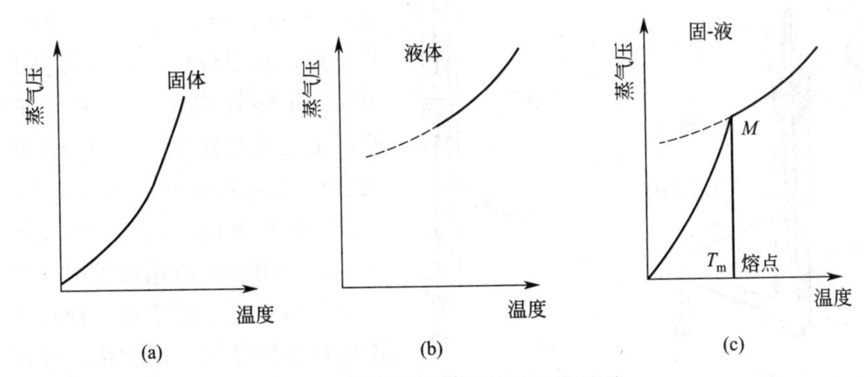

图3-2　物质的温度与蒸气压关系图

在一定温度和压力下，将某纯物质的固液两相放于同一容器中，这时可能发生三种情况：固体熔化；液体固化；固液两相并存。我们可以从该物质的蒸气压与温度关系图来理解，在某一温度时，哪种情况占优势。图3-2(a)是固体的蒸气压随温度升高而增大的情况，图3-2(b)是液体蒸气压随温度变化的曲线，若将图3-2(a)和图3-2(b)两曲线加和，可得

图 3-2(c)。可以看到，固相蒸气压随温度的变化速率比相应的液相大，最后两曲线相交于 M 点。在这特定的温度和压力下，固液两相并存时的温度 T_m 即为该物质的熔点。不同的化合物有不同的 T_m 值。当温度高于 T_m 时，固相全部转变为液相；低于 T_m 时液相全部转变为固相。只有固液并存时，固相和液相的蒸气压是一致的。这就是纯物质有固定而又敏锐熔点的原因。一旦温度超过 T_m（甚至只有几分之一摄氏度时），若有足够的时间，固体就可以全部转变为液体。所以要精确测定熔点，则在接近熔点时，加热速度一定要慢。一般每分钟温度升高不能超过 1～2℃。只有这样，才能使熔化过程近似接近于平衡状态。

【试剂与规格】

萘（C. P.，熔点 80.55℃）；水杨酸（C. P.，熔点 159℃）；苯甲酸（C. P.，熔点 122.13℃）；未知物。

【实验步骤】

1. 毛细管法测定熔点

（1）熔点管

通常用内径为 1mm、长 60～70mm、一端封闭的毛细管作为熔点管[1]。

（2）样品的填装

取一毛细管（一端有封口），将开口端插入试样中装取少量试样，然后把毛细管开口一端向上竖起来，使毛细管从一根长 40～50cm 的玻璃管中自由落下掉到表面皿上，重复几次，使试样紧聚在管底（试样就会均匀结实，为何?），试样的高度为 2～3mm 为宜[2]。熔点管外的样品粉末要擦干净以免污染热浴液体。装入的样品一定要适量、研细、装实，否则影响测定结果[3]。

样品：萘、水杨酸、苯甲酸、未知物。

（3）熔点测定装置

有各种形式的加热装置，但实验室最常用的是提勒（Thiele）管也称 b 形管（见图 3-3）。

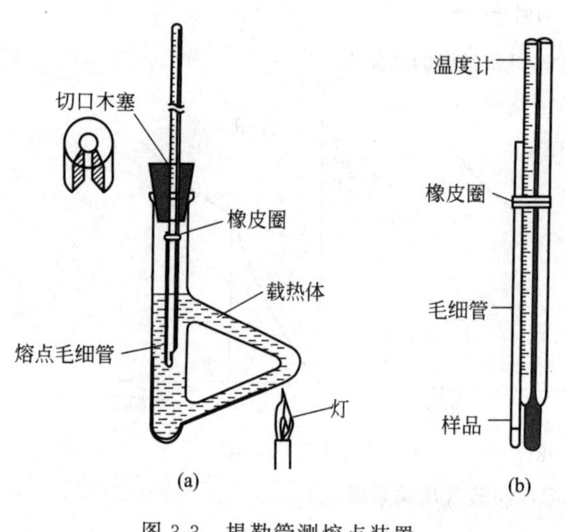

图 3-3　提勒管测熔点装置

管口装有开口软木塞或橡胶塞（必须有开口与大气相通，否则会造成爆炸事故），温度计插入其中，刻度应面向胶塞开口处，水银球位于 b 形管上下两叉管口中间。b 形管内装入浴液（加热液体），液面至上叉管处即可，因为加热时浴液体积会增大。采用水、石蜡或硅油作浴液时，装好样品的熔点管用橡皮圈套在温度计上；采用浓硫酸作浴液时，可借少许浓硫酸黏附于温度计下端，使熔点管的底部正靠在水银球侧面的中部。在图示的侧管部位用小火加热，受热时浴液以对流方式传至管内各部分，因此不需要任何搅拌，就能使浴液温度均匀上升。

所用的加热液体通常有浓硫酸[4]、石蜡及硅油等。硫酸价格便宜，使用普遍，但腐蚀性强。高温时会分解放出三氧化硫，故加热不宜过快，使用时要倍加小心，并戴上防护眼镜。硫酸适用于测定250℃以下的熔点，若熔点在250℃以上时，可用硫酸和硫酸钾（7∶3）混合液作为浴液。当有机物使硫酸颜色变深并妨碍观察时，加入几颗硝酸钾晶体，加热后即可褪色。石蜡比较安全，但容易变黄，分解温度为220℃，一般在170℃以下使用。硅油不易燃，在相当宽的温度范围内黏度变化不大，温度可达250℃，是较理想的浴液。

（4）熔点的测定

将b形管垂直夹于铁架台上，以浓硫酸作为浴液时，将粘附有熔点管的温度计仔细地插入其中，不要使熔点管漂移。

① 初测。先快速加热，测化合物大概熔点。

② 细测。测定前，先待热浴温度降至熔点约30℃以下，换一根样品管（因为有时某些化合物部分分解，有些经加热会转变为具有不同熔点的其他结晶形式）。慢慢加热[5]，一开始5℃/min，当达到熔点下约15℃时，以1～2℃/min升温，接近熔点时，以0.2～0.3℃/min升温。当毛细管中样品开始塌落和有湿润现象，出现小滴液体时，表明样品已开始熔化，为始熔，记下温度。继续微热，至成透明液体，记下温度为全熔。记录熔点时要记下样品开始塌落并有液相产生（初熔）和固体完全消失时（全熔）的温度计读数。例如，某化合物在155℃开始萎缩塌落，在156℃时有液滴出现，在158℃时全部成为透明液体，则熔点应记录为156～158℃，而不是它们的平均值157℃，155℃萎缩塌落。在加热过程中如有分解、变色、萎缩或升华等现象也应如实记录。

测定熔点至少要有两次重复数据，一般一个样品要测定3～5次，重复数据的次数越多，说明该熔点数据越可靠。每次测定必须用新的熔点管装样品。

实验完毕，b形管内的硫酸要冷却到用手可以触摸时才能倒入回收瓶中，温度计应冷却后用纸擦去硫酸方可用水冲洗，以免水银球破裂。

数据记录：

项目	萎缩温度/℃	初熔温度/℃	全熔温度/℃
粗测			
第一次测定			
第二次测定			

（5）温度计校正

测熔点时，温度计上的熔点读数与真实熔点之间常有一定的偏差。这可能由于以下原因：首先，温度计的制作质量差，如毛细孔径不均匀，刻度不准确；其次，温度计有全浸式和半浸式两种，全浸式温度计的刻度是在温度计汞线全部均匀受热的情况下刻出来的，而测熔点时仅有部分汞线受热，因而露出的汞线温度较全部受热者低。所以，除了要校正温度计刻度之外，还要将温度计外露段所引起的误差进行读数的校正，才能够得到正确的熔点。

例如：浴液面在温度计的30℃处测定熔点为190℃（t_1），则外露段为190℃－30℃＝160℃，这样辅助温度计水银球应放在160℃×1/2＋30＝110℃处。测得t_2＝65℃，熔点为190℃，则K＝0.000159。可求出：

$$\Delta t=0.000159\times160\times(190-65)=3.18\approx3.2$$

所以，校正后的熔点应为190＋3.2＝193.2℃。

2. 微量熔点测定法测定熔点

用毛细管法测定熔点，操作简便，缺点是样品用量较大，测定时间长，同时不能观察出样品在加热过程中晶形的转化及其变化过程。为克服这些缺点，实验室常采用放大镜式显微熔点测定装置，如图 3-4 所示。

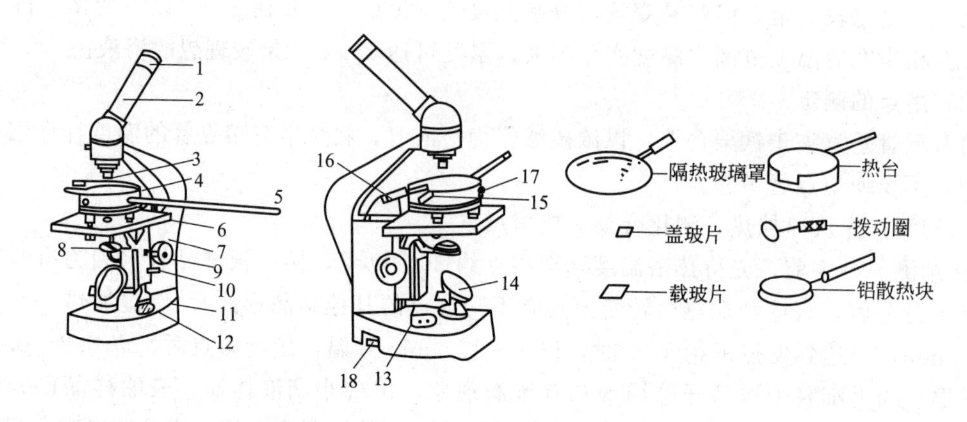

图 3-4 放大镜式显微熔点测定仪

1—目镜；2—棱镜检偏部件；3—物镜；4—热台；5—温度计；6—载热台；7—镜身；8—起偏振件；9—粗动手轮；10—止紧螺钉；11—底座；12—波段开关；13—电位器旋钮；14—反光镜；15—拨动圈；16—上隔热玻璃；17—地线柱；18—电压表

显微熔点测定仪的主要组成可分为两大部分：显微镜和微量加热台。

显微镜可以是专用于这种仪器的特殊显微镜，也可以是普通的显微镜。微量加热台的组成部件如图 3-4 所示。

显微熔点测定仪的优点：①可测微量样品的熔点；②可测高熔点（熔点可达 350℃）的样品；③通过显微镜可以观察样品在加热过程中变化的全过程，如失去结晶水，多晶体的变化及分解等。

实验操作：先将载玻片洗净擦干，放在一个可移动的载玻片支持器内，将微样品放在载玻片上，使其位于热台的中心孔上，用盖玻片将样品盖住，放在圆玻璃盖下。打开光源，调节镜头，使显微镜焦点对准样品。开启加热器，用可变电阻调节加热速度，自显微镜的目镜中仔细观察样品晶形的变化和温度计的上升情况（本仪器目镜视野分为两半，一半可直接看出温度计所示温度，另一半用来观察晶体的变化）。当温度接近样品的熔点（本实验所用样品为苯甲酸，其熔点在 122.4℃，注意它本身易于升华）时，控制温度上升的速度为 1～2℃/min，当样品晶体的棱角开始变圆并出现液滴时，即晶体开始熔化，结晶形完全消失即熔化完毕。重复 2 次读数。

测定完毕，停止加热，稍冷，用镊子去掉圆玻璃盖，拿走载玻片支持器及载玻片，放上水冷铁块加快冷却，待仪器完全冷却后小心拆卸和整理部件，装入仪器箱内。

3. 易升华物质的熔点测定

应用两端封闭的毛细管，并将毛细管全部浸入加热液体中。压力对于熔点的影响极微，所以应用封闭的毛细管测定熔点，并无影响。

4. 易吸潮物质的熔点测定

亦可应用两端封闭的毛细管测定熔点，以免测定熔点中途样品吸潮而致熔点下降。

本实验约需要 4h。

【注释】

[1] 熔点管必须洁净，如含有灰尘等，能产生4～10℃的误差。

[2] 样品量太少不便观察，而且熔点偏低；太多会造成熔程变大，熔点偏高。

[3] 样品粉碎要细，填装要实，否则产生空隙，不易传热，造成熔程变大。

[4] 使用硫酸作加热浴液要特别小心，不能让有机物碰到浓硫酸，否则使浴液颜色变深，有碍熔点的观察。若出现这种情况，可加入少许硝酸钾晶体共热后使之脱色。采用浓硫酸作热浴，适用于测熔点在250℃以下的样品。若要测熔点在250℃以上的样品可用其他热浴液。

[5] 升温速度应慢，让热传导有充分的时间。升温速度过快，熔点偏高。

【思考题】

1. 加热的快慢为什么会影响熔点？在什么情况下加热可以快些？而在什么情况下加热则要慢些？

2. 是否可以使用第一次测熔点时已经熔化了的有机化合物再作第二次测定呢？为什么？

3. 测熔点时，若有下列情况将产生什么结果？

（1）熔点管壁太厚；（2）熔点管底部未完全封闭，尚有一针孔；（3）熔点管不洁净；（4）样品未完全干燥或含有杂质；（5）样品研得不细或装得不紧密；（6）加热太快。

实验3 常压蒸馏和沸点的测定

【实验目的】

1. 了解测定沸点的意义和蒸馏的意义，掌握常量法（即蒸馏法）及微量法测定沸点的原理和方法。

2. 掌握圆底烧瓶、直形冷凝管、蒸馏头、真空接收器、锥形瓶等的正确使用方法，初步掌握蒸馏装置的装配和拆卸技能。

3. 掌握正确进行蒸馏操作和微量法测定沸点的要领和方法。

4. 掌握水浴加热操作技术。

【实验原理】

蒸馏是将液态物质加热到沸腾变为蒸气，又将蒸气冷凝为液体这两个过程的联合操作。蒸馏操作是有机化学实验中常用的实验技术，可用于有机化合物沸点的测定；分离液体混合物；回收溶剂，浓缩溶液；分离提纯，除去不挥发的杂质等。

蒸馏的原理请参考第2章2.6.1节、2.6.2节。

【实验步骤】

1. 常量法（蒸馏法）测沸点

（1）安装仪器

参照2.6.3、2.6.4节内容说明，选取50mL圆底蒸馏烧瓶、温度计等配套仪器，参照图2-17(a)，组装常压蒸馏装置。仪器组装的常规要求参照1.7.7节，安装时注意选取台面位置，整体装置要横平竖直、牢固稳定，铁架台一律整齐放置于玻璃仪器的后面。

（2）加料

蒸馏装置组装完成后，将温度计和套管取下来，放上玻璃漏斗，将待蒸工业乙醇 20mL 经漏斗或者沿着面对支管的瓶颈壁小心地加入蒸馏瓶中，防止液体从支管流出。加入数粒沸石，在蒸馏烧瓶口塞上带有温度计的塞子，调整温度计的位置务使在蒸馏时水银球完全被蒸气所包围，才能正确地测量蒸气的温度。通常是使水银球的上沿恰好位于蒸馏烧瓶支管口的下沿，使它们在同一水平线上。最后再仔细检查一遍装置是否正确，各仪器的连接是否紧密，有没有漏气。

（3）加热

先打开冷凝水龙头，缓缓通入冷水，然后开始加热。注意冷水自下而上，冷凝管中的蒸气自上而下，两者逆流冷却效果好。当液体沸腾，蒸气到达水银球部位时，温度计读数急剧上升，调节热源，让水银球上液滴和蒸气温度达到平衡，使蒸馏速度以每秒 1～2 滴为宜，并且保证温度计水银球部位有液滴存在，使气、液达到平衡。当温度计读数恒定时，此时温度计读数就是馏出液的沸点。

蒸馏时若热源温度太高，使蒸气成为过热蒸气，造成温度计所显示的沸点偏高；若热源温度太低，馏出物蒸气不能充分浸润温度计水银球或短时间中断，造成温度计读得的沸点偏低或不规则变动。

当温度计读数突然下降或超出沸程范围或蒸馏瓶内液体少于 1mL 时，停止加热。接收馏分并记录所收集馏分的温度范围。

（4）收集馏出液

蒸馏前要先准备好 2～3 个洁净、干燥、已称量的锥形瓶备用。蒸馏时在沸点之前流出的液体为前馏分或馏头。先用一个空余的接收瓶收集（前馏分为不合格产品，一般应该弃去）。记录第一滴馏出液的温度和时间，当温度到达沸点时应及时更换接收瓶，记录所收集馏分的温度范围（产品的沸点范围 77～79℃），接收的馏分越接近沸点范围，沸程范围越小，组分纯度越高。当馏分温度突然升高或降低超过所需沸点范围时及时再更换接收瓶，收集后馏分（后馏分也是不合格产品）并停止加热。如果馏分没有超过沸点范围，蒸馏瓶内残留液体少于 1mL 时，也要立即停止加热，切莫蒸干。记下最后一滴液体的温度和时间，计量收集到的乙醇体积，计算回收率。

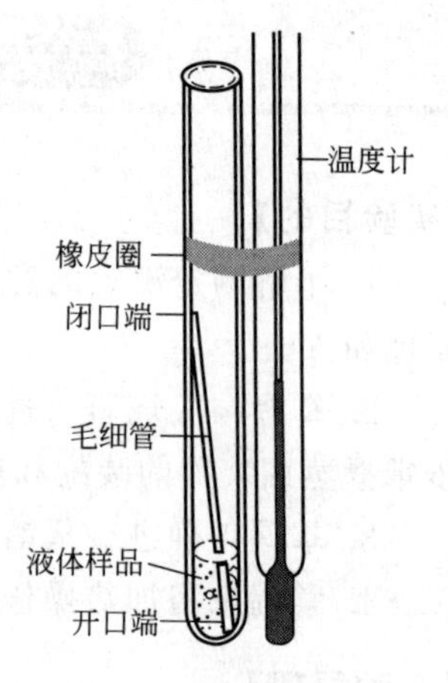

图 3-5 微量法测定沸点装置

（5）拆除蒸馏装置

蒸馏完毕，先应撤出热源，待馏出物不再继续流出后停止通水，取下接收瓶称量或测定体积并记录。待装置冷却后拆除蒸馏装置（与安装顺序相反）。

本实验约 3h。

2. 微量法测定沸点

参照图 3-5，取一根内径 3～4mm、长 7～8cm 的毛细管，用小火封闭其一端，作为沸点管的外管，放入欲测定沸点的样品 4～5 滴（本实验用纯苯），在此管中放入一根长 6～7cm、内径约 1mm 的上端封闭的毛细管，即其开口处浸入样品中，把这微量沸点管贴于温度计水银球旁，把沸点测定管附在温度计旁，加热，由于气体膨胀，内管中有断断续续的小气泡冒出来，到达样品的沸点时，将出现一连串的小气泡，此时应停止加热，使液浴的温度下降，气泡逸出的速度即渐渐地减慢，仔细观察，最后一个气泡出现而刚欲缩回到内管的瞬间即表示毛细管内液体的蒸气压与大气压平衡时的温度，亦就是此液体的沸点。

本实验约需要 4h。

【数据记录和结果处理】

1. 数据记录（常量法）

加入工业乙醇体积/mL	
馏头体积/mL	
收集馏分沸程/℃	
收集馏分体积/mL	
当天大气压力/Pa	
当天大气压力/mmHg	

2. 乙醇的沸程和体积

3. 计算收率　　$$收率=\frac{收集馏分体积}{工业乙醇体积}\times 100\%$$

【注意事项】

1. 冷却水流速以能保证蒸气充分冷凝为宜，通常只需保持缓缓水流即可。

2. 蒸馏有机溶剂均应用小口接收器，如锥形瓶。

3. 影响沸点测定的准确性的主要因素有温度计的准确性、大气压的影响和过热现象。

关于温度计的标化及测得沸点的校正：

标准大气压为 760mmHg，但由于地区不同，地势高低不同。大气压也会因之略有不同。即使在同一地点，大气压也随着气候的变化而在一定的范围内变化。事实上大气压恰好符合 760mmHg 的情况是很少的，大气压稍有偏高或偏低时测得的沸点可按下列公式转换成标准状态时的沸点。

$$T_0=t-(0.030+0.00011t)\Delta p$$

式中，T_0为标准状态时的沸点；t 是测得的沸点；Δp 为测定时大气压与标准大气压之差（以汞柱高度计）。

例如在大气压为 730mmHg 时，测得的水的沸点为 98.88℃，则应用上列公式转化成标准状态时的沸点为 100.11℃。基本上是与实际情况符合的。至于测定沸点时的过热现象在用半微量测定法时一般是不存在的。当用蒸馏法时，最后 1/4～1/3 部分馏出时，可能出现一些过热现象。因此沸点的测定，可取自蒸馏开始后温度不再变动一段时间内的读数。

4. 进行蒸馏操作时，有时发现馏出物的沸点往往低于（或高于）该化合物的沸点，有时馏出物的温度一直在上升，这可能是因为混合液体组成比较复杂，沸点又比较接近的缘故，简单蒸馏难以将它们分开，可考虑用分馏。

5. 为了清除在蒸馏过程中的过热现象和保证沸腾的平稳状态，常加沸石或一端封口的毛细管，因为它们都能防止加热时的暴沸现象，把它们称作止暴剂，又叫助沸剂，值得注意的是，不能在液体沸腾时加入止暴剂，不能用已使用过的止暴剂。

6. 蒸馏及分馏效果好坏与操作条件有直接关系，其中最主要的是控制馏出液流出速度，以每秒1～2滴为宜（1mL/min），不能太快，否则达不到分离要求。

7. 当蒸馏沸点高于140℃的物质时，应该使用空气冷凝管。

8. 如果维持原来加热程度，不再有馏出液蒸出，温度突然下降时，就应停止蒸馏，即使杂质量很少也不能蒸干，特别是蒸馏低沸点液体时更要注意不能蒸干，否则易发生意外事故。蒸馏完毕，先停止加热，后停止通冷却水，拆卸仪器，其程序和安装时相反。

9. 蒸馏低沸点易燃吸潮的液体时，在接液管的支管处，连一干燥管，再从后者出口处接胶管通入水槽或室外，并将接收瓶在冰浴中冷却。

【思考题】

1. 什么叫沸点？液体的沸点和大气压有什么关系？文献里记载的某物质的沸点是否即为你们当地的沸点温度？

2. 蒸馏时加入沸石的作用是什么？如果蒸馏前忘记加沸石，能否立即将沸石加至将近沸腾的液体中？当重新蒸馏时，用过的沸石能否继续使用？

3. 为什么蒸馏时最好控制馏出液的速度为每秒1～2滴？

4. 如果液体具有恒定的沸点，那么能否认为它是单纯物质？

5. 蒸馏过程中体系温度会出现下降的现象，为什么？

6. 用微量法测定沸点，把最后一个气泡刚欲缩回至内管的瞬间温度作为该化合物的沸点，为什么？

实验4　折射率的测定

【实验目的】

1. 学习阿贝折射仪的构造和折射率测定的基本原理。

2. 熟练掌握阿贝折射仪测定折射率的方法。

3. 初步学会用图解法处理实验数据，绘制折射率-组成曲线。

【实验原理】

折射率是物质的重要光学常数之一，能借以了解物质的光学性能、纯度及浓度大小等。本实验采用阿贝折射仪测定液体折射率。

两种完全互溶的液体形成混合溶液时，其组成和折射率之间为近似线性关系。测定若干个已知组成的混合液的折射率即可绘制该混合溶液的折射率-组成浓度曲线。再测定未知组成的该混合物试样的折射率，便可以从折射率-组成曲线中查出其组成。

【实验步骤】

1. 配制不同组成的溶液

配制乙醇含量（体积分数）分别为0、20%、40%、60%、80%、100%的乙醇-丙酮溶液各20mL，混匀后分装在6只滴瓶中，贴上标签，按1～6顺序编号。

2. 安装仪器

开启超级恒温槽，调节水浴温度为（20±0.1）℃，然后用乳胶管将超级恒温槽与阿贝折射仪的进出水口连接。

3. 清洗与校正仪器

如图 3-6，打开辅助棱镜，滴 2～3 滴丙酮，合上棱镜，片刻后打开棱镜，用擦镜纸轻轻将丙酮吸干，再改用蒸馏水重复上述操作 2 次。然后滴 2～3 滴蒸馏水于镜面上，合上棱镜，转动左侧刻度盘，使读数镜内标尺读数置于蒸馏水在此温度下的折射率（$n_D^{20}=1.3330$）。调节反射镜，使测量望远镜中的视场最亮，调节测量镜，使视场最清晰。转动消色散手柄，消除色散。再调节校正螺丝，使明暗交界线和视场中的×线中心对齐，如图 3-7。

4. 测定溶液的折射率

打开棱镜，用 1 号溶液清洗镜面两次。干燥后滴加 2～3 滴该溶液，闭合棱镜。转动刻度盘，直至在测量望远镜中观测到的视场出现半明半暗视野。转动消色散手柄，使视场内呈现一个清晰的明暗分线，消除色散。再次小心转动刻度盘使明暗分界线正好处在×线交点上。

从读数镜中读出折射率值。重复测定 2 次，读数差值不能超过±0.0002。

重复以上操作，同样方法依次测定 2～6 号溶液和未知组成的混合液的折射率。

5. 结束工作

测定结束后，用丙酮将镜面清洗干净，并用擦镜纸吸干。拆下连接恒温槽的胶管和温度计，排尽金属套中的水，将阿贝折射仪擦拭干净，装入盒中。

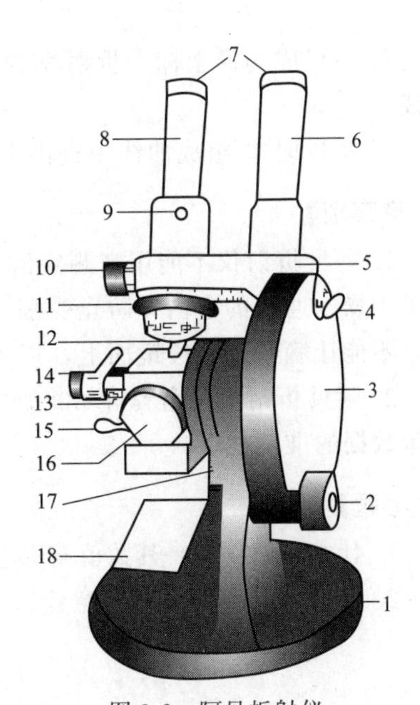

图 3-6　阿贝折射仪

1—底座；2—棱镜转动手轮；3—圆盘（内有刻度板）；4—小反光镜；5—支架；6—读数镜筒；7—目镜；8—望远镜筒；9—刻度调节螺丝；10—阿米西棱镜手轮（消色散调节螺丝）；11—色散值刻度圈；12—棱镜锁紧扳手；13—棱镜组；14—温度计座；15—恒温器接头；16—保护罩；17—主轴；18—反光镜

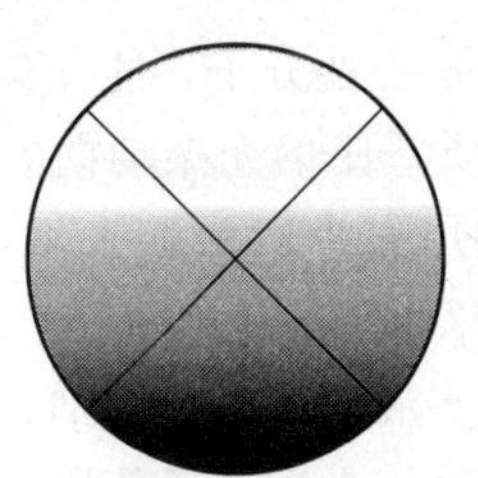

未调节右边旋钮前在右边目镜看到的图像此时颜色是散的

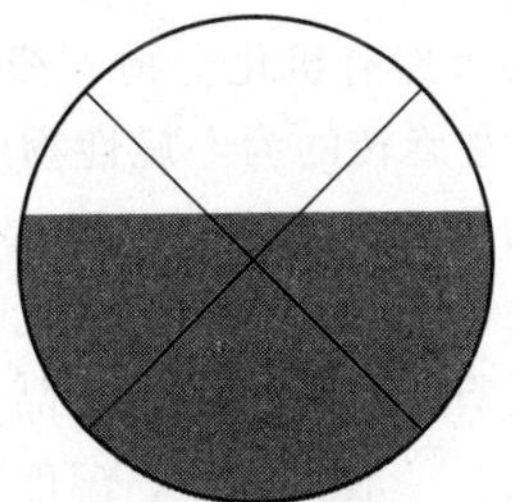

调节右边旋钮直到出现有明显的分界线为止

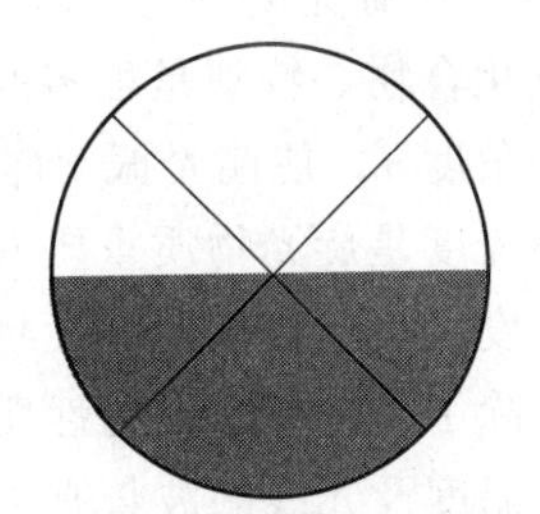

调节左边旋钮使分界线经过交叉点为止并在左边目镜中读数

图 3-7　阿贝折射仪调节示意图

【数据记录和结果处理】

1. 将实验测定的折射率数据填入下表：

测定温度______℃

组成 折射率	0	20%	40%	60%	80%	100%	未知样
第一次							
第二次							
平均值							

2. 以组成为横坐标，折射率为纵坐标，在坐标纸上绘制乙醇-丙酮溶液的折射率-组成曲线。

3. 从折射率-组成曲线中查出未知样的组成并填入上表中。

【注意事项】

1. 阿贝折射仪不能用来测定酸性、碱性和具有腐蚀性的液体。并应防止阳光曝晒，放置于干燥、通风的室内，防止受潮。应保持仪器的清洁，尤其是棱镜部位，在利用滴管加液时，不能让滴管碰到棱镜面上，以免划伤。

2. 阿贝折射仪量程是 1.3000～1.7000，精密度为±0.0001。读数时要仔细认真，保证测量数据的准确性。

【思考题】

1. 什么是折射率？其数值与哪些因素有关？

2. 使用阿贝折射仪应注意什么？

实验 5 比旋光度的测定

【实验目的】

1. 了解旋光仪的构造原理，熟悉其使用方法。

2. 掌握旋光度、比旋光度的概念及比旋光度的计算。

【实验原理】

1. 旋光度与比旋光度

有些有机化合物，特别是很多的天然有机化合物，都是手性分子，能使偏振光的振动平面旋转一定的角度 α，使偏光振动向左旋转的为左旋性物质，使偏光振动向右旋转的为右旋性物质。比旋光度是旋光物质重要的物理常数之一，经常用它来表示旋光化合物的旋光性。通过测定旋光度，可以检验旋光性物质的纯度并测定它的含量。

旋光度 α 除了与样品本身的性质有关以外，还与样品溶液的浓度、溶剂、光线穿过的旋光管的长度、温度及光线的波长有关。一般情况下，温度对旋光度测量值影响不大，通常不必使样品置于恒温器中。因此常用比旋光度 $[\alpha]_\lambda^t$ 来表示各物质的旋光性。在一定的波长和温度下比旋光度 $[\alpha]_\lambda^t$ 可以用下列关系式表示：

$$\text{纯液体的比旋光度}=[\alpha]_\lambda^t=\frac{\alpha}{dL}$$

$$\text{溶液的比旋光度}=[\alpha]_\lambda^t=\frac{100\alpha}{cL}$$

式中　$[\alpha]_\lambda^t$——旋光性物质在 t℃、光源的波长为 λ 时的比旋光度，光源的波长一般用钠光的 D 线，在 20℃或 25℃测定，如 $[\alpha]_D^{20}$（水）表示某旋光化合物以水为溶剂在 20℃时在钠光的 D 线下所测的比旋光度；

α——标尺盘转动的角度读数（即旋光度），用旋光仪测定；

λ——光源的光波长；

d——纯液体的密度，g/mL；

L——旋光管的长度，dm；

c——溶液的浓度，g/mL；

t——测量时的温度,℃。

2. 旋光仪的工作原理

测定旋光度的仪器叫旋光仪，由单色光源（钠灯）、起偏镜（固定不动的尼可尔棱镜）、盛液管、检偏镜（可通过刻度盘转动的尼可尔棱镜）、刻度盘、目镜组成，如图 3-8 所示。

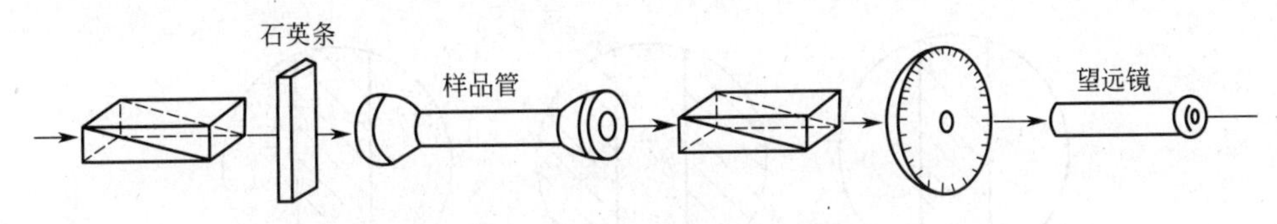

图 3-8　旋光仪的构造示意图

光线从光源经过起偏镜，得到振动平面与起偏镜晶轴平行的平面偏振光，再经过盛有旋光性物质的旋光管时，旋光性物质使偏振光的振动平面发生偏转而不能通过检偏镜，这样在目镜中看不到偏振光透过，视野是全黑的。只有旋转检偏镜到一定角度才能看到光透过，检偏镜转动角度由刻度盘显示，此读数即为该物质在此浓度时的旋光度 α。

为能准确判断旋光度，在视野中分出三分视场。其形成原因是在起偏镜后加入一宽度为视场 1/3 的石英晶片。石英有旋光性，使透过的偏振光旋转一固定的角度 ϕ，这样就产生了一个三分视场。当检偏镜的晶轴与起偏镜的晶轴平行时，从目镜可观察到图 3-9(a) 所示的现象（两侧明亮，中间较暗）；若检偏镜的晶轴与透过石英晶片的光的振动平面平行时，可观察到图 3-9(b) 所示的现象（两侧较暗，中间明亮）；只有当检偏镜的偏振面处于 $\phi/2$ 时，视场内明暗相等，如图 3-9(c) 所示，此时刻度盘的读数即为该溶液的旋光度。视场内明暗相等的位置很敏锐，容易观察。

【仪器及试剂】

仪器：旋光仪、恒温箱、容量瓶（50mL 3 个）、烧杯（50mL 3 个）、25mL 量筒、玻璃棒等。

试剂：蔗糖（A. R.）、果糖（A. R.）、葡萄糖（A. R.）、蒸馏水。

【实验步骤】

1. 样品配制

在分析天平上精确称取样品各 2.5g 分别用 50mL 容量瓶配制成 5%的溶液，恒温 15min，溶剂常选水、乙醇、氯仿等。溶液配好后必须透明无固体颗粒，否则须经干滤纸过滤。

2. 准备仪器

接上电源，打开旋光仪电源开关，预热 5 min，使钠灯正常发光[1]。调节恒温槽的温度为 25℃。

3. 旋光仪零点的校正

在测定样品之前，先校正旋光仪的零点。将盛液管洗干净，装上蒸馏水，使液面凸出管口，将玻璃盖板沿管口平推盖好，盛液管内不能有气泡[2]，旋上螺帽[3]将样品管擦干，放入旋光仪内，罩上盖子。在零点附近转动刻度盘，先调出两侧明中间暗，再调出中间明两侧暗，最后使视场亮度均匀。此时刻度盘读数即为该仪器的零点，在测定样品时，从读数中减去此零点值。

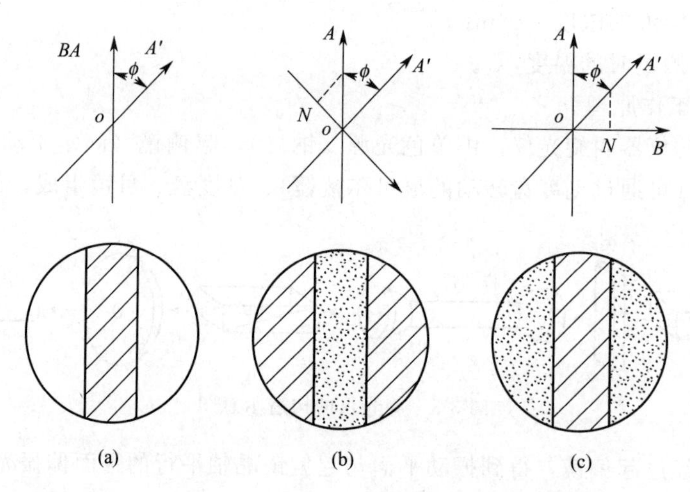

图 3-9　旋光仪三分视场示意图

4. 旋光度的测定

测定之前样品管必须用待测液洗 2～3 次，以免有其他物质影响。依上法将样品装入盛液管测定旋光度，注意糖类化合物有变旋现象，配制的样品要放置一段时间，待其旋光度稳定后再测定。每个样品测 3～5 次，所得的读数与零点之间的差值即为该物质的旋光度。记下盛液管的长度及溶液的温度，然后按公式计算其比旋光度。

5. 实验结束

测定完成后，倒出溶液，将旋光管内外用蒸馏水洗净、擦干，关闭旋光仪电源。

【数据记录和结果处理】

测定温度________℃　　溶液浓度________g/mL　　盛液管长度________dm

项目	试样 1					试样 2					试样 3				
旋光度 α															
比旋光度$[\alpha]_\lambda^t$															

【注释】

[1] 旋光度和温度有关系。对大多数物质，用 $\lambda=5.893\times10^{-7}$m（钠灯）测定，当温度升高 1℃时，旋光度约减少 0.3%。另外注意钠灯一般连续使用不要超过 4h，如时间过长，应关闭电源 20min 使之冷却，以免影响其使用寿命。

[2] 装样时尽可能不要产生气泡，如有气泡，可将盛液管带凸颈一端向上倾斜，将气泡赶到凸颈部分，以免影响测定。

[3] 螺帽不能旋得太紧，否则玻璃盖板产生扭力，在管内产生空隙而影响测定结果。

【思考题】

1. 蔗糖、葡萄糖、果糖的旋光性有何不同？

2. 设光源为钠光 D 线，旋光管长度为 20cm，试计算各样品的比旋光度。

3. 使用旋光仪应注意哪些问题？

4. 具备什么结构特征的物质可能具有旋光性？

5. 哪些因素影响物质的旋光度的大小？

实验 6 草酸的萃取

【实验目的】

1. 掌握萃取与洗涤的方法和原理。

2. 掌握干燥剂的使用方法。

3. 掌握分液漏斗的操作方法。

【实验原理】

萃取是利用物质在两种不互溶（或微溶）溶剂中溶解度或分配比的不同来达到分离、提取或纯化目的的一种操作。萃取是有机化学实验中用来提取或纯化有机化合物的常用方法之一。应用萃取可以从固体或液体混合物中提取出所需物质，也可以用来洗去混合物中少量杂质。通常称前者为“抽取”或萃取，后者为“洗涤”。原理详见 2.3.1 节。

为了去除萃取剂中少量的水分，通常会在萃取完成后加入少许干燥剂干燥溶液。原理详见 2.4.1 节。

【实验步骤】

1. 仪器的选择

液体萃取最通常的仪器是分液漏斗，一般选择容积较被萃取液大 1～2 倍的分液漏斗，分液漏斗的实验方法详见 2.3.2 及图 2-5。

2. 萃取溶剂

萃取溶剂的选择，应根据被萃取化合物的溶解度而定，同时要易于和溶质分开，所以最好用低沸点溶剂。一般难溶于水的物质用石油醚等萃取；较易溶者，用苯或乙醚萃取；易溶于水的物质用乙酸乙酯等萃取。

每次使用萃取溶剂的体积一般是被萃取液体的 1/5～1/3，两者的总体积不应超过分液漏斗总体积的 2/3。

3. 操作方法

称取草酸固体 1g，在烧杯中加入 20mL 蒸馏水溶解后转移至分液漏斗中，加入 10mL 乙酸乙酯，塞好塞子，旋紧。先用右手食指末节将漏斗上端玻璃塞顶住，再用大拇指及食指和中指握住漏斗，用左手的食指和中指蜷握在活塞的柄上，上下轻轻振摇分液漏斗，使两相之间充分接触，以提高萃取效率。每振摇几次后，就要将漏斗尾部向上倾斜（朝无人处）打开活塞放气，以解除漏斗中的压力（排气）。如此重复至放气时只有很小压力后，再剧烈振摇2～3min，静置，待两相完全分开后，打开上面的玻璃塞，再将活塞缓缓旋开，下层液体自活塞放出，有时在两相间可能出现一些絮状物也应同时放去。然后将上层液体从分液漏斗上口倒入具塞锥形瓶中。注意，上层液体不能也从活塞放出，以免被残留在漏斗颈上的另一种液体所沾污。将下层液体重新加入分液漏斗中，再加入 5mL 乙酸乙酯溶液，重复上述操作。共三次。收集萃取过的乙酸乙酯约 20mL。分液漏斗洗涤，磨口处夹少量纸片备用。

向装乙酸乙酯的锥形瓶中加入少量的无水硫酸镁，振摇，静置，观察是否达到干燥目的。如出现干燥剂附着器壁或互相黏结，则说明干燥剂用量不足，应再添加干燥剂；如投入干燥剂后出现水相，必须用吸管把水吸出，然后再添加新的干燥剂。重复操作，直到溶液基本干燥。注意干燥前，液体呈浑浊状，经干燥静置后变成澄清，里面干燥剂没有明显粘连成大块，这可简单地作为水分基本除去的标志。一般干燥剂的用量为每10mL的液体需0.5～1g。由于含水量、干燥剂质量、干燥剂颗粒大小、干燥时的温度等诸多因素的影响，较难规定具体数量，以上用量仅供参考。

干燥后的乙酸乙酯可以用倾滤的方式转移到另外一个干燥的锥形瓶中，量取体积，等待蒸馏提纯草酸。

注意实验中避免出现乳化现象。

本实验约需要3h。

【注意事项】

1. 开始摇动时注意观察排气时气压大小。

2. 摇动不能过于剧烈，防止出现乳化现象。

3. 如果出现乳化现象可以通过以下方式解决：①较长时间静置；②若是因碱性而产生乳化，可加入少量酸破坏或采用过滤方法除去；③若是由于两种溶剂（水与有机溶剂）能部分互溶而发生乳化，可加入少量电解质（如氯化钠等），利用盐析作用加以破坏。另外，加入食盐，可增加水相的密度，有利于两相密度相差很小时的分离；④加热以破坏乳状液，或滴加几滴乙醇、磺化蓖麻油等以降低表面张力。注意：使用低沸点易燃溶剂进行萃取操作时，应熄灭附近的明火。

【思考题】

萃取过程中发生乳化现象应当怎样处理？

实验7 乙酰乙酸乙酯的减压蒸馏

【实验目的】

1. 学习减压蒸馏的原理及其应用，并以此对乙酰乙酸乙酯进行纯化。

2. 认识减压蒸馏的主要仪器设备。

3. 掌握减压蒸馏仪器的安装和减压蒸馏的操作方法。

【实验原理】

减压蒸馏原理参加2.7.1节。

纯乙酰乙酸乙酯为淡黄色液体，沸点180.8℃，为防止其在常压蒸馏时分解产生去水乙酸，可以采用减压蒸馏。

【实验步骤】

1. 减压蒸馏的装置（参见2.7.2节）

2. 减压蒸馏操作

(1) 按图2-23把仪器安装完毕后，先检查系统能否达到所要求的压力，检查方法为：

首先关闭安全瓶上的活塞及旋紧双颈蒸馏烧瓶上毛细管的螺旋夹子，然后用泵抽气。观察能否达到要求的压力（如果仪器装置紧密不漏气，系统内的真空情况应能保持良好），然后慢慢旋开安全瓶上活塞，放入空气，直到内外压力相等为止。

（2）拆下蒸馏头，在 25mL 双颈蒸馏烧瓶中，加入 8mL 乙酰乙酸乙酯。关好安全瓶上的活塞，开动抽气泵，调节毛细管导入空气量，以能冒出一连串的小气泡为宜。

（3）当达到所要求的低压，而且压力稳定后，便开始加热，热浴的温度一般较液体的沸点高出 20～30℃，液体沸腾时，应调节热源，经常注意测压计上所示的压力，如果不符，则应进行调节，蒸馏速度以每秒 0.5～1 滴为宜。开始先用小的接收瓶收集前馏分，待达到所需的沸点时，移开热源，更换接收器，继续蒸馏（这是指用多头接收器，本实验不需要更换接收器）。

（4）蒸馏完毕，先除去热源，稍冷以后逐渐打开安全瓶上活塞，并松开毛细管上橡皮管的螺旋夹子，平衡内外压力，使测压计的水银柱缓慢地恢复原状，若放开得太快，水银柱很快上升，有冲破测压计的可能，然后关闭抽气泵。待内外压力平衡后，才可关闭抽气泵，以免抽气泵中的油反吸入干燥塔。最后拆除仪器。

本实验约需要 4h。

【注意事项】

1. 在减压蒸馏过程中，务必戴上护目眼镜。

2. 所有蒸馏容器必须使用耐压产品，不得用不耐压的平底仪器替代。

3. 磨口接口处必须干净，并涂有真空油脂。所用橡皮管必须耐压。

4. 实验中，一定先抽气，待达到真空度后再进行加热，否则原料容易溢出。

5. 粗制的乙酰乙酸乙酯中含有少量的乙酸乙酯、乙酸和水等低沸点的液体，减压蒸馏前应先进行常压蒸馏和水泵预减压蒸馏操作。

【思考题】

1. 在怎样的情况下才用减压蒸馏？

2. 减压蒸馏装置应注意什么问题？

3. 水泵的减压效率如何？

4. 使用油泵时要注意哪些事项？

5. 在减压蒸馏系统中为什么要有吸收装置？

6. 在进行减压蒸馏时，为什么必须用热浴加热，而不能用直接火加热？为什么进行减压蒸馏时必须先抽气才能加热？

实验 8　分馏

【实验目的】

1. 了解分馏的原理和意义、分馏柱的种类和选用方法。

2. 学习分馏的操作方法。

【实验原理】

详见 2.9.1 节。

【实验步骤】

1. 四氯化碳-甲苯混合物的分馏

(1) 把待分离的混合物 50mL 四氯化碳及 50mL 甲苯，几小块素烧瓷片放在 250mL 圆底烧瓶里，参见图 2-35(a) 所示把仪器装置完毕后，用石棉绳包裹分馏柱身，尽量减少散热。把第 1 号锥形瓶作为接收器，接收器与周围灯焰要有相当的距离，使用甲苯时要注意防止其蒸气被点燃。选择好热浴（本实验用油浴）方式，开始用小火加热，以使加热均匀，防止过热。当液体开始沸腾时，即见到一圈圈气液沿分馏柱慢慢上升，待其停止上升后，调节热源，提高温度，当蒸气上升到分馏柱顶部，开始有馏出液流出时，立即记下第一滴馏出液落到接收瓶中时的温度。此时更应控制好温度，使蒸馏的速度以 1mL/min 为宜。

首先以第 1 号接收瓶收集 76～81℃的馏分，依次更换接收瓶，分段收集以下温度范围的四段馏出液：

接收瓶的编号	1	2	3	4
收集温度范围/℃	76～81	81～88	88～98	98～108

当蒸气温度达到约 108℃时停止蒸馏，撤去油浴，让圆底烧瓶冷却（约几分钟），使分馏柱内的液体回流到烧瓶内，将圆底烧瓶内的残液倾入第 5 号接收瓶里。分别测量并记录各接收瓶馏出液的容积（量准至 0.1mL）。操作时要注意防火，应在离灯焰较远的地方进行。

(2) 为了得到较纯的组分，依照下面的方法进行第二次分馏。

先将第 1 号接收瓶的馏液倒入空的圆底烧瓶里，如上所述进行分馏，仍用第 1 号锥形瓶收集 76～81℃馏液，当温度升至 81℃时，停止分馏，冷却圆底烧瓶，将第 2 号接收瓶的馏液倒入圆底烧瓶中，继续加热分馏，把 81℃以前的馏出液收集在第 1 号锥形瓶中，而 81～88℃的馏出液收集于原第 2 号锥形瓶中，待温度上升到 88℃时即终止加热，冷却后，将第 3 号锥形瓶的馏出液加入圆底烧瓶残液中，继续分馏，分别以第 1 号、第 2 号和第 3 号锥形瓶收集 76～81℃、81～88℃和 88～98℃的馏出液，依此继续蒸馏第 4 号及第 5 号锥形瓶的馏出液，操作同上。分馏第 5 号锥形瓶的馏出液时，残留在烧瓶中的溶液则为第二次分馏的第 5 部分馏分。

记录第二次分馏得到的各段馏出液的体积，见表 3-2。

表 3-2　四氯化碳和甲苯混合物分馏的馏分

序号	温度/℃	各段馏出液的容积/mL	
		第一次分馏	第二次分馏
1	76～81		
2	81～88		
3	88～98		
4	98～108		
5	残液		

(3) 为了定性估计分馏的效率，可将两端的馏出液（第 1 和 5）作气味和其他的性质试验。

① 分别取 1～2 滴馏出液放入置有水的试管中，观察是上浮还是下沉？为什么？

② 分别取几滴馏出液于瓷蒸发皿中，点火观察能否燃烧？有没有火焰？

(4) 做完实验并记录了结果以后，把所有的馏出液均倾入指定的瓶中。

用观察到的温度作纵坐标，馏出液的容积作横坐标，作图得一分馏曲线。

2. 丙酮-水混合物分离

(1) 丙酮-水混合分馏

按简单分馏装置图装置仪器，并准备三个 15mL 的量筒作为接收器，分别注明 A、B、C。在 50mL 圆底烧瓶内放置 15mL 丙酮、15mL 水及 1～2 粒沸石。开始缓慢加热，并尽可能精确地控制加热（可通过调压变压器来实现），使馏出液以每 1～2 秒钟 1 滴的速度蒸出。

将初馏出液收集于量筒 A，注意并记录柱顶温度及接收器 A 的馏出液总体积。继续蒸馏，记录每增加 1mL 馏出液时的温度及总体积。温度达 62℃时换量筒 B 接收，98℃用量筒 C 接收，直至蒸馏烧瓶中残液为 1～2mL，停止加热（A：56～62℃，B：62～98℃，C：98～100℃）。记录三个馏分的体积，待分馏柱内液体流到烧瓶时测量并记录残留液体积，以柱顶温度为纵坐标，馏出液体积（mL）为横坐标，将实验结果绘成分馏曲线，讨论分离效率。

(2) 丙酮-水混合物的蒸馏

为了比较蒸馏和分馏的分离效果，可将丙酮和水各 15mL 的混合液放置于 60mL 蒸馏烧瓶中，重复步骤（1）的操作，按（1）中规定温度范围收集 A′、B′、C′各馏分。在（1）所用的同一张纸上作温度-体积曲线（见图 3-10）。这样蒸馏和分馏所得到的曲线显示在同一图表上，便于对它们所得结果进行比较。a 为普通蒸馏曲线，可看出无论是丙酮还是水，都不能以纯净状态分离，从曲线 b 可以看出分馏柱的作用，曲线转折点为丙酮和水的分离点，基本可将丙酮与水分离。

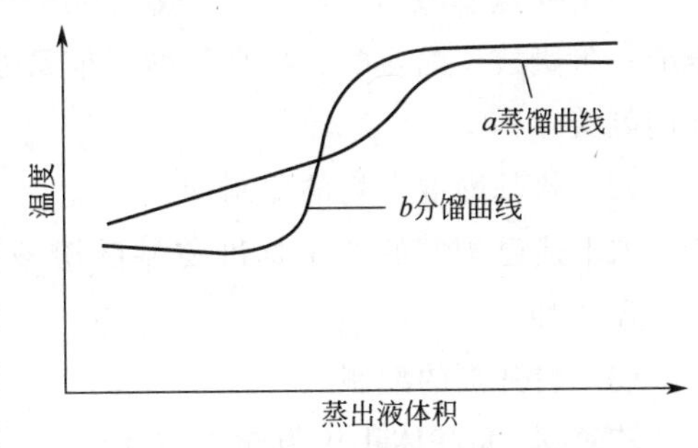

图 3-10　丙酮-水的蒸馏和分馏曲线

【注意事项】

将各段分馏液倒入圆底烧瓶中时必须先停止加热，让圆底烧瓶冷却几分钟。否则，容易引起甲苯的蒸气遇到火源燃烧而造成事故！

【思考题】

1. 分馏和蒸馏在原理及装置上有哪些异同？如果是两种沸点很接近的液体组成的混合物能否用分馏来提纯？

2. 把分馏柱顶上温度计的水银柱的位置低些行吗？为什么？

3. 在分馏时，为什么要分四个馏段来收集馏液呢？将各段的馏液倒入圆底烧瓶中，必须熄灭灯焰，否则会发生什么危险？

4. 将两端馏液作气味试验时，应该怎样进行？做燃烧试验时，不燃烧的部分是什么物质？

实验 9 氨基酸的纸色谱法

【实验目的】

初步学习和掌握纸色谱法分离鉴定氨基酸的原理和方法。

【实验原理】

纸色谱分离原理详细见 2.10.2 节。

本实验采用单向色谱法分离简单的氨基酸混合物。至于复杂的混合物，需要用两种溶剂进行二次色谱分离。

【实验步骤】

1. 试样、展开剂和显色剂的配制

（1）各种标准氨基酸的配制

将下列氨基酸配制成 0.5%或 0.03mol/L 水溶液。如：甘氨酸；半胱氨酸；苏氨酸；组氨酸；蛋氨酸；酪氨酸；异亮氨酸；辅氨酸；精氨酸；丙氨酸；谷氨酸；色氨酸；赖氨酸；天门氨酸。

（2）氨基酸混合物的配制

取上述已配好的 3 个标准氨基酸溶液各 10mL，混合均匀。所配制的混合试样，标以Ⅰ～Ⅳ 4 种。

（3）展开剂的配制

乙醇-水-醋酸体积比为 50∶10∶1。

（4）显色剂的配制

0.2g 茚三酮溶于 100mL 95%酒精中。

2. 标准氨基酸色列和混合物色列的制作

将新华一号滤纸裁成 8cm×15cm 长条。在短边约 1.5cm 处用硬铅笔轻轻画上一条线，在线上轻轻画 4 个点（等距并编号）。必须注意，整个过程只能用手接触纸条上端，否则会污染滤纸。

将样品溶于适当溶剂中，用毛细管吸取样品溶液，快速轻点在起点线的圆点处（每打一个试样，换一根毛细管，以免弄脏样品）。再用毛细管打上一个混合物的斑点。斑点的直径约为 1.5mm，不宜过大。将试样号码记于实验记录本上，并把滤纸放在空气中晾干。为增大样品浓度，可重复点样，见图 2-39。

取一大小合适的标本缸，洗净烘干，加入 20mL 乙醇-水-醋酸展开剂，30min 后标本缸内形成此溶液的饱和蒸气。

将滤纸小心放入上述标本缸中，不要碰及缸壁，样品斑点不要浸入展开剂中。当展开剂的前沿位置达到离滤纸上端约 1cm 处，小心取出滤纸，用铅笔作展开剂前沿位置的记号。记下展开剂吸附上升所需的时间、温度和高度。将此滤纸于 105℃烘干。

用喷雾方式将茚三酮溶液均匀地喷在滤纸上，并放回烘箱中于 105℃烘干。此时，由于氨基酸与茚三酮溶液作用而使斑点呈色。用铅笔画出斑点的轮廓并保存。

量出每个斑点中心到原点中心的距离，计算每个氨基酸的 R_f 值。并比较混合氨基酸与已知氨基酸的 R_f 值确定混合氨基酸的组成。

3. 蛋白质水解样品的分析

取鸡蛋清 1 滴（约 0.2mL），滴入 2mL 的安瓿瓶中，再加入 2mL 经过重蒸的盐酸溶液（5.7mol/L），封口后置于 110℃烤箱中进行封管酸水解。24h 后打破安瓿瓶，将酸水解液转移到小烧杯中，于沸水浴上蒸去盐酸，蒸干时可加少量蒸馏水，再次蒸发，重复 3～4 次。最后加 1mL 蒸馏水。

在滤纸上（28cm×22cm）点上不同体积：10μL、20μL、25μL、30μL 的蛋清酸水解液，同时再点上一个标准氨基酸混合液点（15μL/点）。用前述相同的方法处理。

找出各种氨基酸的斑点，并求出 R_f 值。

【注意事项】

氨基酸经纸色谱分离后，常用茚三酮显色剂显色。必须注意指印含有一定量的氨基酸，在本实验方法中足以检出（本法可以检出以微克计的痕量）。因此，不能用手直接触摸色谱用的滤纸，要用镊子夹滤纸边。

实验 10　薄层色谱法应用

【实验目的】

1. 掌握薄层色谱法分离有机化合物的基本原理和意义。
2. 掌握薄层色谱法的操作方法。

【实验原理】

参照 2.10.3 节。

【试剂与规格】

石油醚（b. p. 60～90℃）（C. P. ）；乙酸乙酯（C. P. ）；邻硝基苯胺（C. P. ）；对硝基苯胺；环己烷（C. P. ）。

试剂物理常数：

名称	分子量	性状	相对密度	熔点/℃	沸点/℃	溶解度/(g/100mL)		
						水	醇	醚
邻硝基苯胺	138.13	黄色斜方晶	1.442	71.5	284.1	0.117	易溶	易溶
对硝基苯胺	138.13	黄色斜方晶	1.424	148.5～149.5	331.7	0.08	5.8	6.1

【实验装置】

薄层色谱装置见图 3-11。

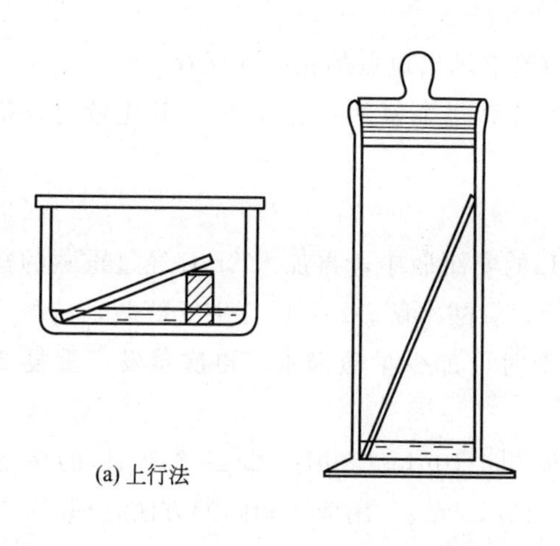
(a) 上行法

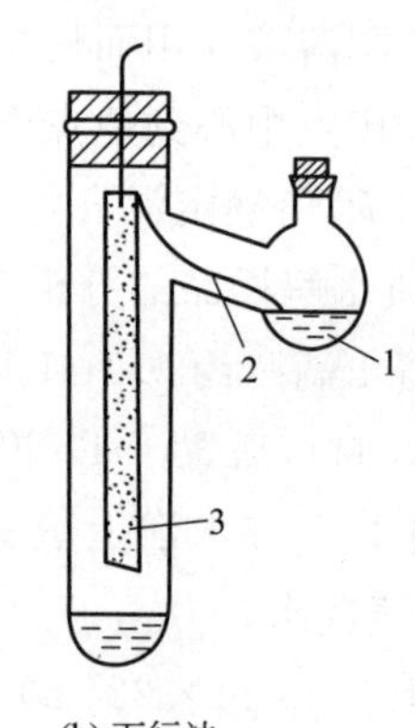

(b) 下行法

1—展开剂；2—滤纸条；3—薄层色谱板

图 3-11　薄层色谱装置

【实验步骤】

1. 对硝基苯胺、邻硝基苯胺薄层分离鉴定

（1）对硝基苯胺、邻硝基苯胺、对硝基苯胺和邻硝基苯胺混合物分别用乙醇溶解待用。选取玻璃硅胶板，配制展开剂石油醚（60～90℃）：乙酸乙酯＝4：1（体积比）或环己烷：乙酸乙酯＝4：1（体积比）。

（2）先用铅笔在距薄层板一端 1cm 处轻轻画一横线作为起始线。然后用毛细管吸取样品，在起始线上小心点样，斑点直径一般不超过 2mm。若因样品溶液太稀，可重复点样，但应待前次点样的溶剂挥发后方可重新点样，以防样点过大，造成拖尾、扩散等现象，而影响分离效果。若在同一板上点几个样，样点间距离应为 1cm。点样要轻，不可刺破薄层。点好样的薄层板放在加入展开剂的广口瓶中，注意展开剂不得浸过样品，如图 3-11(a)。盖好瓶盖。等待当展开剂上升到薄层的前沿（离顶端 5～10mm 处）或各组分已明显分开时（约 3～20min），取出薄层板用铅笔或小针画出前沿的位置后放平晾干，即可显色。先把每个斑点的轮廓和中心画出，然后用尺子分别量出每个斑点中心到点样原点之间的距离以及展开剂前沿到点样原点的距离，两者的比值即为对应斑点的 R_f 值。计算每个斑点的 R_f 值，方法参照 2.10.3 节。根据 R_f 值的不同对各组分进行鉴定。注意斑点可以参照薄板上的白底浅黄色斑点，若用碘蒸气熏后斑点呈黄棕色。

2. APC 药品的薄层色谱分析

取药店购置的阿司匹林两片，研钵研细。转至盛有 10mL 乙醇的锥形瓶中，充分搅拌 20min，过滤除去不溶解物质，滤液用无水硫酸镁干燥，得到样品溶液。

吸附剂：硅胶 GF_{254}；

展开剂（体积比）：$V_{苯}：V_{乙醇}：V_{冰醋酸}：V_{甲醇}＝120：60：18：1$；

展开后，挥发干溶剂后，在紫外灯下观察，可以看到三个斑点，用铅笔描出它们的相互位置，计算 R_f 值。

【注意事项】

1. 薄板的选择

最常用的薄板是玻璃板，其大小规格可根据样品量、组分的数目多少和展开的方式来确定。一般情况是，待分离组分总量在 0.5～1g，采用 400mm×350mm 的薄板 1～3 块即可。预试或定性鉴定，用单项展开时，多用 200mm×50mm、200mm×25mm 或75mm×25mm

的载玻片。如果用于双向展开或小量制备时，一般采用 200mm×200mm 或 400mm×200mm 的大板。玻璃板要求平整、光滑、干净。

2. 吸附剂的选择

薄层色谱的吸附剂最常用的是氧化铝和硅胶。

3. 铺层及活化、点样、展开、显色方法。

如果需要自己配制浆料铺板参照 2.10.3 节。

4. R_f的测量及定性、定量测定

在测量 R_f 值之前，先把每个斑点的轮廓和中心画出，然后用尺子分别量取计算。

定性鉴定的一般方法是直接在薄层上比较样品斑点和标准物质的 R_f值，或者将斑点直接洗脱或挖出斑点吸附剂后洗脱，再用仪器进行鉴定。

定量的方法是用面积积分仪直接测定面积或用薄层扫描仪进行光密度自动扫描测定。直接误差范围一般为 5%左右，也可用间接法测定，即把样品斑点洗脱下来，再用仪器测定，此法误差范围一般在 3%～5%之间。

【思考题】

1. 单纯依据一个化合物的 R_f 值可否进行定性鉴定？为什么？

2. 薄层色谱法的一般步骤是什么？

实验 11　柱色谱分离碱性品红和酸性品红

【实验目的】

1. 学习柱色谱的分离原理和方法。
2. 掌握柱色谱的操作技术和方法。
3. 学习利用柱色谱分离混合物的方法。

【实验原理】

酸性品红与碱性品红均为染色剂，溶液呈现红色。但其结构不同，物理化学性质也不相同。酸性品红微溶于乙醇；稀水溶液呈紫红色。碱性品红溶于乙醇和戊醇，微溶于水，溶液呈红色。利用两者的极性差异，在柱色谱上利用不同的洗脱剂，可以将二者分离。柱色谱原理详见 2.10.1 节。

【试剂与规格】

中性氧化铝（100～200 目）；无水乙醇（C. P.）；石油醚（b. p. 60～90℃，A. R.）；1%～2%碱性品红乙醇溶液；1%～2%酸性品红水溶液。

【实验步骤】

1. 装柱

装置见图 2-37。取 20cm×1cm 色谱柱一根，垂直装置，以 50mL 锥形瓶作洗脱液的接收器。用镊子取少许脱脂棉（或玻璃棉）放于干净的色谱柱底部，轻轻塞紧，再在脱脂棉（或玻璃棉）上盖一层厚 0.5cm 的海石砂（或用一张比柱内径略小的滤纸代替），关闭活塞。

称取 10g 100～200 目中性氧化铝，放入烧杯中，加入适量的石油醚调成糊状，用湿法装柱。先在柱子内加入约 3/4 柱高的石油醚，再将调制好的吸附剂边敲打边倒入柱子中，同时打开旋塞，当装入的吸附剂有一定高度时，洗脱剂流速变慢。在此过程中应不断敲打色谱柱，使吸附剂填充均匀，里面没有气泡。柱子装完后再覆盖一层 2～3mm 的石英砂。

2. 上样

各取 0.5mL 配好的碱性品红和酸性品红溶液，当柱子内洗脱剂排至上层石英砂底部时，关闭活塞，停止排液，用滴管将混合液加到石英砂上，样品尽量一次加完。打开活塞，使得样品进入石英砂层后再加入少量的无水乙醇，将壁上的样品洗下来。待这部分液体进入石英砂层后，再加入大量的无水乙醇进行淋洗。

3. 洗脱

从色谱柱的上端分批加入无水乙醇，约 30mL。也可以将 30mL 无水乙醇加入滴液漏斗中，固定在色谱柱上口处。控制洗脱剂的流出速度每秒 1 滴，如果速度慢可以采用下端抽滤的办法提高速度。很快可以看到一个红色带随着无水乙醇向下移动，另外一个红色物质仍然留在柱子顶端。当下移的红色带流出后，换另外一个接收瓶，改用水作为洗脱剂，此时柱子顶端的红色物质随洗脱剂开始下移。当红色带快要流出时，换另外一个接收瓶，直到色带全部洗脱出来为止。这样可以分别得到碱性品红和酸性品红两种染料的纯溶液。

4. 鉴定

将得到的两种溶液用旋转蒸发仪浓缩至 1～2mL，用薄层色谱法鉴定哪个是碱性品红，哪个是酸性品红。

本实验需要约 6h。

【注意事项】

1. 加入石英砂的目的是使得加料时不至于把吸附剂冲起，影响分离效果。若无石英砂也可以用玻璃毛或滤纸代替。

2. 洗脱剂应该连续平稳加入，不能中断。为了保持柱子的均一性，应使得整个吸附剂浸泡在洗脱剂中，否则当洗脱剂流干和缺少时，就会使柱子内吸附剂干裂，影响洗脱效果。

3. 在加入样品时，应注意滴管尽量向下靠近石英砂表面，免得样品飞溅色谱柱壁上或破坏石英砂表面。

【思考题】

1. 查出碱性品红和酸性品红的结构性质，根据它们的性质判断哪一个红色带是碱性，哪一个是酸性。

2. 样品在柱子内下移速度为什么不能太快？太快会有什么后果？

3. 在洗脱过程中应该如何改变洗脱剂的极性？

实验 12　柱色谱分离阿咖酚散中有效成分

【实验目的】

1. 学习柱色谱的原理及方法。

2. 利用柱色谱实际分离药物阿咖酚散中咖啡因及乙酰氨基酚。

【实验原理】

药品阿咖酚散用于普通感冒或流行性感冒引起的发烧，也用于缓解轻至中度疼痛如头痛、关节痛、偏头痛、牙痛、肌肉痛、神经痛、痛经。一包阿咖酚散药品约含对乙酰氨基酚 0.126g，阿司匹林 0.23g，咖啡因 0.03g 及少量二氧化硅。

乙酰氨基酚为白色结晶或结晶性粉末；无臭，味微苦。在热水或乙醇中易溶，在丙酮中溶解，在水中略溶。分子式 $C_8H_9NO_2$，分子量 151.16，化学名为 *N*-（4-羟基苯基）乙酰胺。

咖啡因为无嗅，白色针状或粉状固体；在乙酸乙酯、氯仿、酒精和丙酮中一般可溶；水中、石油醚、醚及苯中微溶。分子式：$C_8H_{10}N_4O_2$，分子量：194.19，化学名为 1,3,7-三甲基黄嘌呤或 3,7-二氢-1,3,7 三甲基-1*H*-嘌呤-2,6-二酮。

阿司匹林为白色针状或板状结晶或粉末。无气味，微带酸味。在乙醇中易溶，在乙醚和氯仿中溶解，微溶于水。分子式：$C_9H_8O_4$，分子量：180.16，化学名为 2-（乙酰氧基）苯甲酸。

柱色谱分离原理详见 2.10.1 节。

【试剂与规格】

阿咖酚散药物；咖啡因（C. P.）；乙酰水杨酸（C. P.）；乙酰氨基酚（C. P.）；乙酸乙酯（A. R.）；甲醇（A. P.）；色谱用硅胶（80～100 目）；石油醚（b. p. 60～90℃ A. R.）；GF254 硅胶板。

【实验步骤】

1. 阿咖酚散的薄层色谱分析

分别称取 0.1g 阿咖酚散、咖啡因、乙酰水杨酸、乙酰氨基酚，在小安瓿瓶中用乙酸乙酯配制成饱和溶液，取乙酸乙酯、甲醇按 100∶1 配制 20mL，倒入 6cm 口径色谱缸备用。取一块 GF254 硅胶板，用铅笔画线标号，用毛细管点刚配制的阿咖酚散液、咖啡因、乙酰水杨酸、乙酰氨基酚吹干后放入色谱缸中。约 10min 后取出放入荧光 WFH-203B 三用紫外分析仪，用波长 254nm 紫外线灯照射，观察确定阿咖酚散各有效成分的位置顺序。依次确定随后柱色谱中各个成分的出现顺序。

2. 装柱和分离

装置见图 2-37。

取 20cm×1cm 色谱柱一根，垂直装置，以 50mL 锥形瓶作洗脱液的接收器。

用镊子取少许脱脂棉（或玻璃棉）放于干净的色谱柱底部，轻轻塞紧，再在脱脂棉（或玻璃棉）上盖一层厚 0.5cm 的海石砂（或用一张比柱内径略小的滤纸代替），关闭活塞，向柱内倒入石油醚（b. p. 60～90℃）至约为柱高的 3/4 处，打开活塞，控制流出速度为每秒 1 滴。通过一干燥的玻璃漏斗慢慢加入色谱用硅胶，或将色谱用硅胶用石油醚先调成糊状，再徐徐倒入柱中。用洗耳球或带橡皮塞的玻璃棒轻轻敲打柱身，使填装紧密，不断用石油醚淋洗柱子内侧，操作时一直保持上述流速，注意不能使液面低于硅胶层的上层。当溶剂面流至离硅胶面 1cm 时，关闭活塞，加入一袋药粉，用石油醚淋洗周围柱子内管，再在上面加一层 0.5cm 厚的海石砂，打开活塞，保持液滴露出。加装加液球，倒入 500mL 乙酸乙酯，盖上加压泵塞子加压。取干燥小试管若干及试管架，用试管接取色谱柱的引流液，接近满时换试管，并按照先后顺序放置编号。待小试管接满 7～8 支时，统一点样后再点咖啡因、乙酰水杨酸、乙酰氨基酚并放置在色谱缸中。等液层上升一定高度时取出在紫外分析仪下观察有荧光点位置，确定试管中有无咖啡因、乙酰水杨酸、乙酰氨基酚，以此确定先行分离的物质。重复上述操作，当最后试管中没有有效物质时停止加压，并确定每只试管中的有效成分，将含有相同物质的试管合并，用旋转蒸发仪浓缩后取出，待其自然挥发干燥，称量。可以得到分离后的咖啡因、乙酰水杨酸、乙酰氨基酚等物质。

实验 13 核磁共振氢谱的测定

【实验目的】

初步掌握核磁共振波谱法的基本原理及图谱解析。

【实验原理】

详见 2.12 节。

【实验步骤】

1. 样品的制备

测定有机化合物氢谱时通常将样品配制成 2%～10%溶液，被测定溶液体积为 0.2～0.5mL，极性较小的样品用 CCl_4、$CDCl_3$ 或氘代苯为溶剂，加入 0.2%的 TMS 为内标。极性物质用 D_2O、CD_3COCD_3、DMSO-D_6 为溶剂，2,2-二甲基-2-硅代戊烷-5-磺酸钠（DSS）为内标。

取 0.4mL 样品溶液装入 5mm 样品管内，加入 1～2 滴 TMS 内标，插入样品管贮槽内，待测。

2. 实验操作要求

根据本校的具体情况，在老师的指导下，参照核磁共振仪说明书，学习测定有机化合物氢谱的基本操作方法。

测定样品的核磁共振氢谱后，对各吸收峰的化学位移、裂分情况、偶合常数进行解析。

实验 14 有机化合物红外光谱测定

【实验目的】

1. 掌握有机化合物红外光谱的制样方法。
2. 了解如何从红外光谱图中识别基团及确定未知有机化合物的结构。

【实验原理】

详见 2.11 节。

【实验步骤】

1. KBr 压片法制备固体试样。取约 1mg 三苯甲醇（固体）于干净的玛瑙研钵中，在红外灯下研磨成细粉，加约 100mg 干燥的 KBr，再一起研磨，然后移入压片模中，使粉末分布均匀后，将模放在油压机上，边抽真空边加压，在 20000Pa 的压力下维持 5min。放气泄压后取出模子脱模，得一透明圆片，将圆片装在试样环上，测定光谱图。

2. 液膜法制备液体试样。在一块 NaCl 盐片上，滴加一滴苯乙酮（液体），盖上另一块盐片，使两块盐片之间形成一定厚度的液膜，放在池架上测定光谱图。

3. 测定未知试样的光谱图。

4. 在与红外光谱仪相连接的计算机上打开相应的软件，并设置好参数，打印图谱。

5. 实验完毕，用 CCl_4 清洗池子，干燥后放入干燥器内。

【结果处理】

1. 根据红外特征基团频率图，指出已知试样谱图上基团的频率和吸收峰，并与标准图谱对照。

2. 将未知化合物明显的峰列表，特别注意 $1350\sim4000cm^{-1}$ 范围内的吸收峰。根据未知化合物的元素分析结果和沸点、熔点等物理数据，指出未知物的可能结构，并与标准样的红外谱图对照，最后确定未知物的结构。

【注意事项】

1. 由于红外光谱仪对环境的湿度和温度的要求比较严格，不许有湿衣物或雨具进入实验室。

2. 仪器的光学部件和吸收池等不能受潮，操作时注意：不要用手直接接触盐片表面；不要对着盐片呼吸；避免与吸潮液体或溶剂接触。

【思考题】

1. 今欲测定一种仅溶于水的试样，可以采取哪些方法制备试样？

2. 测定红外光谱时，试样容器的材质常采用氯化钠和溴化钾。它们适用的波长范围各为多少？

第4章 天然有机物的提取及分离

实验15 水蒸气蒸馏法从烟叶中提取烟碱

【实验目的】

1. 了解生物碱的提取方法及其一般性质。

2. 学习水蒸气蒸馏的原理及其应用，掌握水蒸气蒸馏的装置及其操作方法。

【实验原理】

烟叶中的主要生物碱组分是烟碱，又名尼古丁，同时还含有烟碱的同系物或其衍生物等。文献报道至少含有降烟碱、新烟碱等七种生物碱。烟碱的含量相对最高，含量可达1%～3%。含氮的烟碱是无色液体，具有左旋性质，分子中含有一个手性碳原子，由一个吡啶环和 *N*-甲基吡咯烷组成，其结构如下。烟碱学名为 *N*-甲基-2-（3-吡啶基）四氢吡咯。

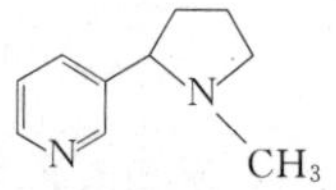

烟碱

由于烟碱分子中两个氮原子都有孤对电子，呈现不同的碱性，都可以接受质子生成对应的共轭酸，因其共轭酸是离子型酸，能溶于水而从有机体中分离出来。操作中将烟叶加入盐酸蒸煮后，烟草中的烟碱很容易与盐酸反应生成烟碱盐酸盐而溶于水。提取液加入 NaOH 后可使烟碱游离。游离烟碱即可以通过有机溶剂萃取出来。

游离烟碱在100℃左右具有一定的蒸气压（约1333Pa），所以可以用水蒸气蒸馏法分离提取。因为用量少，操作时宜用简易法（直接法）水蒸气蒸馏。烟碱属于生物碱，因此可以利用生物碱试剂进行鉴别。

因提取的烟碱产量少，也可以加入苦味酸到烟碱溶液中。可以立即产生淡黄色晶体。析出晶体是二苦味酸烟碱盐粗产品，产品再经过重结晶分离可以得到纯度较高产品，并用熔点法检验产品熔点。

水蒸气蒸馏法的原理、实验装置和注意事项请参考2.8节。

【试剂与规格】

粗烟叶或烟丝；10% HCl；50% NaOH；0.5%乙酸；碘化汞钾试剂；饱和苦味酸；

10%鞣酸；0.5%$KMnO_4$；10%Na_2CO_3；饱和苦味酸的甲醇溶液；乙醇（C.P.）。

【实验步骤】

1. 烟碱的提取及检验

（1）烟叶5g置入100mL圆底蒸馏烧瓶内，加入10%盐酸40mL，参照图1-3安装好回流装置。回流煮沸20min并不时晃动装置。

（2）将回流的混合物冷却至室温，在不断晃动时不断滴入50%NaOH溶液至明显碱性（pH值大约为12，用广泛pH试纸检验）。

（3）将中和好的混合物，按直接法进行水蒸气蒸馏［参照图2-21(a)］。蒸馏中取少许蒸馏液，滴加饱和苦味酸的甲醇溶液，不产生沉淀可视为烟碱蒸馏完毕。

（4）检验馏出液中的烟碱

1）碱性试验。用pH试纸检验烟碱馏出液pH值。

2）烟碱的氧化反应。取一支试管，加入20滴烟碱提取液，再加入1滴0.5%$KMnO_4$溶液和1滴10%Na_2CO_3溶液，摇动试管，微热，观察溶液颜色是否变化，有无沉淀产生。

3）与生物碱试剂反应。

① 取一支试管，加入6滴烟碱提取液，然后逐滴滴加3滴饱和苦味酸，边加边摇，观察记录现象。

② 取一支试管，加入6滴烟碱提取液，再加入1滴10%鞣酸，观察记录现象。

③ 取一支试管，加入6滴烟碱提取液、6滴0.5%乙酸及2滴碘化汞钾溶液，观察记录现象。

2. 制备二苦味酸烟碱晶体

接上步操作（3）等烟碱蒸馏完毕后，停止加热。蒸馏液中滴加饱和苦味酸的甲醇溶液，直到不再产生黄色沉淀为止。抽滤、干燥，得二苦味酸烟碱盐约1.7g，熔点217～220℃。

将粗产物移入50mL烧瓶中，加入10mL 50%（体积分数）乙醇-水溶液，加热溶解，室温下静置冷却，析出亮黄色长形棱状结晶。抽滤、烘干，得到二苦味酸烟碱盐约1.7g，微量法测定产品熔点，并与文献值比较。熔点219～221℃。

本实验全部完成约需要6h。

【注意事项】

操作中严防碱液滴在玻璃仪器磨口处。玻璃仪器洗涤时需要用稀盐酸酸化各个磨口处，以防粘接。

【思考题】

1. 为什么要用盐酸溶液提取烟碱？
2. 水蒸气蒸馏提取烟碱时，为什么要用NaOH中和至明显碱性？
3. 邻硝基苯酚和对硝基苯酚的混合物为什么能用水蒸气蒸馏的方法分离？试根据同分异构体形成分子内氢键的能力分析。
4. 自己设计一个用乙醚萃取方式提取烟碱的简单实验并写出流程。

科海拾贝

烟碱是烟草中特有的生物碱，含量约占烟草生物碱总量的95%，占烟草干重的0.50%～6.0%。纯的烟碱在室温下为无色或淡黄色的油状液体，具有左旋光性，有强烈的辣味，有潮解性，在空气中易被氧化，颜色变深、发黏，带有特殊的臭味，化学式为$C_{10}H_{14}N_2$。烟草中烟碱主要以烟碱盐的形式存在。

烟草和人类的不解之缘是因为，通过吸烟，烟碱进入人体，少量烟碱能刺激人体中枢神经系统，对人有安定和抗忧郁作用，使人的紧张情绪具有缓解作用。但是大量吸烟可使人呼吸加快、血管舒张和明显的恶心、眩晕、头痛、呕吐甚至震颤和痉挛。这是由于过量烟碱摄入能抑制人的中枢神经系统，使呼吸停止和心脏麻痹，成人一次吸入量超过40～60mg，可使人死亡。因此烟碱有剧毒。

烟碱自1809年被首次报道，到19世纪末已完成了结构确认并进行了合成。目前对于烟碱的研究已经深入到各个方面。

烟碱是评价烟叶品质的主要指标，也是衡量香烟吃味的主要指标，实践中大量被提取的烟碱用于香烟制品的添加。添加了烟碱的香烟制品，可以提高产品某些特性质量，增加附加值。在农业方面，烟碱及其工业衍生农药作为一种高效低毒的植物性杀虫剂被广泛用于粮食、油料、蔬菜、水果、牧草等农作物的杀虫剂，是生产绿色食品的理想的高效杀虫剂和生物性农药。烟碱除了单纯的作农药外，利用烟碱与过渡金属的配合作用，制成含烟酸及微量元素铁、铜、锰、钼等的微肥，施于田间后兼具肥料及杀虫作用。作为药物，烟碱也是与生理有关的重要化合物，烟碱参与机体的氧化过程，能促使组织的新陈代谢，所以用于治疗末梢血管痉挛、动脉硬化等。高纯度的烟碱还可用作保健香烟、戒烟膏、治疗关节疼痛和肌肉痉挛外用药的原料。烟碱还用于高级食用或饲用烟草蛋白质，医药保健功能蛋白等的生产。另外，烟碱合成的烟酸常应用于医药，能有效治疗阿尔茨海默病和帕金森综合征，烟碱氧化得到的烟酸是维生素B族的一员，主要用于医药、食品行业和饲料添加剂，在医药上，可制备防止癞皮病和维生素缺乏症的药物。烟酸与氨反应可得烟酰胺，烟酰胺主要用于医药、食品行业、饲料业、农药和其他工业。

烟碱还是重要的化工原料，经氧化醇化等工艺，可制备烟酸及其系列衍生物，如烟酰胺、烟肌酸、烟酸己可碱、烟酸生育酚等。

实验16　从黑胡椒中提取胡椒碱

【实验目的】

1. 掌握天然产物的一种提取方法。
2. 掌握蒸馏、回流、重结晶等提纯有机物的方法及操作。

【实验原理】

黑胡椒具有香味和辛辣味，是菜肴调料中的佳品。黑胡椒中含有大约10%的胡椒碱和少量胡椒碱的几何异构体佳味碱（chavicine）。黑胡椒的其他成分为淀粉（20%～40%）、挥发油（1%～3%）、水（8%～13%）。经测定，胡椒碱为具有特殊双键几何结构的1,4-二取代1,3-丁二烯衍生物：

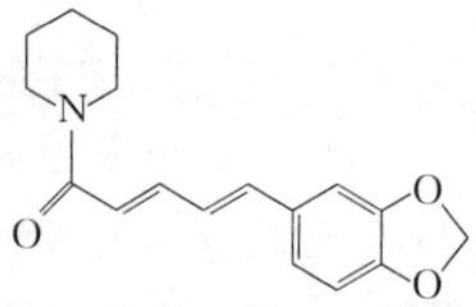

(*E*,*E*)-1-［5-(1,3-苯并二氧戊环-5-基)-1-氧代-2,4-戊二烯基］-哌啶

将磨碎的黑胡椒用95%乙醇加热回流，可以方便地萃取胡椒碱。在乙醇的粗萃取液中，

除了含有胡椒碱和佳味碱外，还有酸性树脂类物质，为了防止这些杂质与胡椒碱一起析出，把稀的氢氧化钾溶液加至浓缩的萃取液中，从而避免了胡椒碱与酸性物质一起析出，达到提纯胡椒碱的目的。

酸性物质主要是胡椒酸，它是下面四个异构体中的一个，只要测定水解所得胡椒酸的熔点，就可以说明其立体结构：

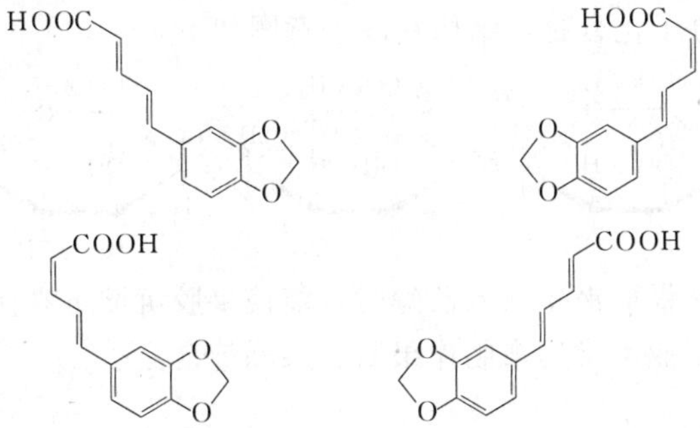

【试剂与规格】

黑胡椒；95%乙醇（C. P.）；2mol/L KOH-乙醇溶液；丙酮（C. P.）。

【实验步骤】

（1）参照图 1-3，将 15g 磨碎的黑胡椒和 150～180mL 95%乙醇放在 250mL 圆底烧瓶中，装上回流冷凝管，在石棉网上缓和加热回流 3h[1]（由于沸腾的混合物中有大量的黑胡椒碎粒，应小心加热，以免爆沸），稍冷后抽滤。

（2）滤液在水浴上加热浓缩（采用蒸馏装置以回收乙醇）约为 13mL。

（3）加入 15mL 温热的 2mol/L KOH-乙醇溶液，充分搅拌，过滤除去不溶解物质。将滤液转移到 100mL 烧杯中，置于热水浴中，慢慢滴加水 14mL，溶液出现浑浊，经过冰水冷却有黄色结晶（胡椒碱）析出。

（4）充分冷却后，抽滤，分离析出的胡椒碱为黄色沉淀，经干燥后称重约 1g。

（5）粗产品可用丙酮重结晶，得浅黄色针状结晶，粗产品提取率约为 7.3%，测定熔点为 129～139℃。

本实验约需要 7h。

【注释】

[1] 也可以用索氏提取器来提取，能减少溶剂用量。

【思考题】

胡椒碱应归入哪类天然产物？为什么？

实验 17 从果皮中提取果胶

【实验目的】

1. 了解用酸提法从植物中提取果胶的原理和方法。

2. 进一步了解果胶物质的有关知识。

【实验原理】

果胶物质（pectic substances）广泛存在于植物中，主要分布于细胞壁之间的中胶层，尤其以果蔬中含量为多，广泛用于医药和食品工业中。在果蔬中，尤其是在未成熟的水果和果皮中，果胶多数以不溶于水的原果胶存在。当用酸从植物中提取果胶时，原果胶被酸水解生成可溶性果胶。果胶又叫果胶酯酸，其主要成分是半乳糖醛酸甲酯及少量半乳糖醛酸通过1,4-苷键连接而成的高分子化合物，结构片段示意图如下：

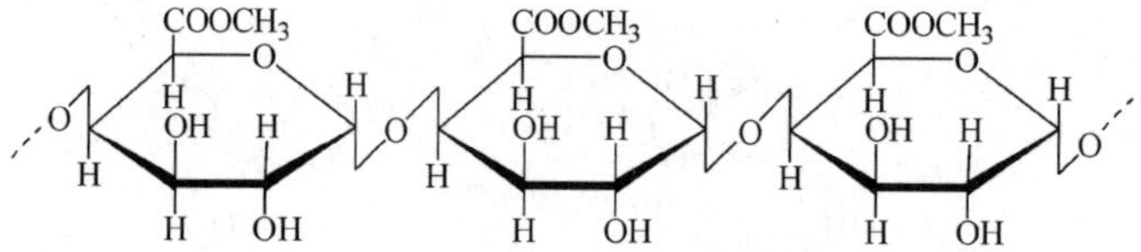

果胶不溶于乙醇，在提取液中加入乙醇时，能使果胶沉淀下来而与其他杂质分离，干燥即得商品果胶，在食品工业中常用来制作果酱、果冻等食品。

【试剂与规格】

果皮（新鲜）；95%乙醇（C. P.）；浓盐酸（C. P.）。

【实验步骤】

1. 称取新鲜果皮15g，用清水洗净晾干，切成3～5mm大小的颗粒放入250mL烧杯中，加60mL水，加入浓盐酸调至溶液的pH约为2。
2. 加热至沸腾，搅拌30min，稍冷后用纱布滤去残渣。
3. 滤液加等体积95%乙醇（搅拌中慢慢加入），有沉淀析出。
4. 用纱布滤出沉淀，然后用95%乙醇洗涤沉淀两次（每次用95%乙醇10mL）。
5. 将脱水的果胶放入表面皿中摊开，在65～75℃烘干。将烘干的果胶磨碎得干果胶粉末。
6. 称量、计算提取率。

本实验约需要4h。

【思考题】

1. 从果皮中提取果胶时，为什么要严格控制酸度？水解时间过长对结果有何影响？
2. 沉淀果胶除用乙醇外，还可用什么试剂？
3. 查阅资料，自行设计从橘子皮中提取果胶的简单实验流程。

科海拾贝

果胶是一种分子量介于20000～400000之间的高分子聚合物，一般人们所说的果胶是原果胶、果胶酯酸和果胶酸的总称。果胶在植物中起着将细胞粘在一起的作用。不同的蔬菜、水果口感有区别，主要是由它们含有的果胶含量以及果胶分子的差异决定的。目前商品果胶的原料主要是柑橘皮（含果胶30%）、柠檬皮（含果胶25%）及苹果皮（含果胶15%）等。不同来源的果胶，由于分子量、甲酯化程度、带有其他基团的多少等均有区别，导致在性质方面也不尽相同，而且原料自身带有的特殊色泽和气味对果胶产品质量也有影响。

果胶的基本结构是部分甲酯化的α(1,4)-D-聚半乳糖醛酸，分子式$C_5H_{10}O_5$，分子量150.1299。果胶的组成有同质多糖和杂多糖两种类型，同质多糖型果胶如D-半乳聚糖、L-阿拉伯聚糖或D-半乳糖醛酸聚糖；杂多糖果胶最常见，是由半乳糖醛酸聚糖、半乳聚糖和阿拉伯聚糖以不同比例组成，通常称为果胶酸。不同来源的果胶，其比例也各有差异。部分甲酯化的果胶酸称为果胶酯酸。天然果胶中20%～60%的羧基被酯化，分子量为20000～400000。

作为食品添加剂的果胶产品为白色到淡黄褐色粉末，稍有特异臭。溶于20倍的水成黏稠状液体，呈酸性，不溶于乙醇及其他有机溶剂。市面上的果胶分果胶液、果胶粉和低甲氧基果胶三种，其中尤以果胶粉的应用最为普遍。果胶按其结构中甲氧基含量的多少，分为高甲氧基果胶（HMP）和低甲氧基果胶（LMP）两种。高甲氧基（高酯）果胶的（甲）酯化度大于50%，或者甲氧基含量等于或大于7%。低甲氧基（低酯）果胶酯化度低于50%，或者甲氧基含量低于7%。甲氧基含量越高，凝胶能力越高。高酯果胶亦即为普通果胶，主要用于酸性的果酱、果冻、凝胶软糖和乳酸菌饮料等。低酯果胶主要用于一般的或低酸味的果酱等食品及药品。

果胶自20世纪40年代发现以来便在食品工业中作为食品胶凝剂、增稠剂、稳定剂和乳化剂、增香增效剂使用，食品饮料中加入果胶，可以保持长久稳定混浊，起到防止沉淀、稳定结构作用，还能改善风味，延长贮藏期。市面上大量的果胶用来制造果酱、果冻、果胶软糖、蜜饯、面包、奶品、罐头、果汁饮料等。

果胶还可用于制作防治糖尿病、肥胖症、高血脂等症的药物及保健食品，果胶同时还是一种优良的药物制剂基质，可单独或与其他制剂合用配制软膏、膜、栓剂、微囊等药物制剂。目前《美国药典》已收载了药用果胶的质量标准，市场上也有大量以果胶为原料的药品，例如治疗降血糖血脂的药物“果胶铋”。因为具有安全、保湿、抗菌、止血、消肿、解毒的作用，果胶大量用于化妆品行业，添加了果胶的化妆品，对保护皮肤、防止紫外线辐射、治疗创口、美容养颜都有一定的作用。例如果胶用于尿不湿，可保护婴幼儿皮肤；用于创口贴，可加速伤口愈合。

由于果胶独特的胶凝化和乳化作用特点，近年来果胶在纺织、印染、冶金、烟草造纸、环保等行业中都有广泛的应用。

实验18 从茶叶中提取咖啡因

【实验目的】

1. 学习从茶叶中提取咖啡因的基本原理和方法，了解咖啡因的一般性质。
2. 掌握用索氏（Soxhlet）提取器提取有机物的原理和方法。
3. 进一步熟悉萃取、蒸馏、升华等基本操作。

【实验原理】

咖啡因又叫咖啡碱，是一种生物碱，存在于茶叶、咖啡、可可等植物中。例如茶叶中含有1%～5%的咖啡因，同时还含有单宁酸（又称鞣酸，易溶于水和乙醇）、色素、纤维素和蛋白质等物质。

咖啡因是弱碱性化合物，可溶于氯仿（室温时饱和度为12.5%）、乙醇（2%）和水（2%）中，难溶于乙醚和苯（冷）。味苦。纯品熔点235℃，含结晶水的咖啡因为无色针状晶体，在100℃时失去结晶水，并开始升华，120℃时显著升华，178℃时迅速升华。利用这一性质可纯化咖啡因。

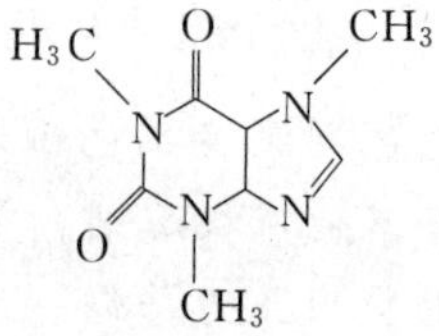

$$\text{caffeine structure: } H_3C, O, CH_3, N, N, N, N, O, CH_3$$

咖啡因（1,3,7-三甲基-2,6-二氧嘌呤）

咖啡因是一种温和的兴奋剂，具有刺激心脏、兴奋中枢神经、消除疲劳和利尿等作用。

获取咖啡因的方法有提取法和人工合成。

本实验以乙醇为溶剂，用索氏提取器或等压滴液漏斗连续抽提，再经浓缩、中和、升华，得到含结晶水的咖啡因。提取原理详见2.3.1。

【试剂与规格】

茶叶；95%乙醇；生石灰；5%鞣酸；10%盐酸；30%过氧化氢溶液；碘-碘化钾试剂；乙酸乙酯（C.P.）；感康药片。

【实验步骤】

1. 提取粗咖啡因

（1）用索氏提取器提取粗咖啡因

索氏提取器由烧瓶、提取筒、回流冷凝管三部分组成，装置如图2-3(a)所示。

称取10g干茶叶，装入滤纸筒内[1]，轻轻压实，滤纸筒上口用滤纸盖好，置于抽提筒中，在圆底烧瓶内加入80mL 95%乙醇，水浴加热乙醇至沸腾，连续抽提1～2h，直到提取液颜色较浅时为止，待冷凝液刚刚虹吸下去时，立即停止加热。注意，索式提取器的虹吸管极易折断，安装装置和取拿时必须特别小心。

（2）用等压滴液漏斗提取粗咖啡因

在100mL圆底烧瓶中加2粒沸石，在100mL恒压漏斗口放置一脱脂棉，称取10g茶叶末放入恒压漏斗中，参照图2-3(b)安装好提取装置，将60mL 95%乙醇从球形冷凝管加入，先将茶叶末浸泡片刻，将多出茶叶浸润部分酒精放入圆底烧瓶中。通冷却水后在电热套上加热[2]。当溶剂被加热沸腾时，溶剂蒸气从恒压漏斗侧管上升，被冷凝管冷凝为液体并滴到样品上，当溶剂在提取器内达到一定高度时，调节恒压漏斗活塞，使冷凝液的滴入速度与恒压漏斗的放液速度保持一致。持续0.5h后，恒压漏斗中的提取液颜色变得很淡，即可停止提取。

将仪器改装成蒸馏装置，加热回收大部分乙醇。然后将残留液（10～15mL）倾入蒸发皿中，蒸发至近干。加入4g生石灰粉[3]，搅拌均匀，用电热套加热，蒸发至干，除去全部水分。冷却后，擦去沾在边上的粉末，以免升华时污染产物。

2. 用升华法提取纯咖啡因

将一张刺有许多小孔的圆形滤纸[4]盖在蒸发皿上，取一只大小合适的玻璃漏斗罩于其上，用电热套小心加热蒸发皿，慢慢升高温度[5]，使咖啡因升华。当纸上出现白色针状晶体时，暂停加热，冷至100℃左右，揭开漏斗和滤纸，仔细用小刀把附着于滤纸及器皿周围的咖啡因刮入表面皿中。将蒸发皿内的残渣加以搅拌，重新放好滤纸和漏斗，用较高的温度再加热升华一次。此时，温度也不宜太高，否则蒸发皿内大量冒烟，产品既受污染又遭损失。合并两次升华所收集的咖啡因，称量，产率可以达到1.7%左右。测定熔点。若产品不纯时，可用少量热水重结晶提纯（或放入微量升华管中再次升华）。

3. 化学法对咖啡因的鉴定

（1）与生物碱试剂：取咖啡因结晶的一半于小试管中，加4mL水，微热，使固体溶解。分装于2支试管中，一支加入1～2滴5%鞣酸溶液，记录现象。另一支加1～2滴10%盐酸（或10%硫酸），再加入1～2滴碘-碘化钾试剂，记录现象。

（2）氧化：在表面皿剩余的咖啡因中，加入30% H_2O_2 8～10滴，置于水浴上蒸干，记录残渣颜色。再加一滴浓氨水于残渣上，观察并记录颜色有何变化？

4. 薄层色谱法对咖啡因的鉴定

分别将微量标准品咖啡因，自己提取的咖啡因，用乙酸乙酯溶液溶解成饱和溶液，过滤，采用薄层色谱法，对比操作确定自己的提取物中是否有咖啡因成分。

感康药物中含有咖啡因成分。自己查阅相关资料，利用自己分离出的咖啡因，参考实验10中实验步骤2内容，用薄层色谱法设计一个鉴定感康药物中含有咖啡因的方法。

本实验约需要6h。

【注释】

[1] 滤纸筒的直径要略小于抽提筒的内径，其高度一般要超过虹吸管，但是样品不得高于虹吸管。如无现成的滤纸筒，可自行制作。其方法为：取脱脂滤纸一张，卷成圆筒状（其直径略小于抽提筒内径），底部折起而封闭（必要时可用线扎紧），装入样品，上口盖脱脂棉，以保证回流液均匀地浸透被萃取物。

[2] 为了提高电热套加热酒精速度，可以在电热套上空余地方覆盖防火布。

[3] 提取过程中，生石灰起中和及吸水作用，两种提取方法中生石灰用量可以一致。

[4] 蒸发皿上覆盖刺有小孔的滤纸是为了避免已升华的咖啡因回落入蒸发皿中，纸上的小孔应保证蒸气通过。漏斗颈塞棉花，为防止咖啡因蒸气逸出。

[5] 在升华过程中必须始终严格控制加热温度，温度太高，将导致被烘物和滤纸炭化，一些有色物质也会被带出来，影响产品的质和量。进行再升华时，加热温度亦应严格控制。

【思考题】

1. 索氏提取器的萃取原理与一般的浸泡萃取相比，有哪些优点？
2. 本实验进行升华操作时，应注意什么？
3. 查阅资料，设计一个用有机溶剂萃取方式提取茶叶中咖啡因的简单实验并写出流程。

实验19　叶绿素的提取方法及其光谱特性

【实验目的】

1. 学会提取和分离叶绿体中色素的方法。
2. 观察和区别叶绿体中的四种色素的种类及颜色。

【实验原理】

叶绿体中的色素主要包括叶绿素 a、叶绿素 b、叶黄素和胡萝卜素等。它们都能溶解在有机溶剂中，如丙酮、无水乙醇等，所以用无水乙醇可提取叶绿体中的色素。不同色素在层析液中溶解度不同，溶解度高的色素分子随层析液在滤纸条上扩散得快，溶解度低的色素分子随层析液在滤纸条上扩散得慢，因而可用层析液将不同色素分离。

【试剂与规格】

95%的酒精（C. P.）；石英砂；碳酸钙粉（C. P.）；层析液；新鲜的菠菜叶。

【实验步骤】

1. 称量 5g 新鲜、浓绿菠菜叶片并剪碎，加入少量 SiO_2、$CaCO_3$[1] 和 10mL 95%酒精，加入研钵，迅速充分研磨，过滤，收集滤液到试管内，及时用棉塞将试管口塞紧，以免滤液挥发。

2. 制备滤纸条：将干燥的滤纸剪成长约 6cm，宽约 1cm 的纸条，剪去一端两外角，在距离剪角一端 1cm 处用铅笔画线。

3. 画滤液细线：用毛细吸管吸收少量滤液，沿铅笔线处均匀地画一条直的滤液细线。干燥后，重复 2～3 次[2]。

4. 色素分离：将 3mL 层析液倒入烧杯中，将滤纸条尖端朝下略微斜靠烧杯内壁，轻轻插入层析液[3]，用培养皿盖上烧杯[4]。

5. 观察与记录：正常情况下滤纸条上出现 4 条宽度颜色不同的色带。由上向下：胡萝卜素（橙黄色）、叶黄素（黄色）、叶绿素 a（蓝绿色）、叶绿素 b（黄绿色）。

6. 有条件的可以分别对上述色素进行光谱分析。

【注释】

[1] 加入少许 SiO_2 是为了研磨得充分；加入少许 $CaCO_3$ 是为了防止在研磨时叶绿体中的色素受到破坏。

[2] 滤液细线不但要细、直，而且须含有比较多的色素（可以画两三次）。

[3] 层析液按照石油醚：丙酮：苯（体积比 10：2：1）配制。滤纸上的滤液细线不能触到层析液。

[4] 丙酮、苯等毒性较大且易挥发，要用棉塞和滤纸盖住烧杯减少丙酮、苯等挥发。

【思考题】

1. 滤纸条上的滤液细线为什么不能触及层析液？
2. 本实验为什么要在通风条件下进行？

实验 20　红辣椒中红色素的提取、分离及紫外光谱测定

【实验目的】

1. 通过红辣椒中色素的提取和分离，了解天然物质的分离提纯方法。
2. 掌握柱色谱分离操作和原理。

3. 学习用紫外光谱测定辣椒色素最大吸收光谱的方法。

【实验原理】

辣椒红色素是一种存在于成熟红辣椒果实中的四萜类橙红色素。已知的有辣椒红、辣椒玉红素和β-胡萝卜素，它们都属于类胡萝卜素类化合物。其中极性较大的红色组分主要是辣椒红素和辣椒玉红素，占总量的50%～60%。辣椒红是以脂肪酸酯的形式存在的，它是辣椒显深红色的主要因素。辣椒玉红素可能也是以脂肪酯的形式存在的。另一类是极性较小的黄色组分，主要成分是β-胡萝卜素和玉米黄质。

本实验室用二氯甲烷为萃取溶剂，从红辣椒中萃取出色素，经过浓缩后用柱色谱法分离出红色素并用薄层色谱检测。

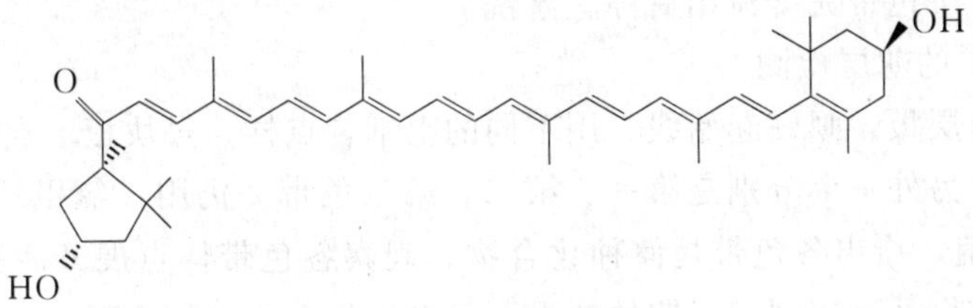

辣椒红

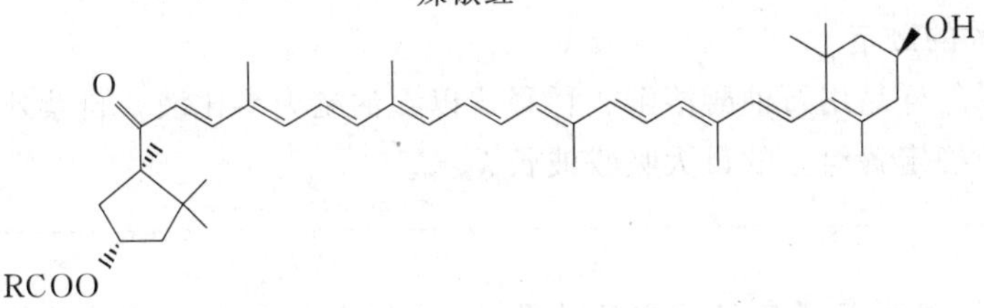

辣椒红脂肪酸酯

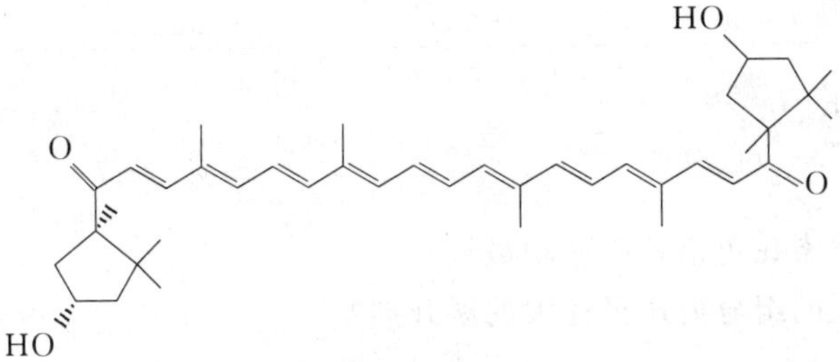

辣椒玉红素

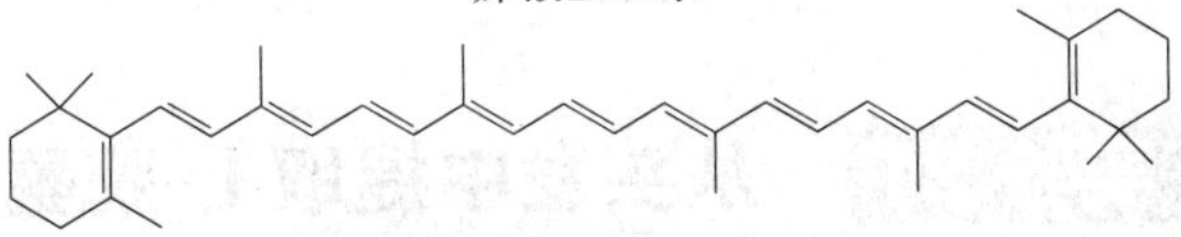

β-胡萝卜素

【试剂与规格】

二氯甲烷（C. P.）；干红辣椒；石油醚；石英砂。

【实验步骤】

1. 辣椒色素的萃取和浓缩

将干的红辣椒研细，称取1g，置于25mL圆底烧瓶中，加入10mL二氯甲烷和2～3粒沸石，装上回流冷凝管，见图1-3。水浴加热回流20min，冷至室温后抽滤。将所得滤液用水浴加热蒸馏浓缩剩至约1mL残液，即为混合色素的浓缩液。也可以用索氏提取器提取，见图 2-3(a)。

2. 柱色谱分离

在色谱柱中加 10mL 二氯甲烷。在烧杯中加 10g 硅胶和 30mL 二氯甲烷，搅拌均匀，从色谱柱顶缓缓加入，打开柱下活塞，使硅胶在柱堆积，必要时用橡皮锤轻轻在色谱柱的周围敲击，使吸附剂装得均匀致密。柱中溶剂面由下端活塞控制，既不能满溢，更不能干涸。当硅胶表面溶剂剩下 1～2cm 高时，关上活塞，均匀加上一层石英砂，打开下端活塞，放出溶剂，直到溶剂高出石英砂表面 1～2cm，关上活塞。混合色素浓缩液应该留出 1～2 滴作第三步使用，剩余用滴管吸取混合色素的浓缩液沿壁加入柱中，打开活塞，用二氯甲烷[1]小心淋洗柱内壁色素，待色素全部进入柱体内，加入洗脱剂二氯甲烷进行色谱分离，分别接受不同的色带，当第三个色带完全流出后停止淋洗。

3. 柱效和色带的薄层检测

取三块硅胶薄层板，画好起始线，用不同的毛细管点样。每块板上点两个样，其中一个是混合色素溶液，另外一个分别是第一、第二、第三色带。仍用二氯甲烷混合液作展开剂。比较各色带的 R_f 值，指出各色带是何种化合物。观察各色带样点展开后是否有新的斑点产生，推估柱色谱分离是否达到了预期的效果，并在报告中画出临摹图。

4. 紫外吸收的测定

分别取少量的样品用石油醚溶解、稀释，以石油醚为参比液，自紫外可见分光光度计上测定吸收光谱，确定各组分的最大吸收波长 λ_{max}。

【注释】

本展开剂一般能获得良好的分离效果。如果样点分不开或严重拖尾，可以酌量减点样量。

本实验约需要 4h。

【思考题】

1. 为什么胡萝卜素在色谱柱中移动最快？
2. 为什么极性大的组分要用极性大的展开剂？

实验 21 从头发中提取 L-胱氨酸

【实验目的】

1. 了解头发的组成。
2. 了解胱氨酸的性质。
3. 了解氨基酸的制取方法。

【实验原理】

本实验使用浓盐酸将头发中蛋白质的肽链解开，使氨基酸溶于酸溶液中，经脱色过滤得到含有氨基酸的滤液，将溶液 pH 值调至胱氨酸 p*I* 时，胱氨酸沉淀。

【试剂与规格】

新鲜人类头发；工业级浓盐酸；活性炭（C. P.）；碳酸氢钠（A. R.）；双缩脲试剂。

【实验步骤】

1. 将头发用热中性肥皂水洗净，晾干。

2. 称取 10g 置于烧杯中，加入 30mL 浓盐酸煮沸 2h，注意经常补充蒸发掉的盐酸。

3. 2h 后取样作双缩脲试验，若呈阳性则继续水解，若呈阴性则进行下一步骤。

4. 加入等体积的蒸馏水，将溶液煮到总体积的三分之一，抽滤。

5. 滤液用 1g 活性炭煮沸脱色 10min，抽滤，视溶液颜色决定是否再进行脱色。

6. 向脱色后的滤液加入碳酸氢钠溶液使溶液 pH 到 4.8（胱氨酸 p*I*），可将烧杯置于磁力搅拌器上搅拌促进反应进行，烧杯置冰箱中过夜。

7. 抽滤，用少量蒸馏水洗涤，再用少量 75％乙醇洗涤，烘干滤饼，计算得率。

8. 将滤饼用 1mol/L 盐酸溶解，加入 1g 活性炭煮沸 10min，抽滤，用碳酸氢钠溶液沉淀，冰箱中静置 2h。

9. 抽滤，用少量 75％乙醇洗涤，烘干滤饼，计算得率。

本实验约需要 4h。

实验 22 从大蒜中提取大蒜素

【实验目的】

1. 学习采用有机溶剂浸提法提取大蒜素的实验方法。

2. 巩固减压蒸馏回收溶剂、折射率的测定等基本操作。

【实验原理】

大蒜素又称大蒜油，是从大蒜球茎中分离得到的一种化合物，具有强烈的辛辣刺激味。大蒜素为淡黄色油状液体。具有强烈的大蒜臭，味辣。不溶于水，与乙醇、乙醚、苯、氯仿互溶。水溶液呈微酸性。对酸碱不稳定。蒸馏时分解。静置时有油状沉淀物产生。大蒜素学名是二烯丙基硫代亚磺酸酯。

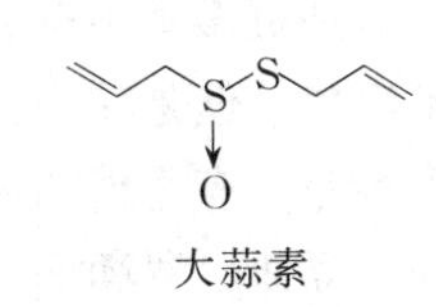

大蒜素

【试剂与规格】

去皮大蒜；95％乙醇（C. P.）。

【实验步骤】

取去皮大蒜 25g，捣碎，装入 50mL 圆底烧瓶中，再加入适量 95％乙醇溶液（以浸泡蒜末为止，约为 15mL）浸泡 0.5h，浸泡后用倾滤法除去乙醇，加入 15mL 蒸馏水回流煮沸 30min，见图 1-3。冷却后改为减压蒸馏装置，见图 2-23。50℃减压蒸馏到没有蒸馏液为止，在蒸出液表面有无数黄色小液珠，蒸出液密封静置过夜，黄色小液珠全部沉到容器底部，微微振荡可以将黄色小液珠合成较大的液体团，用注射器吸取分离，得到有蒜臭气味的黄色液体——大蒜素，用蒸馏水洗涤 2 次，测定其折射率为1.592。

【注意事项】

本法为有机溶剂浸提法提取大蒜素，大蒜素的提取还可以采用水蒸气蒸馏法、超临界萃取法等。有机溶剂浸提法的优点是出油率比水蒸气蒸馏法稍高，且省去蒸汽发生设备。缺点是由于使用有机溶剂，成本相对较高，其他可溶性物质的含量偏高，因此要注意控制溶剂残留量。

【思考题】

1. 为什么要在低温条件下（50℃以下）减压蒸馏？

2. 设计一个水蒸气蒸馏法提取大蒜素的简单实验，并写出实验流程。

实验 23　肉桂中肉桂醛的提取和鉴定

【实验目的】

1. 初步了解天然产物分离、纯化的一般方法和天然产物研究的重要意义。

2. 学习分离提取肉桂树皮中香精油，并鉴定其中的主要成分肉桂醛的化学结构。

3. 了解水蒸气蒸馏法的原理和应用。

4. 掌握水蒸气蒸馏的基本操作技术。

【实验原理】

许多植物具有独特的香气和香味，它们来源于植物中含有的香精油，也称精油。天然精油是包括很多类化合物的复杂混合物，但是在化学结构上主要有三大类：水果和花中的香精油主要是羧酸酯类化合物；樟树、松树、薄荷中的香精油是萜类化合物；还有一大类是苯基丙烷类化合物。本实验从肉桂中分离出的肉桂醛便是这类精油中的典型例子。

精油成分往往存在于植物组织的腺体或者细胞间隙内。它们可以存在于植物的所有部位，但是更多集中于籽和花中。精油是植物中的二级代谢产物，它们在植物中所起的作用虽然不清楚，但是其中许多产物对人类有很大用处，被广泛用作香料、香水、调味品及食品调味香料等，有些精油还有药用价值。工业上重要的香精油的品种有 200 多种，如杏仁油、茴香油、蒜油、罗勒油、薄荷油、桉树油、冬青油、留兰香油、肉桂油、松节油等都是人们所熟悉的实例。

香精油的许多组分具有水蒸气挥发性，故可以用水蒸气蒸馏加以分离。此外，也可以用溶剂萃取和压榨法分离。本实验从斯里兰卡肉桂（*Cinnamomum zeylanicum*）树皮中用水蒸气蒸馏法分离出肉桂油。肉桂油不溶于水，因此在水蒸气蒸馏的冷凝液中肉桂油形成油滴分散在水中，用二氯甲烷将它们从冷凝液体中提取出来，蒸馏去二氯甲烷后可以得到肉桂油。肉桂油的主要组分是肉桂醛，学名反-3-苯丙烯醛，沸点 252℃，室温下呈油状。

分离得到的肉桂醛的化学结构除用近代光谱方法鉴定外，还可以用以下化学方法验证：

(1) 肉桂醛与托伦（Tollens）试剂发生银镜反应，证明醛基。

(2) 与氨基脲反应生成缩氨基脲固体衍生物，熔点 215℃，证明为肉桂醛。

【试剂与规格】

干肉桂皮；浓盐酸（C. P）；二氯甲烷（C. P.）；10% $AgNO_3$ 溶液；10% NaOH 溶液；

6mol/L 氨水；无水乙醇（C.P.）；盐酸氨基脲；无水乙酸钠（C.P.）；甲醇。

【实验步骤】

1. 肉桂油的分离和提取

在250mL三口瓶中放入2.5g研细的肉桂皮，加入20mL热水使其润湿，再加入0.5mL浓盐酸混合均匀。将三口瓶装成一套水蒸气蒸馏装置，见图2-27(a)，参见2.8.3节，检查密封性，按照水蒸气蒸馏操作程序通入水蒸气进行缓慢而速率稳定的水蒸气蒸馏，收集100mL馏出液。

蒸馏完毕后，将上述馏出液转移到250mL分液漏斗中，每次用10mL二氯甲烷提取2次，二氯甲烷提取液用少量无水硫酸钠干燥。干燥后的溶液用蒸馏法蒸馏去除大部分二氯甲烷，将残余的溶液用滴管完全转移到已经称量的10mL小过滤管中。将小过滤管中的溶液先室温水泵减压浓缩至几乎无液体时再置于热水浴中进一步浓缩，尽可能除尽二氯甲烷，即得基本纯净的肉桂油。称量，计算肉桂油的回收率。

2. 肉桂醛的化学鉴定

（1）银镜反应鉴别醛基。在洁净的大试管中依次加入1.0mL 10% NaOH和1.0mL 10% $AgNO_3$，有棕色AgOH沉淀生成，在振摇下向AgOH沉淀中滴加6mol/L氨水，直到棕色AgOH刚好溶解为止。将预先配制好的1.0mL含有少许肉桂油的无水乙醇溶液加到上述托伦试剂中，用水浴恒温加热，观察试管上是否有银镜生成。

（2）肉桂醛缩氨基脲衍生物的制备。在大试管中放入1mL水，溶入0.1g盐酸氨基脲和0.15g无水乙酸钠，再加入1.5mL无水乙醇。将此溶液加至肉桂油中（3组合并），将混合物置于水浴中温热5～10min，冷却，使肉桂醛缩氨基脲结晶。滤出晶体或用离心法分离出晶体，用甲醇重结晶，干燥后测定熔点，与文献值对照。另用已知肉桂醛样品按照同法制备其缩氨基脲衍生物，测定两者的混合熔点，进一步证明两者的同一性。

3. 肉桂醛的色谱分析

（1）TLC分析。硅胶GF254板；溶样溶剂：二氯甲烷；展开剂：石油醚-丙酮（10∶1，体积比）；与已知肉桂醛样品对照。

（2）GC或GC-MS的定性定量分析。

【注意事项】

1. 水蒸气蒸馏前须先浸泡至少0.5h，增加渗透，促进细胞破壁，提高产率。

2. 水蒸气导管必须插到接近烧瓶底部，注意导管末端不能被肉桂粉末堵塞。若堵塞，要将导管疏通后才能进行水蒸气蒸馏。

3. 可用2,4-二硝基苯肼实验判断蒸馏终点。接收少量馏出液，滴入2～5滴2,4-二硝基苯肼试剂，摇振片刻，若无橙红色沉淀生成，则说明馏出液中已无肉桂油。

4. 试剂必须临时配制。检验只能在温水浴中加热，切忌直接在煤气灯上加热或者煮沸，以免发生危险。实验完毕，应立即用大量水冲洗后，再加稀硝酸分解，清洗干净。

【思考题】

1. 有机化合物必须具备哪些性质才可以用水蒸气蒸馏法进行纯化？

2. 本实验中肉桂皮为什么要研细？蒸馏速度为什么要缓慢？

3. 简述结束水蒸气蒸馏的操作步骤。

4. 用二氯甲烷提取时，哪层是水层？

第5章

有机化合物的性质实验

实验24 不饱和烃、卤代烃的性质

【实验目的】

1. 验证不饱和烃的性质。

2. 通过卤代烃的性质实验，认识不同烃基及不同卤原子对反应速率的影响。

【实验步骤】

1. 乙烯性质实验

(1) 在装有乙烯气体的试管中，加入2%溴的四氯化碳溶液3滴，振荡，有何现象？写出反应式。

(2) 在装有乙烯气体的试管中，加入1%高锰酸钾溶液2滴及10%硫酸8滴，振荡，有何现象？写出反应式。

(3) 加入煤油或汽油10滴在试管中，按照上述步骤进行实验，比较实验现象有何异同。

2. 乙炔性质实验

(1) 在装有乙炔气体的试管中，加入2%溴的四氯化碳溶液3滴，振荡，有何现象？写出反应式。

(2) 在装有乙炔气体的试管中，加入1%高锰酸钾溶液2滴及10%硫酸8滴，振荡，有何现象？写出反应式。

(3) 乙炔亚铜的生成。将乙炔通入氯化亚铜的氨水溶液中，观察现象[1]。写出反应式。

(4) 乙炔银的生成。将乙炔通入新制的硝酸银的氨水溶液[2]中，观察现象。写出反应式。

3. 卤代烃的性质

(1) 与硝酸银乙醇的作用

① 不同烃基结构的卤代烃与硝酸银乙醇的作用。在5支干燥的试管中分别加入3滴1-氯丁烷、2-氯丁烷、2-甲基-2-氯丙烷、氯苯和氯化苄，然后在每支试管中各加1mL饱和硝酸银乙醇溶液。边加边摇动试管，观察每支试管是否有沉淀出现，记下出现沉淀的时间；5min后，无沉淀产生者放在水浴中加热至微沸片刻，再观察结果。在所有出现沉淀的试管中加入1滴5%硝酸[3]，沉淀不溶者表示有氯化银沉淀生成。比较样品的活泼性顺序及写出

反应方程式，并从分子结构上给予解释。

② 不同卤原子的卤代烃与硝酸银乙醇的作用。在 3 支干燥的试管中分别加入 3 滴 1-氯丁烷、1-溴丁烷、1-碘丁烷，然后在每支试管中各加 1mL 饱和硝酸银乙醇溶液。如前操作方法观察沉淀生成速度，比较样品的活泼性顺序及写出反应方程式，并从分子结构上给予解释。

(2) 与碘化钠丙酮溶液反应

取 5 支干燥洁净的试管，分别加 3 滴 1-氯丁烷、2-氯丁烷、2-甲基-2-氯丙烷、氯苯和氯化苄。然后，在每支试管中各加 2mL 15%碘化钠-丙酮溶液[4]，边加边摇动试管，记下产生沉淀的时间，大约过 5min 后，再把没有出现沉淀的试管放在 50℃水浴里加热。记下产生沉淀的时间。请从结构和反应历程上简单地予以解释。

(3) 与稀碱作用

① 不同烃基结构的卤代烃与稀碱的作用。在 3 支干燥的试管中分别加入 15 滴 1-氯丁烷、2-氯丁烷、2-甲基-2-氯丙烷，然后在各试管中分别加入 2mL 5%氢氧化钠溶液，充分振荡后静置，吸取水层数滴加入等体积稀硝酸酸化，再适量加入 1%硝酸银溶液检查有无沉淀，若无沉淀可在水浴中小心加热，再检验。比较这 3 种氯代烷烃的活性顺序并写出反应方程式。

② 不同卤原子的卤代烃与稀碱的作用。在 3 支干燥的试管中分别加入 15 滴 1-氯丁烷、1-溴丁烷、1-碘丁烷，然后在各试管中分别加入 2mL 5%氢氧化钠溶液，充分振荡后静置，吸取水层数滴，加入等体积稀硝酸酸化，再适量加入 1%硝酸银溶液检查有无沉淀，若无沉淀可在水浴中小心加热，再检验。比较这 3 种卤代烷烃的活性顺序并写出反应方程式。

【注释】

[1] 乙炔亚铜和乙炔银沉淀在干燥时易爆，故其沉淀须经稀硝酸或稀盐酸加热分解后才能倒入指定的废物缸中。乙炔亚铜和乙炔银的分解反应式为：

$$CuC\equiv CCu + 2HCl \longrightarrow 2Cu_2Cl_2 + HC\equiv CH$$

$$AgC\equiv CAg + 2HNO_3 \longrightarrow 2AgNO_3 + HC\equiv CH$$

[2] 硝酸银的氨水溶液放置过久，会析出爆炸性黑色沉淀物 Ag_3N，故应当使用时才配制。

[3] 切不可加入浓硝酸，因为浓硝酸与醇反应可能引起爆炸。

[4] 碘化钠-丙酮试剂的配制：在 100mL 丙酮溶液中溶解 15g NaI，开始时无色，后变为淡柠黄色，将溶液贮存在黑色瓶中。贮存的试剂如有明显的红棕色出现，则不能使用。另外注意溶液不可以过分加热，否则丙酮挥发，NaI 沉淀，造成反应失败。

实验 25 醇和酚的性质

【实验目的】

进一步认识醇和酚的一般性质，比较醇和酚在化学性质上的差异，认识羟基和烃基的相互影响。

【实验步骤】

1. 醇的性质

(1) 比较醇的同系物在水中的溶解度。在4支干燥的试管中分别加入2mL水，然后分别滴加甲醇、乙醇、丁醇和辛醇各10滴，振荡并观察溶解情况，如已溶解则再加10滴样品，振荡再观察，比较它们的溶解情况。分析并得出结论。

(2) 醇钠的生成与水解。在一干燥试管中加入1mL无水乙醇，投入一米粒大小的用滤纸擦干煤油的金属钠，观察有何现象产生？待金属钠全部作用以后（若金属钠未作用完，加适量乙醇使其分解），于试管中加入4mL水混合，用pH试纸试验溶液酸碱性。解释观察到的现象。

(3) 醇的氧化反应。取3支试管，分别加入5滴正丁醇、仲丁醇、叔丁醇，然后各加入1滴1%$KMnO_4$溶液，摇动试管。观察溶液颜色有何变化？写出有关的化学反应方程式。

(4) 卢卡斯（Lucas）试验。取3支干燥试管，分别加入0.5mL正丁醇、仲丁醇、叔丁醇，然后各加入2mL卢卡斯试剂，用棉花团塞住试管口，充分振荡后静置。溶液立即出现浑浊，静置后分层者为叔丁醇。如不见浑浊则在水浴中温热数分钟，振荡后静置，溶液慢慢出现浑浊，最后分层者为仲丁醇，不起作用者为正丁醇。

(5) 多元醇与$Cu(OH)_2$作用。取3支试管，分别加入3滴5%$CuSO_4$溶液和3滴2.5mol/L NaOH溶液，然后分别加入5滴10%乙二醇、10%1，3-丙二醇和10%甘油水溶液，摇动试管，有何现象？再在每支试管中加一滴浓盐酸，观察溶液颜色有何变化？解释实验现象。

2. 酚的性质

(1) 苯酚的酸性。在试管中盛放苯酚的饱和溶液6mL，用玻璃棒蘸取一滴于pH试纸上试验其酸性。

将上述苯酚的饱和溶液一分为二，一份作空白对照，在另一份中逐滴滴入5%NaOH溶液，边加边振荡，直至溶液澄清为止（解释溶液变清的理由），然后在此澄清溶液中，通入CO_2到酸性，又有何现象发生？写出有关反应式。

(2) 苯酚与溴水作用。取苯酚饱和水溶液2滴，用水稀释至2mL，逐滴滴入饱和溴水，由白色沉淀至淡黄色，将混合物煮沸1～2min，冷却，再加入1%KI溶液数滴及1mL苯，用力振荡，观察现象，写出有关反应式。

(3) 苯酚的硝化。在干燥的试管中加入0.5g苯酚，滴入1mL浓硫酸，摇匀，在沸水浴中加热并振荡，使反应完全，冷却后加水3mL，小心地逐滴加入2mL浓HNO_3振荡，置沸水浴加热至溶液呈黄色，取出试管，冷却，观察现象？解释现象并写出有关反应式。

(4) 苯酚的氧化。取苯酚饱和水溶液3mL，置于试管中，加5%Na_2CO_3溶液0.5mL及0.5% $KMnO_4$溶液1mL，振荡，观察现象。

(5) 苯酚与$FeCl_3$作用。取苯酚饱和水溶液2滴，放入试管中，加入2mL水，并逐滴滴入$FeCl_3$溶液，观察颜色变化。

(6) 对苯二酚的氧化反应。取对苯二酚固体少量，加入试管中，加入蒸馏水配制成饱和溶液，滴加饱和溴酸钾溶液6滴，振荡，滴加浓硫酸溶液3滴，观察是否有绿色针状晶体出现，解释现象并写出有关反应式。

也可用对苯二酚代替苯酚进行以上酚的性质实验。

【思考题】

1. 用卢卡斯试剂检验伯醇、仲醇、叔醇的实验成功的关键何在？对于6个碳以上的伯醇、仲醇、叔醇是否都能用卢卡斯试剂进行鉴别？

2. 与氢氧化铜反应产生绛蓝色是邻羟基多元醇的特征反应，此外，还有什么试剂能起类似的作用？

实验 26　醛和酮的性质

【实验目的】

1. 进一步加深对醛、酮化学性质的认识。

2. 掌握鉴别醛、酮的化学方法。

【实验步骤】

1. 醛、酮的亲核加成反应

(1) 与2,4-二硝基苯肼的加成。在5支试管中，各加入1mL 2,4-二硝基苯肼溶液，分别滴加1～2滴试样，摇匀静置，观察结晶颜色（若无沉淀析出，可用少许棉花塞好试管后，小火加热）。分别写出反应方程式。

试样：甲醛、乙醛、丙酮、苯甲醛、二苯酮。

(2) 与饱和 $NaHSO_3$ 溶液加成。在4支试管中，分别加入2mL新配制的饱和 $NaHSO_3$ 溶液，分别滴加1mL试样，振荡摇匀后，置于冰水中冷却数分钟，观察沉淀的析出并比较析出的相对速度。解释并分别写出反应方程式。

试样：苯甲醛、乙醛、丙酮、3-戊酮。

(3) 与氨基脲的加成。将0.5g氨基脲盐酸盐、0.75g醋酸钠溶于5mL蒸馏水中，然后分装入4支试管中，各加入3滴试样和1mL乙醇摇匀。将4支试管置于70℃水浴中加热15min，然后各加入2mL水，移去灯焰，在水浴中再放置10min，待冷却后试管置于冰水中，用玻璃棒摩擦试管内壁至结晶完全。

试样：庚醛、3-己酮、苯乙酮、丙酮。

2. 醛、酮 α-H活泼性——碘仿试验

取5支试管，分别加入1mL蒸馏水和3～4滴试样，再分别加入1mL 10%NaOH溶液，滴加 $KI\text{-}I_2$ 至溶液呈黄色，继续振荡至浅黄色消失，析出浅黄色沉淀，若无沉淀，则放在50～60℃水浴中微热几分钟（可补加 $KI\text{-}I_2$ 溶液），观察结果。分别写出生成碘仿的反应方程式。

试样：乙醛、丙酮、乙醇、异丙醇、1-丁醇。

3. 醛、酮的区别

(1) 希夫（Schiff）试验。在5支试管中分别加入1mL品红试剂（希夫试剂），然后分别滴加2滴试样，振荡摇匀，放置数分钟，然后分别向溶液中逐滴加入浓硫酸，边滴边摇，观察现象。

试样：甲醛、乙醛、丙酮、苯乙酮、3-戊酮。

（2）与托伦（Tollen）试剂反应。在5支洁净的试管中分别加入1mL托伦试剂，再分别加入2滴试样，摇匀，静置，若无变化，50～60℃水浴微热几分钟，观察现象。

试样：甲醛、乙醛、苯甲醛、丙酮、环己酮。

实验完毕后，应及时倒尽反应液，加入少许稀硝酸，煮沸洗涤干净。

（3）与斐林（Fehling）试剂反应。在4支试管中各加入1mL斐林溶液A和1mL斐林溶液B，摇匀后分别加入5滴试样，边加边摇动试管，摇匀后，将4支试管一起放在沸水浴中加热3～5min。观察现象。

试样：甲醛、乙醛、丙酮、苯甲醛。

（4）与本尼迪克特（Benedict）试剂反应。在4支试管中分别加入本尼迪克特试剂各1mL，摇匀，分别加入3～4滴试样，摇匀，沸水浴加热3～5min，观察现象。

试样：甲醛、乙醛、苯甲醛、丙酮。

（5）铬酸试验。在6支试管中分别加入1滴试样，分别加入1mL丙酮，振荡再加入铬酸试剂数滴，边加边摇，观察现象。

试样：乙醛、叔丁醇、异丙醇、乙醇、环己酮、苯甲醛。

【思考题】

1. 醛和酮与氨基脲的加成实验中，为什么要加入乙酸钠？
2. 托伦试剂为什么要在临用时才配制？托伦实验完毕后，应该加入硝酸少许，立刻煮沸洗去银镜，为什么？
3. 醛、酮与亚硫酸钠加成反应中，为什么一定要使用饱和亚硫酸氢钠溶液？而且必须新配制？
4. 怎样用化学方法区别醛和酮？芳香醛与脂肪醛？
5. 什么结构的化合物能发生碘仿反应？为什么没有溴仿和氯仿反应？
6. 配制碘溶液时为什么要加入碘化钾？
7. 银镜反应使用的试管为什么一定要洁净？如何使试管洗涤干净符合要求？

实验27 羧酸及其衍生物的性质

【实验目的】

验证羧酸及其衍生物的性质。

【实验步骤】

1. 羧酸的性质

（1）酸性试验。将10滴甲酸和10滴乙酸分别溶于2mL蒸馏水中，摇匀后分别用干净的玻璃棒蘸取酸液在同一条刚果红试纸上画线，比较各条线的颜色和深浅程度。

（2）成盐反应。取0.2g苯甲酸放入盛有1mL水的试管中，加入10%氢氧化钠溶液数滴，振荡并观察现象。直接再加数滴10%的盐酸，振荡并观察所发生的变化。

（3）加热分解作用。将甲酸和冰醋酸各1mL及草酸1g分别放入3支带导管的小试管中，导管的末端分别伸入3支各自盛有1～2mL石灰水试管中，加热试管，当有连续气泡产生时，观察现象。

(4) 氧化作用。在3支试管中分别放置0.5mL甲酸、乙酸及0.2g草酸和1mL水所配成的溶液，然后分别加入1mL稀（1∶5）硫酸和2～3mL 0.5%高锰酸钾溶液加热至沸，观察现象。

(5) 成酯反应。在干燥的试管中加入1mL无水乙醇和1mL冰醋酸，再加入0.2mL浓硫酸，振荡均匀后浸在60～70℃的热水浴中约10min，然后将试管浸入冷水中冷却，最后向试管内加入5mL水，观察现象。

2. 羧酸衍生物的性质

(1) 酰氯和酸酐的性质

① 水解作用。在试管中加2mL水，再加入数滴乙酰氯，观察现象，反应结束在溶液中滴加数滴2%硝酸银溶液，观察现象。

② 醇解作用。在干燥的试管中加入1mL无水乙醇，慢慢滴加1mL乙酰氯，冰水冷却并振荡，反应结束后先加入1mL水，用20%碳酸钠溶液中和至中性，观察现象，如没有酯层，再加入粉状氯化钠至溶液饱和为止，观察现象，并闻气味。

③ 氨解作用。在干燥的试管中滴加新蒸馏的苯胺5滴，慢慢滴加乙酰氯8滴，待反应结束后再加入5mL水并用玻璃棒搅匀，观察现象。

用乙酸酐代替乙酰氯重复上述三个试验，比较反应现象及快慢程度。

(2) 酯的水解。在3支试管中，各加1mL乙酸乙酯和1mL水。然后在其中一支试管中加1mL（3mol/L）硫酸，在另一支试管中加1mL（6mol/L）氢氧化钠溶液。把3支试管同时放入70～80℃水浴中，一边摇动一边观察，比较3支试管中酯层消失的速度。

(3) 乙酰乙酸乙酯的酮式-烯醇式互变异构

① 与2,4-二硝基苯肼的反应。在一支试管中加入5滴2,4-二硝基苯肼溶液和1滴乙酰乙酸乙酯，振荡试管，观察实验现象，并解释。

② 与三氯化铁溶液及饱和溴水的反应。在一支试管中加入0.1%三氯化铁溶液和一滴乙酰乙酸乙酯，振荡试管，观察实验现象，说明分子中含有什么结构？再滴加一滴饱和溴水，立即振荡试管，观察实验现象，放置数分钟后，溶液颜色又有何变化？变化后再重复加入溴水，振荡，观察放置数分钟后的变化。列出变化方程式说明。

实验28 胺、酰胺和尿素的性质鉴定

【实验目的】

1. 掌握脂肪族胺和芳香族胺化学反应。
2. 用简单的化学方法区别伯胺、仲胺和叔胺。
3. 掌握甲胺的制法。
4. 验证氨基酸和蛋白质的某些重要化学性质。

【实验步骤】

1. 胺的性质试验

(1) 与亚硝酸反应

① 伯胺的反应。取正丁胺 0.5mL 放入试管中，加盐酸使成酸性，滴加 5%亚硝酸钠溶液，观察有无气泡放出？液体是否澄清？

取 0.5mL 新蒸馏过的苯胺放入另一试管中，加 2mL 浓盐酸和 3mL 水，冰水浴冷却到 0℃。再取 0.5g 亚硝酸钠溶于 2.5mL 水中，用冰浴冷却，慢慢加入苯胺盐酸盐的试管中，边加边搅拌，至 KI-淀粉试纸呈蓝色为止，此为重氮盐溶液。

取 1mL 重氮盐溶液，加热，观察现象，闻气味（是否有苯酚的气味?）。与正丁胺和亚硝酸的反应现象有何不同？

取 1mL 重氮盐溶液，加入数滴 *β*-萘酚溶液（0.4g *β*-萘酚溶于 4mL 的 5%氢氧化钠溶液中)。观察现象（有无橙红色沉淀?)。

② 仲胺的反应。取 1mL *N*-甲基苯胺及 1mL 二乙胺分别盛于试管中，各加入 1mL 浓盐酸及 2.5mL 水。冰水浴冷却至 0℃。再取 2 支试管，分别加入 0.75g 亚硝酸钠和 2.5mL 水溶解，把 2 支试管中的亚硝酸钠溶液分别慢慢加入上述盛有仲胺盐酸盐的溶液中，并振荡，观察现象（有无黄色物质?)。

③ 叔胺的反应。取 *N*,*N*-二甲基苯胺及三乙胺重复（2）的实验，结果如何？

利用上述实验可以区别胺的类型。

(2) 兴斯堡（Hinsberg）实验

在 3 支试管中，分别放入 0.1mL 胺样品、5mL 10%氢氧化钠溶液及 3 滴苯磺酰氯，塞住试管口，剧烈振荡 3～5min，除去塞子，振摇下在水浴上温热 1min，冷却溶液，用试纸检验是否呈碱性，若不呈碱性，应加氢氧化钠溶液使呈碱性，观察有无固体或油状物析出。

试样：苯胺、*N*-甲基苯胺、*N*,*N*-二甲基苯胺。

利用上述实验可以区别不同类型的胺。

(3) 苯胺的性质

① 苯胺的碱性。在一支试管中，加入 2 滴苯胺，再加入 10 滴水，振荡试管，苯胺是否全部溶解？然后再加入 1～2 滴 6mol/L 盐酸溶液，观察现象，解释说明。在此试管中逐滴加入 10%氢氧化钠溶液，不断振荡试管，观察现象并解释。

② 苯胺的氧化反应。在一支试管中，加入 2 滴苯胺，再加入 2 滴饱和重铬酸钾溶液和 0.5mL 15%硫酸，振荡试管，静置 10min，观察现象。

③ 乙酰化反应。在三支试管中，各加入 3 滴苯胺、*N*-甲基苯胺、*N*,*N*-二甲基苯胺，再分别加入 2～3 滴乙酸酐，振荡试管，观察实验现象，若无反应，将试管微热 30s，然后再加入 20 滴乙酸酐，并加入 10%氢氧化钠溶液使之呈碱性，观察并解释实验现象。

2. 酰胺的性质试验

(1) 碱性水解。在一支试管中，加入 0.1g 乙酰胺和 1mL 20%氢氧化钠溶液，混合并用小火加热至沸腾，用湿润的红色石蕊试纸在管口检验所产生的气体性质。

(2) 酸性水解。取 0.1g 乙酰胺和 2mL 10%硫酸一起放入一小试管，混合均匀，小火加热至沸腾 2min，闻气味，放冷并加入 20%氢氧化钠溶液至碱性，再加热，用湿润的红色石蕊试纸在试管口检验所产生气体的性质。

3. 尿素的性质试验

(1) 水解反应。在一支试管中，加入 5 滴 30%尿素溶液和 10 滴 10%氢氧化钠溶液，将试管小火加热，并用湿润的红色石蕊试纸在管口检验所产生的气体性质。

（2）与亚硝酸的反应。试管内加入 1mL 30%尿素溶液和 0.5mL 20%亚硝酸钠溶液，混合均匀，然后逐滴加入 10%硫酸，振荡试管，观察现象并说明原因。

（3）尿素的缩合与缩二脲反应。在一支试管中加入 0.3g 尿素，小火加热试管内固体，至尿素熔融，并有气体放出，用湿润的红色石蕊试纸在管口检验所产生的气体性质。继续加热，试管内物质逐渐凝固，生成的产物为缩二脲。试管放置冷却，加入热水 2mL，并用玻璃棒小心搅拌，尽可能使之全部溶解。用滴管吸取上层清液放入另外一支试管中，加入 3～4 滴 10%氢氧化钠溶液和 3～4 滴 1%硫酸铜溶液，观察说明。

实验 29　糖类化合物的性质

【实验目的】

1. 验证和巩固糖类化合物的主要化学性质。
2. 熟悉糖类化合物的某些鉴定方法。

【实验步骤】

1. 莫立许（Molish）试验（α-萘酚检验糖）

在试管中加入 1mL5%葡萄糖溶液，滴入 2 滴 10% α-萘酚的 95%乙醇溶液，振荡，将试管倾斜 45°，沿管壁慢慢加入 1mL 浓硫酸，竖直静置，观察现象。若无颜色，可在水浴中加热，再观察结果。

试样：5%葡萄糖、果糖、麦芽糖、蔗糖、淀粉液、滤纸浆。

2. 间苯二酚试验

在试管中加入间苯二酚 2mL，加入 5%葡萄糖溶液 1mL，混匀，沸水浴中加热 1～2min，观察颜色有何变化？加热 20min 后，再观察，并解释。

试样：5%葡萄糖、果糖、麦芽糖、蔗糖。

3. 本尼迪克特试剂、斐林试剂、托伦试剂检出还原糖

（1）与本尼迪克特试剂反应

取 6 支试管分别加入 1mL 本尼迪克特试剂，微热至沸，分别加入 0.5mL 5%的样品，在沸水中加热 2～3min，放冷，观察现象并解释。

试样：5%的葡萄糖、果糖、麦芽糖、蔗糖、乳糖、淀粉。

（2）与斐林试剂反应

取 6 支试管分别加入新配制的 1mL 斐林试剂，微热至沸，分别加入 0.5mL 5%的样品，观察现象并解释。

试样：5%葡萄糖、果糖、麦芽糖、蔗糖、乳糖、淀粉。

（3）与托伦试剂反应

取 6 支洁净的试管分别加入新配制的 1.5mL 托伦试剂，再分别加入 0.5mL 5%的样品，在 60～80℃热水浴中加热，观察并比较结果，解释为什么？

试样：5%葡萄糖、果糖、麦芽糖、蔗糖、淀粉液、乳糖。

4. 糖脎的生成

取5支试管分别加入新配制的2mL苯肼试剂，分别加入5%的葡萄糖、果糖、乳糖、麦芽糖、蔗糖液，沸水浴中加热，检查晶体的形成及所需时间。若20min后仍无结晶析出，取出试管，放冷后再观察（双糖的脎溶于热水中，直到溶液冷却才析出结晶）。

将所得糖脎用吸管分别吸取少量置于载玻片上，在显微镜下观察糖脎的结晶形状。

5. 糖类化合物的水解

（1）蔗糖的水解

取1支试管加入8mL 5%蔗糖溶液并滴加2滴浓盐酸，煮沸3～5min，冷却后，用10%氢氧化钠溶液中和，用此水解液做本尼迪克特试验。观察现象并解释。

（2）淀粉水解和碘试验

① 胶淀粉溶液的配制。用7.5mL冷水和0.5g淀粉充分混合，成一均匀的悬浮物。将此悬浮物倒入67mL沸水中，继续加热几分钟即得到胶淀粉溶液。用它做下列实验。

② 碘试验。向1mL胶淀粉中加入9mL水，充分混合，向此稀溶液中加入2滴碘-碘化钾溶液，将其溶液稀释，至蓝色液很浅，加热，结果如何？放冷后，蓝色是否再现，试解释之。

③ 淀粉用酸水解。在100mL小烧杯中，加30mL胶淀粉液，加入4～5滴浓盐酸，水浴加热，每隔5min从小烧杯中取少量液体做碘试验，直至不发生碘反应为止，先用10%氢氧化钠溶液中和，再用托伦试剂试验，观察现象并解释之。

④ 淀粉用酶水解。在一洁净的100mL锥形瓶中，加入30mL胶淀粉，加入1～2mL唾液充分混合，在38～40℃水浴加热10min，将其水溶液用本尼迪克特或托伦试剂检验，有何现象并解释之。

6. 纤维素的性质试验

取一支大试管，加入4mL硝酸，在振荡下小心加入8mL浓H_2SO_4，冷却，把一小团棉花用玻璃棒浸入混酸中，浸在60～70℃热水浴中加热，充分硝化，5min后，挑出棉花，放在烧杯中充分洗涤数次，用水浴干燥，即得浅黄色的硝酸纤维素（火药棉）。把它分为二份。

（1）用坩埚钳夹取一块放在火焰上，是否立刻猛烈燃烧，另用一小块棉花点燃之，比较燃烧有何不同？

（2）把另一块火药棉放在干燥表面皿上，加1～2mL酒精-乙醚液（1∶3体积比）制成火胶棉，在热水浴上蒸发溶剂后得到一火胶棉薄片，放到火焰上燃烧，比较燃烧速度。

第6章 有机化合物的制备与合成实验

实验30 1-溴丁烷的合成

【实验目的】

1. 学习卤代烃的制备方法。
2. 掌握回流装置的安装和使用，分液漏斗的使用。
3. 常压蒸馏操作及干燥剂的使用方法。
4. 提纯液体有机物。

【实验原理】

1-溴丁烷，亦称正溴丁烷，无色透明液体，分子量137.02，熔点−112.4℃，沸点101.6℃，相对密度1.276，折射率n_D^{20}为1.4399。不溶于水，易溶于氯仿、乙醇、乙醚、丙酮，易燃，空气中容许浓度0.7mg/m³。

由于合成和使用上的方便，一般实验室中常用的卤代烷是溴代烷，所以1-溴丁烷是常用的有机合成中间体，也常用作烷化剂、溶剂、稀有元素萃取剂等。1-溴丁烷主要合成方法是由醇与氢溴酸作用，溴离子取代醇分子上的羟基。因为氢溴酸是一种极易挥发的无机酸，因此在制备1-溴丁烷时，通常使用过量的氢溴酸，在大量硫酸存在下与正丁醇一同加热回流，发生亲核取代反应，使醇与氢溴酸的反应趋于完全。

主反应：

$$NaBr + H_2SO_4 \longrightarrow NaHSO_4 + HBr$$

$$n\text{-}C_4H_9OH + HBr \xrightarrow{H_2SO_4} n\text{-}C_4H_9Br + H_2O$$

副反应：

$$n\text{-}C_4H_9OH \xrightarrow{H_2SO_4} CH_3CH_2CH{=}CH_2 + H_2O$$

$$2n\text{-}C_4H_9OH \xrightarrow{H_2SO_4} (n\text{-}C_4H_9)_2O + H_2O$$

$$2HBr + H_2SO_4 \longrightarrow Br_2 + SO_2\uparrow + 2H_2O$$

回流以后再进行粗蒸馏，一方面使生成的1-溴丁烷分离出来，便于后面的洗涤操作；另一方面，粗蒸馏过程可进一步使醇与氢溴酸的反应趋于完全。粗产物中含有未反应的正丁醇和副产物正丁醚，使用浓硫酸洗涤可将它们除去。

【试剂与规格】

正丁醇（C.P.）；溴化钠（C.P.）；浓硫酸（C.P.）；10%碳酸钠溶液；无水氯化钙

(C. P.)。

【实验步骤】

在圆底烧瓶上安装回流冷凝管，冷凝管的上口接一气体吸收装置，见图 1-5。用 5% 的氢氧化钠溶液作吸收液。

在 50mL 圆底烧瓶中依次加入 6.2mL 正丁醇（0.068mol）和 8.3g NaBr[1]（0.08mol）充分振荡后加入几粒沸石。在烧杯中先加入 10mL 水，慢慢加入 10mL 浓硫酸（0.18mol），混合均匀后冷至室温配制成 1∶1 硫酸。将以上配制好的 1∶1 硫酸溶液分四批缓慢加入烧瓶中，并振荡均匀，连上气体吸收装置。将烧瓶置于电热套中加热至微沸腾，平稳回流并时加摇动，回流 30min 使溴化钠作用完全。稍冷后，移去回流冷凝管，再加 1～2 粒沸石，用 75°弯管连接冷凝管，改换成粗蒸馏装置进行蒸馏，见图 2-17(c)。仔细观察馏出液，直到无油滴蒸出。蒸出粗产物正溴丁烷[2]。

将馏出液移至分液漏斗中，将油层从下面放入一个干燥的小锥形瓶[3]，然后用 3mL 浓硫酸分两次加入瓶内，每加一次都要摇匀混合物。如果锥形瓶发热，可用水浴冷却。将混合物慢慢倒入分液漏斗中，静置分层，放出下层浓硫酸[4]。油层依次用 10mL 水、5mL 10% 碳酸钠溶液和 10mL 水洗涤。将下层的粗 1-溴丁烷放入干燥的小锥形瓶，加入 1～2g 无水氯化钙干燥。间歇摇动锥形瓶，直至液体清亮为止。

将干燥的产物倒入 50mL 蒸馏瓶中蒸馏（注意勿使氯化钙掉入蒸馏瓶内），投入 1～2 粒沸石，收集 99～102℃的馏分，产量约 6.5g。

本实验需要 6h。

【注释】

[1] 加料时不要让溴化钠黏附在液面以上的烧瓶壁上，也不要一开始加热太快，否则回流时反应混合物的颜色很快变深（橙黄色或橙红色），甚至会产生少量炭渣。操作情况良好时油层仅呈浅黄色，冷凝管顶端也无溴化氢逸出。

[2] 粗蒸馏正溴丁烷是否完全，可以从以下几个方面来判断：①看蒸馏烧瓶中正溴丁烷层（即油层）是否完全消失，若完全消失，说明蒸馏已达终点；②看冷凝管的管壁是否透明，若透明则表明蒸馏已达终点；③用盛有清水的试管检查馏出液，看是否有油珠下沉，若没有，表明蒸馏已达终点。

粗蒸馏时油层的黄色退去，馏出的油滴无色，不带酸性。若油层蒸完后继续蒸馏，蒸馏瓶中的液体又逐渐变黄色。这时馏出液呈强酸性。有时蒸出的液滴也带黄色，这是由于氢溴酸被硫酸氧化而分解出溴。最后蒸馏瓶中的残液又会变为无色。若仔细观察，可以看到蒸馏瓶内残液中漂浮着一些黑色的细小残渣，这可能是油层中原来的有色杂质分解碳化所致。

[3] 反应终点和粗蒸馏终点的判断；洗涤时有机层的判断。

本实验反应完成后，蒸馏得到的馏出液分为两层，判断哪一层为正溴丁烷是实验成败的关键。正常情况下，正溴丁烷在有水存在时是略带浑浊的无色液体，在下层。但如果蒸馏过度，溴化氢-正丁醇的二元混合物也随之蒸出，相对密度随之发生改变，正溴丁烷就可能变为上层。

[4] 用浓硫酸洗涤产物时，一定要先将油层和水层彻底分开，否则浓硫酸被稀释而降低洗涤效果。如果粗蒸馏时蒸出了氢溴酸，洗涤前又未分离尽，加入浓硫酸后油层和水层都变为橙黄色或橙红色，说明浓硫酸洗涤时油层发生颜色变化是由于分离未尽的氢溴酸被浓硫酸氧化成游离的溴所致。用碳酸钠洗涤后又变为无色。如果油层所带的水中无氢溴酸，用浓硫酸洗涤时虽然也要发热，却无颜色变化。

【思考题】

1. 在正溴丁烷制备实验中，硫酸浓度太高或太低会带来什么结果？
2. 加热回流时，反应物呈棕红色，何故？
3. 在1-溴丁烷的制备实验中，各步洗涤的目的是什么？

实验31 2-氯丁烷的合成

【实验目的】

1. 学习并掌握卢卡斯（Lucas）试剂制备氯代烃的方法。
2. 掌握回流、蒸馏、分馏等基本操作。

【实验原理】

2-氯丁烷亦称仲丁基氯、氯代仲丁烷，无色透明液体，分子量92.5673，熔点−140℃，沸点69.2℃，相对密度0.87。2-氯丁烷有类似醚的气味，微溶于水，可混溶于乙醇、乙醚、氯仿等多数有机溶剂，易燃，蒸气与空气可形成爆炸性混合物。遇明火、高热能引起燃烧爆炸。主要用于有机合成及用作溶剂等。

2-氯丁烷可以由2-丁醇与卢卡斯试剂反应合成制得。

$$C_2H_5CH(OH)CH_3 + HCl \xrightarrow{ZnCl_2} C_2H_5CH(Cl)CH_3$$

结构不同的醇和卢卡斯试剂反应速率差异明显，低级一元醇能溶于卢卡斯试剂中，而相应的氯代烷却不溶，从出现浑浊所需的时间可以衡量醇的反应活性。例如，三级醇与卢卡斯试剂很快发生反应，生成的氯代烷立即分层；二级醇作用稍慢，静置片刻才变浑浊，最后变成两层；一级醇在常温下不发生作用（叔醇或苄醇与该试剂混合后，溶液立即浑浊或分层，5～10min内分层的为仲醇，不分层的为伯醇）。

【试剂与规格】

2-丁醇（C. P.）；5% NaOH溶液；无水氯化锌（C. P.）；浓盐酸（C. P.）；无水氯化钙（C. P.）。

【实验步骤】

在100mL圆底烧瓶装好回流冷凝管和气体吸收装置，见图1-5。用5%氢氧化钠溶液作为吸收液。向反应瓶内加入16g熔融过的无水氯化锌和7.5mL（9g）浓HCl[1]，使其溶为均相[2]，加入1～2粒沸石，冷却至室温。再加入5mL（4.25g，0.055mol）2-丁醇，缓和回流 40min，然后改用蒸馏装置蒸馏收集 115℃以下馏分。用分液漏斗分出有机相，依次用 8mL 水、3mL 5%NaOH 溶液、6mL 水洗涤分液。再用无水 $CaCl_2$ 干燥约 10min，用分馏装置收集 67～69℃馏分[3]，测定旋光度和折射率。

本实验需要约 6h。

【注释】

[1] 制备卢卡斯试剂时要将无水氯化锌熔融彻底干燥，加浓盐酸时要冷却以防氯化氢气体放出。

[2] 均相物系是指在连续相和分散相之间没有相界面，分离较难，如水-乙醇体系；而非均相物系是在连续相和分散相之间存在着明显的相界面，如油和水体系。

[3] 2-氯丁烷的沸点为 68.3℃，操作时要迅速，以防挥发造成损失。

【思考题】

1. 为什么用分馏装置收集产品而不用蒸馏装置收集产品？
2. 实验中哪些因素会导致产率降低？

实验 32 对硝基苯甲酸的合成

【实验目的】

1. 进一步了解苯环侧链氧化反应的原理和方法。
2. 了解机械搅拌的用途，并学习其安装和使用方法。
3. 熟练掌握回流、抽滤、重结晶等过程的操作。

【实验原理】

对硝基苯甲酸为黄色结晶粉末，无臭，能升华。分子量 167.13，熔点 242.4℃，相对密度 1.55。微溶于水，能溶于乙醇等有机溶剂。遇明火、高热可燃。受热分解。对硝基苯甲酸主要用于医药、染料、兽药、感光材料等有机合成的中间体。可由对硝基甲苯氧化而得。

该反应利用强氧化剂 $K_2Cr_2O_7$ 将苯环具有 α-H 的侧链甲基直接氧化为羧基，从而制备对硝基苯甲酸。

$$\text{CH}_3\text{-C}_6\text{H}_4\text{-NO}_2 \xrightarrow[\text{浓 } H_2SO_4]{K_2Cr_2O_7} \text{HOOC-C}_6\text{H}_4\text{-NO}_2$$

由于该反应为两相反应（水相和有机相），还要不断滴加浓硫酸，为了增加两相的接触面，尽可能使其迅速均匀地混合，以避免因局部过浓、过热而导致其他副反应的发生或有机物的分解。本实验采用机械搅拌装置，这样不但可以较好地控制反应温度，同时也能缩短反应时间和提高产率。生成的粗产品为酸性固体物质，可通过加碱溶解、再酸化的办法来纯化。纯化的产品用蒸汽浴干燥。

【试剂与规格】

对硝基甲苯（C. P.）；重铬酸钾（C. P.）；浓硫酸（C. P.）；15%硫酸溶液；5%氢氧化钠溶液。

【实验步骤】

往安装带搅拌、回流、恒压滴液漏斗装置的250mL三口烧瓶中依次加入6g对硝基甲苯，18g $K_2Cr_2O_7$粉末及40mL水，见图1-7(b)。在搅拌下自恒压滴液漏斗滴入25mL浓硫酸（注意用冷水冷却，以免对硝基甲苯因温度过高挥发而凝结在冷凝管上）[1]。硫酸滴完后，加热回流0.5h，反应液呈黑色（此过程中，冷凝管可能会有白色的对硝基甲苯析出，可适当关小冷凝水，使其熔融滴下）。待反应物冷却后，搅拌下加入80mL冰水，有沉淀析出，抽滤并用50mL水分两次洗涤。将洗涤后的对硝基苯甲酸的黑色固体放入盛有30mL 5%硫酸的烧瓶中，沸水浴上加热10min，冷却后抽滤[2]。

将抽滤后的固体溶于50mL 5% NaOH溶液中，50℃温热后抽滤[3]，在滤液中加入1g活性炭，煮沸趁热抽滤（此步操作很关键，温度过高对硝基甲苯熔化被滤入滤液中，温度过低对硝基苯甲酸钠会析出，影响产物的纯度或产率）。充分搅拌下将抽滤得到的滤液慢慢加入盛有60mL 15%硫酸溶液的烧杯中[4]，有黄色沉淀析出，抽滤，少量冷水洗涤两次，蒸汽浴干燥后称重，计算产率。

本实验需要6h。

【注释】

[1] 加浓硫酸的速度不能太快，否则会引起剧烈反应。

[2] 目的是除去未反应完的铬盐。

[3] 碱溶时，可适当温热，但温度不能超过50℃，以防未反应的对硝基甲苯熔化，进入溶液。

[4] 酸化时，将滤液倒入酸中，不能反过来将酸倒入滤液中。

【思考题】

1. 为什么酸化时，要将滤液倒入酸中，而不能反过来将酸倒入滤液中？

2. 芳香环侧链的氧化方法有哪些？氧化的规律有哪些？试写出下列化合物氧化的产物：(a) 对甲异丙苯；(b) 邻氯甲苯。

实验33 对甲苯磺酸的制备

【实验目的】

1. 掌握甲苯磺化反应和产品精制的原理及方法。

2. 巩固分水器的实验操作。

【实验原理】

对甲苯磺酸（化学式：p-$CH_3C_6H_4SO_3H$，也写作TsOH）是一个不具氧化性的有机强酸，酸性是苯甲酸的一百万倍。白色针状或粉末结晶，易潮解，可溶于水、醇和其他极性溶剂。分子量是172，熔点104～105℃，沸点140℃（2.67kPa），会使纸张、木材等脱水发生碳化。常见的是对甲苯磺酸一水合物 $TsOH \cdot H_2O$。广泛用于合成医药、农药、聚合反应的稳定剂及有机合成（酯类等）的催化剂。用作医药、涂料的中间体和树脂固化剂，也用作电镀中间体。生产企业主要采用甲苯磺化法。工业上通过用浓硫酸对甲苯发生磺化制取对甲苯磺酸。

芳香族磺酸一般是用芳烃直接磺化的方法获得。常用的磺化剂是浓硫酸、发烟硫酸、氯磺酸等。磺化反应难易程度与芳香族化合物的结构、磺化剂的种类和浓度及反应温度有关。以浓硫酸为磺化剂时，磺化反应是一个可逆反应：

$$ArH + HOSO_3H \rightleftharpoons ArSO_3H + H_2O$$

随着反应进行，水量逐渐增加，硫酸浓度逐渐降低，这不利于磺酸的生成。通常采用增大硫酸用量，以抑制逆反应，增加磺酸的产率。对甲苯的磺化来说，在加热回流的温度以及甲苯极为过量的条件下，反应有利于对甲苯磺酸的生成。若把磺化反应中的生成水和甲苯形成的恒沸混合物从反应体系中除去，还能加速反应的进行。

主反应：$C_6H_5CH_3 + HOSO_3H \rightleftharpoons p\text{-}CH_3C_6H_4SO_3H + H_2O$

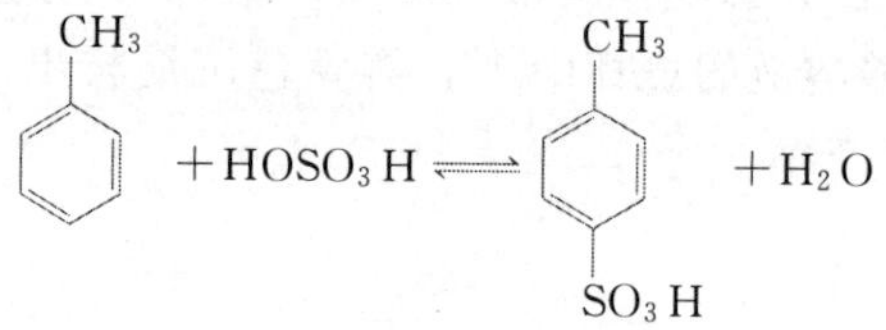

副反应：$C_6H_5CH_3 + HOSO_3H \rightleftharpoons o\text{-}CH_3C_6H_4SO_3H + H_2O$

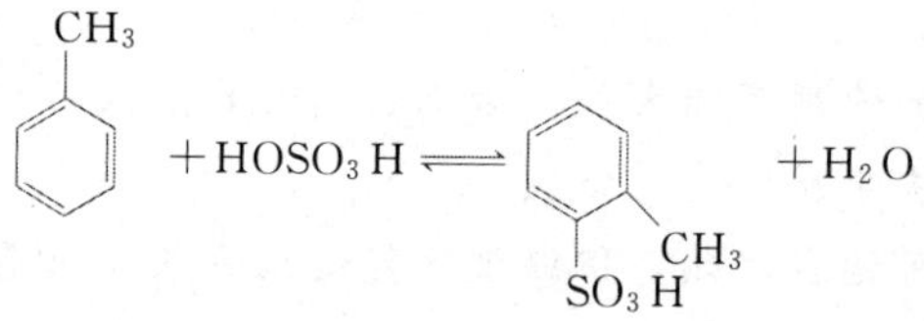

【试剂与规格】

甲苯（C.P.）；浓硫酸（C.P.）；浓盐酸（C.P.）；氯化钠（C.P.）。

【实验步骤】

1. 对甲苯磺酸的制备

在50mL圆底蒸馏烧瓶内加25mL（约21.6g，0.24mol）甲苯，一边摇动烧瓶，一边缓慢加入5.5mL（0.10mol）浓硫酸，加入沸石，安装带分水器的加热装置，如图1-9(a)。用小火加热（控制加热使得瓶壁内能观察到微微回流即可）。回流2h或至分水器中积存2mL水为止。稍微冷却[1]，将反应物倒入50mL锥形瓶中，加入1.5mL水，此时有晶体析出，用玻璃棒慢慢搅动，反应物逐渐变成固体。抽滤，用玻璃瓶塞挤压以除去甲苯和邻甲苯磺酸，得到粗产品。

2. 对甲苯磺酸的纯化

在50mL烧杯或大试管里，将12g粗产品溶解在6mL水里，往溶液中通入氯化氢气体[2]，析出晶体后用布氏漏斗快速抽滤，晶体用少量浓盐酸洗涤，挤掉水分，取出放于干燥器中干燥。对甲苯磺酸一水化合物是无色单斜晶体，熔点96℃，纯对甲苯磺酸熔点104～105℃。

3. 用微量法测熔点

本实验需要6h。

【注释】

[1] 过度冷却可能产品倒不出来。

[2] 氯化氢气体产生和使用注意必须在通风橱里进行。可以取广口瓶，瓶子内用浓盐酸加食盐正好盖住，配一个三口胶皮塞，塞子上一孔插恒压滴液漏斗，漏斗内放置浓硫酸，一孔插压力平衡管，一孔插氯化氢气体管子，滴加硫酸，可以生成氯化氢气体。注意氯化氢气体导入溶液用一略倾斜的倒悬漏斗让溶液吸收，漏斗的边缘一半浸入溶液，一半在溶液上面，防止氯化氢气体倒吸。

【思考题】

1. 按照本实验方法，计算对甲苯磺酸的产率时应以何种原料为基础，为什么？
2. 对甲苯磺酸和邻甲基苯磺酸是利用什么原理分开的？
3. 设计一个用氯仿进行重结晶的实验，写出操作流程。

实验 34　2-甲基-2-己醇的合成

【实验目的】

1. 掌握格氏试剂的制备及无水的操作。
2. 掌握萃取的技术和复习蒸馏操作。

【实验原理】

2-甲基-2-己醇为无色液体，具特殊气味，分子量 116.20，沸点 141～142℃，折射率 n_D^{20} 1.4175，相对密度 0.8119，微溶于水，容易溶解在醚、酮的溶液中。

卤代烷烃与金属镁在无水乙醚中反应生成烃基卤化镁，称为格氏（Grignard）试剂。格氏试剂能与羰基化合物等发生亲核加成反应，产物经水解后可得到醇类化合物。本实验以 1-溴丁烷为原料、乙醚为溶剂制备格氏试剂，而后再与丙酮发生加成、水解反应，制备 2-甲基-2-己醇。

格氏试剂的化学性质非常活泼，能与含活泼氢的化合物（如水、羧酸、醇等）、醛、酮、酯和二氧化碳等起反应。在实验中，所用的仪器必须仔细干燥，所用的原料也都必须经过严格的干燥处理。

$$CH_3CH_2CH_2CH_2Br + Mg \xrightarrow{\text{无水乙醚}} CH_3CH_2CH_2CH_2MgBr$$

$$CH_3COCH_3 + CH_3CH_2CH_2CH_2MgBr \xrightarrow{\text{无水乙醚}} CH_3-C(OMgBr)(CH_3)-CH_2CH_2CH_2CH_3$$

$$\xrightarrow{\text{浓 } H_2SO_4} CH_3-C(OH)(CH_3)-CH_2CH_2CH_2CH_3$$

【试剂与规格】

镁条（C. P.）；正溴丁烷（C. P.）；无水乙醚（C. P.）；碘（C. P.）；丙酮（C. P.）；10%硫酸溶液；5%碳酸钠溶液；无水碳酸钾（C. P.）；无水氯化钙（C. P.）。

【实验步骤】

1. 正丁基溴化镁的制备

在干燥的150mL三口烧瓶上，安装上回流冷凝管和恒压滴液漏斗，回流冷凝管和恒压滴液漏斗的口上装有氯化钙干燥管［参考图1-6(c)，图1-4］。将1.5g(0.06mol) 洁净的镁条和15mL干燥的无水乙醚加到三口烧瓶中。在恒压滴液漏斗中混合10mL干燥的无水乙醚和8mL(10.208g，0.0745mol) 干燥的正溴丁烷。先从恒压滴液漏斗中放出1mL混合液至反应瓶中，加入一小粒碘引发反应，并摇动反应液，观察实验的现象。反应开始后，慢慢滴入其余的正溴丁烷溶液，滴加速度以保持反应液微沸与回流为宜。若不反应，可用温水浴加热，反应开始比较激烈，必要时可用冷水冷却。混合物滴加完毕，用热水浴（禁止用明火）加热回流至镁屑全部作用完。

2. 2-甲基-2-己醇的制备

将上面制好的格氏试剂在冰水浴冷却和搅拌下，从恒压滴液漏斗中滴入6mL（4.728g，0.0944mol）干燥的丙酮和10mL无水乙醚混合液，加入速度在每秒1～2滴，以保持反应液微沸。加完后移去冰水浴，在室温下放置15min。反应液应呈灰白色黏稠状。将反应液在冰水浴冷却下，自恒压滴液漏斗慢慢加入60mL 10%硫酸溶液，开始滴加速度为每秒1滴，以后逐渐快至每秒5滴，使反应物分解完后，反应液移入细口瓶保存。

将上述反应液倒入分液漏斗，分出醚层，水层每次用12mL乙醚萃取2次，合并醚层，用20mL 5%碳酸钠洗涤一次，再用无水碳酸钾干燥，最后空气浴加热蒸馏（注意此时实验室里应无人蒸乙醚，并打开窗户15min后，才能用明火），收集138～142℃的馏分。产品称重计算产率。

本实验需要8h。

【注意事项】

1. 本实验所用仪器必须充分干燥，正溴丁烷用无水氯化钙干燥并蒸馏纯化，丙酮用无水碳酸钾干燥，并蒸馏纯化。

2. 2-甲基-2-己醇与水能形成共沸物，因此必须彻底干燥，否则前馏分将大大增加。

【思考题】

1. 进行格氏反应时，为什么试剂和仪器必须绝对干燥？

2. 本实验有哪些副反应，如何避免？

3. 本实验的粗产物可否用无水氯化钙干燥，为什么？

实验35 微波辐射促进苯甲酸的合成与其含量的测定

【实验目的】

1. 学习苯甲酸的微波氧化合成方法。

2. 巩固重结晶、减压过滤等基本操作技术。

3. 掌握滴定分析法测定苯甲酸含量的原理及方法。

【实验原理】

微波辐射化学是研究在化学中应用微波的一门新兴的前沿交叉学科，它在国外的研究进展十分活跃。自从1986年Gedye等首次报道了微波作为有机反应的热源可以促进有机化学反应以来，微波技术已成为有机化学反应研究的热点之一。与常规加热法相比，微波辐射促进合成方法具有显著的节能、提高反应速率、缩短反应时间、减少污染，且能实现一些常规方法难以实现的反应等优点。

本实验以苯甲醇为原料，以 $KMnO_4$ 为氧化剂，在微波辐射下相转移催化合成苯甲酸。

主反应为：

$$3\ C_6H_5CH_2OH + 4KMnO_4 \longrightarrow 3\ C_6H_5COOK + 4MnO_2 + KOH + 4H_2O$$

$$C_6H_5COOK + HCl \longrightarrow C_6H_5COOH + KCl$$

【试剂与规格】

苯甲醇（C. P.）；高锰酸钾（C. P.）；四丁基溴化铵（C. P.）；中性乙醇；浓盐酸；0.1mol/L NaOH；1%酚酞指示剂；邻苯二甲酸氢钾基准物质；pH 试纸。

【实验步骤】

1. 苯甲酸的制备

在 150mL 圆底烧瓶中依次加入 4.2g 高锰酸钾、2.0g 四丁基溴化铵、40mL 水，摇匀，再加入 2.1mL（0.020mol）苯甲醇、40mL 水和 2 粒沸石。将圆底烧瓶置于微波化学反应器内，装上回流装置，关闭微波炉门，设定反应时间为 18min，反应功率为 60%（满功率 650W），开启微波反应器。

反应结束后，趁热将反应瓶从微波反应器中取出，迅速抽滤。滤液冷却后，用浓盐酸（约 6mL）酸化到 pH＝3～4，析出固体，抽滤（如果滤液呈现紫红色，可以将滤液放入微波炉反应器中继续反应 2min）。用少量冷水洗涤，得到苯甲酸粗品。

2. 苯甲酸纯化

粗产品可以用水重结晶，如有色，加入活性炭脱色，产品用红外灯干燥或在沸水浴上干燥。

3. 测定熔点

微量法测定产品熔点，比较文献记载，分析产品的质量。

4. 苯甲酸含量的测定

分别准确称量 0.3～0.4g 苯甲酸产品两份，加入 15mL 中性乙醇，溶解，加入 20mL 蒸馏水及 2～3 滴酚酞指示剂，用氢氧化钠标准溶液滴定至微红色。计算苯甲酸产品中苯甲酸含量并计算滴定的相对偏差。

本实验需要 6h。

【注意事项】

本实验选用的微波反应器（见图 6-1）及反应条件

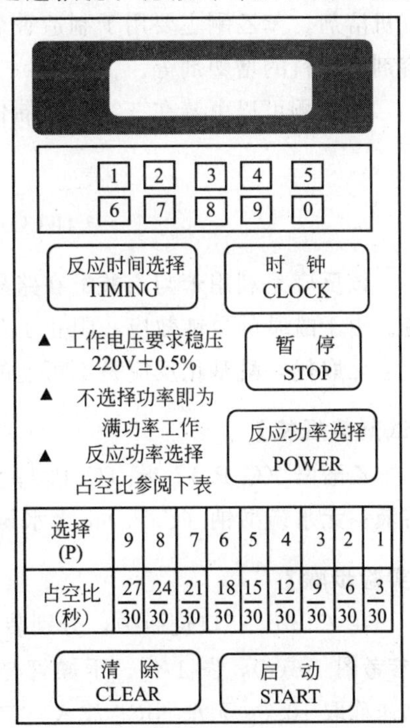

图 6-1 微波辐射炉面板示意

操作如下：

按 反应时间选择 键 → 按数字(1800)键 → 按 反应功率选择 键 → 按一位数字(6)键 → 按 启动 键

按 反应时间选择 键	按数字(1800)键	按 反应功率选择 键	按一位数字(6)键	按 启动 键
显示窗显示 0:00 时钟指示灯闪亮	显示所设 置的时间	显示 P100 表示初始功率 100%	显示 P-60 表示 60% 功率	显示倒计时 完毕后显示 END 蜂鸣

1. 所设置的操作条件需要更改或正在运行的实验需要终止时，按 清除 键。

2. 反应过程中需要微波炉暂停，可按 暂停 键，当再次按 启动 键后，微波反应器将继续完成原先设定的工作程序。

3. 反应过程中若需对反应体系进行调整，按开门键（勿按 清除 键）。打开炉门时，微波炉自动停止工作，处理完毕后，关上炉门，微波炉将继续完成原先设定的工作程序。

实验 36 苯乙酮的合成

【实验目的】

1. 学习并掌握傅-克酰基化反应的基本原理。
2. 掌握无水操作及机械搅拌的使用方法。

【实验原理】

苯乙酮为无色或淡黄色低熔点、低挥发性、有水果香味的油状液体，分子量 120.14，熔点 19.46℃，沸点 201.7℃，相对密度 1.03。苯乙酮不溶于水，不溶于甘油，易溶于多数有机溶剂。苯乙酮主要用于制造香皂和纸烟，也用作有机化学合成的中间体，纤维树脂等的溶剂和塑料的增塑剂等。

苯乙酮可以由苯在三氯化铝催化下与乙酰氯、乙酸酐或乙酸反应制得。

$$C_6H_6 + (CH_3CO)_2O \xrightarrow{\text{无水 }AlCl_3} C_6H_5COCH_3 + CH_3COOH$$

该反应是利用苯与乙酸酐在路易斯酸作为催化剂（无水三氯化铝）作用下发生酰基化反应。由于酰基的致钝效应，阻止了苯环进一步发生取代反应，可停留在一酰化阶段，不会产生多元取代，酰基化反应是不可逆的，不会发生重排反应，故产物纯度高。

【试剂与规格】

乙酸酐（C. P.）；苯（C. P.）；无水三氯化铝（C. P.）；浓盐酸（C. P.）；5%氢氧化钠溶液；无水硫酸钠（C. P.）；无水氯化钙。

【实验步骤】

在 250mL 三口烧瓶中，分别装上冷凝管和恒压滴液漏斗，冷凝管上端装氯化钙干燥管[参考图 1-6(c)，图 1-4]，干燥管与氯化氢气体吸收装置相连，注意防止发生倒吸现象[1]。迅速称取 10.0g 无水 $AlCl_3$ 放入三口烧瓶中[1]，再加入 15mL（0.1688mol）无水无噻吩苯。恒压滴液漏斗缓慢逐滴加 3.5mL（0.03675mol）乙酸酐，边加边摇，滴加速度以三口烧瓶稍热为宜。水浴上回流 20min，直到无 HCl 气体放出。将反应物冷至室温，搅拌下加入 50mL 配制好的 1∶1 盐酸溶液。当固体溶解完后，分液，用 5mL 苯萃取两次，合并有机层。依次用 25mL 5% NaOH 和 25mL 水各洗涤一次，有机层转移至锥形瓶中，用无水硫酸钠干燥。干燥后的产物分批加入 50mL 的圆底烧瓶中[2]，水浴或电热套小火加热蒸去苯。升高温度至 140℃，稍冷后改空气冷凝管，收集 194～198℃的馏分。称重、计算产率。

本实验需要 4h。

【注释】

[1] 所用仪器和试剂必须干燥，称取和加入无水 $AlCl_3$ 时应快速。在与无水三氯化铝接触的过程中，应避免与皮肤接触，以免灼伤。

[2] 蒸馏时，尽可能用小瓶，以减少损失。

【思考题】

1. 本装置为何要干燥，加料为何要迅速？
2. 反应完成后，为何要加入浓盐酸和在冰水中冰解（加入 1∶1 的浓盐酸和水）？

实验 37 1-苯乙醇的合成

【实验目的】

1. 学习用硼氢化钠还原羰基化合物合成醇的反应原理和实验方法。
2. 掌握减压蒸馏等基本操作。

【实验原理】

1-苯乙醇是无色具有柔和、愉快而持久的玫瑰香气的液体，分子量 122，沸点 203.4℃，熔点 203.4℃，折射率 n_D^{20} 为 1.5275，相对密度 1.103。微溶于水，易溶于醇、醚。1-苯乙醇是较为重要和应用广泛的一种食用香料，1-苯乙醇目前主要是通过有机合成或从天然物中萃取获得该产品。合成的方法主要有氧化苯乙烯法和环氧乙烷法两种。本实验采用在乙醇溶液中利用硼氢化钠还原苯乙酮分子上羰基的方法进行制备。

硼氢化钠是一种常用的将醛、酮分子上羰基还原为羟基的重要还原剂，对水、醇稳定，可以在水或醇中反应，因为该反应为放热反应，所以需要控制反应温度。

主反应：

$$4\ C_6H_5-\overset{O}{\overset{\|}{C}}-CH_3 + NaBH_4 \xrightarrow{CH_3CH_2OH} \left[C_6H_5-\underset{CH_3}{\overset{H}{C}}-O \right]_4 B^- Na^+ \xrightarrow{H_2O/HCl} 4\ C_6H_5-\underset{H}{\overset{OH}{C}}-CH_3 + H_3BO_3$$

【试剂与规格】

苯乙酮（C. P.）；硼氢化钠（A. P.）；95%乙醇；无水碳酸钾（C. P.）；乙醚（C. P.）；3mol/L 盐酸；无水硫酸镁（C. P.）。

【实验步骤】

在 100mL 三口烧瓶的一个侧口装上球形冷凝管，一个侧口装一插到瓶底的温度计（注意温度计不得与瓶底接触），中间口装恒压滴液漏斗，见图 1-8。三口烧瓶中分别加入 1.0g（0.026mol）硼氢化钠和 15mL 95%乙醇，恒压滴液漏斗中加入 8mL（0.067mol）苯乙酮。水浴加热控制温度 48～50℃并磁力搅拌。反应中不断滴加苯乙酮直至完毕，继续室温搅拌 20min[1]。

在搅拌下滴加 6mL 3mol/L 盐酸溶液[2]，大部分白色固体溶解。水浴蒸出大部分乙醇，浓缩至分为两层。冷却后加入 15mL 乙醚，分出醚层，水层用 6mL 乙醚萃取 2 次，合并醚层，无水硫酸镁干燥。

在除去干燥剂的粗产品中，加入 0.6g 无水碳酸钾[3]。水浴蒸出乙醚，然后改减压蒸馏，收集 102～103.5℃/2.533kPa（19mmHg）的馏分。称重，计算产率。

本实验需要 6h。

【注释】

[1] 产生大量沉淀时可能会结块，注意实时停止搅拌。

[2] 加入盐酸的作用：①分解过量的硼氢化钠，操作时注意控制盐酸的滴加速度，避免大量气泡放出并严禁明火；②水解硼酸酯的配合物。

[3] 碳酸钾的加入可以防止蒸馏过程发生催化脱水反应。

【思考题】

1. 硼氢化钠和氢化铝锂都是还原剂，在还原能力和操作方法上有何不一样？
2. 滴加苯乙酮时，为什么要控制反应温度在 48～50℃？

实验 38　季戊四醇的合成

【实验目的】

1. 学习羟醛缩合反应和坎尼扎罗（Cannizzaro）反应的原理。
2. 学习掌握减压蒸馏的方法。

【实验原理】

季戊四醇为白色或淡黄色结晶粉末，分子量 136.15，熔点 262℃，沸点 276℃，折射率 n_D^{20} 1.5480，溶于水，稍溶于乙醇，不溶于苯、乙醚和石油醚。主要用于制造季戊四醇四硝酸酯炸药、醇酸树脂、油漆和制造塑料的热稳定剂、增塑剂等。季戊四醇主要采用氢氧化钠为缩合剂，以甲醛和乙醛发生羟醛缩合反应后再进一步发生坎尼扎罗反应而得。

$$CH_3CHO \xrightarrow[OH^-]{HCHO} \underset{\underset{OH}{|}}{H_2C}—CH_2CHO \xrightarrow[OH^-]{2HCHO} HOCH_2—\overset{\overset{CH_2OH}{|}}{\underset{\underset{CH_2OH}{|}}{C}}—CHO \xrightarrow[OH^-]{HCHO} HOCH_2—\overset{\overset{CH_2OH}{|}}{\underset{\underset{CH_2OH}{|}}{C}}—CH_2OH$$

【试剂与规格】

37%甲醛；15%～20%乙醛；氧化钙（C. P.）；70%硫酸；20%草酸。

【实验步骤】

在100mL三口烧瓶中间口装上搅拌器，一侧口装恒压滴液漏斗，漏斗中装8.4mL 15%～20%乙醛。自另一瓶口加入11.1g 37%甲醛溶液和25mL蒸馏水，搅拌时逐渐缓慢加入5.2g氧化钙，将该口加装一插到瓶底的温度计（注意温度计不得与瓶底接触），参考图1-7(c)。控制温度在60℃左右[1]，自恒压滴液漏斗中滴加15%～20%乙醛溶液，约20min滴加完毕后继续保持60℃加热2h[2]。

停止加热，当反应混合物降至45℃时，逐渐加入70%硫酸并同时用pH试纸检验，当pH在2～2.5时，停止酸化。整个过程溶液的颜色由黄色经灰白色转变成白色。

将上述溶液进行减压抽滤，滤去沉淀不溶物[3]。在滤液中加入1mL 20%草酸溶液，充分搅拌后，经过长时间静置，再次检验抽滤，滤去不溶物。减压蒸馏浓缩滤液，直至瓶中出现大量结晶为止。冷却，待晶体完全析出后抽滤，得到季戊四醇产品，烘干称量，计算产率。

本实验约需要8h。

【注释】

[1] 该反应是放热反应，当反应体系升至40℃时，注意控制加入温度，必要时暂时停止加热。否则难于控制温度在60℃以下。如发现反应现象不明显，需要水浴慢慢升温。

[2] 反应混合物的颜色由乳白色变成浅黄色，即可以认定反应达到终点。

[3] 滤去硫酸钙沉淀物。

【思考题】

1. 氧化钙的作用是什么？
2. 可否将甲醛滴加到乙醛溶液中进行？为什么？
3. 缩合反应完成后为何要酸化？
4. 酸化后的滤液为什么还要加草酸溶液？

实验39 甲基叔丁基醚的合成

【实验目的】

1. 掌握醇分子间脱水制备醚的反应原理和实验方法。
2. 掌握分馏原理和基本操作。

【实验原理】

甲基叔丁基醚（methyl *tert*-butyl ether，MTBE）是一种无色透明液体，具有特殊气味。分子量 88.15，熔点−109℃，沸点 55.2℃，折射率 n_D^{20} 1.3689，相对密度 0.74。不溶于水，易溶于乙醇、乙醚，它的蒸气比空气重，可沿地面扩散，与强氧化剂共存时可燃烧。甲基叔丁基醚常用于无铅汽油中作为抗爆剂，也可以作为有机合成原料，制高纯度的异丁烯。甲基叔丁基醚一般以甲醇和异丁烯为原料，借助酸性催化剂合成，实验室也可以在酸性条件下利用两分子醇发生消除反应制得。

主反应：　$CH_3OH + (CH_3)_3COH \xrightarrow{H_2SO_4} CH_3OC(CH_3)_3 + H_2O$

副反应：　$(CH_3)_3COH \xrightarrow{H_2SO_4} CH_2{=}C(CH_3)_2$

本实验利用不同分子结构醇在酸的条件下分子间脱去一分子水制备得到醚类化合物，若温度过高会发生分子内脱水生成烯烃。

【试剂与规格】

甲醇（C.P.）；叔丁醇（C.P.）；15%硫酸；无水碳酸钠（C.P.）；金属钠（C.P.）。

【实验步骤】

在 150mL 三口烧瓶的中间装上分馏柱，一个侧口装一插到瓶底的温度计，另一口用塞子塞住。分馏柱顶上装有温度计，其支管依次接直形冷凝管、带支管的尾接管，尾接管的支管接橡皮管，通入水槽的下水口里，接收器用冰水浴冷却（参考图 2-36）。

仪器装好后，在烧瓶中加入 20mL 15%硫酸、4.5mL 甲醇和 4.5mL 95%叔丁醇，混合均匀，投入几粒沸石，加热。当瓶中温度到达 75～80℃时，产物慢慢地分馏出来，调节加热速度，使得分馏柱顶的蒸气温度保持在 51℃±2℃[1]，每分钟约收集 0.5～0.7mL 馏出液。当分馏柱顶的温度明显上下波动时，停止分馏[2]，全部分馏时间约 40min，共收集粗产物约 9mL。

将馏出液移入分液漏斗中，用水洗涤 2～3 次，每次用 1.5mL 水，尽量洗去其中所含的醇（约需洗 3～4 次）[3]。分出清澈透明的醚层，用少量无水碳酸钠干燥。将醚层移入干燥的回流装置中，加入 0.1～0.2g 的金属钠，加热回流 30min。最后，将回流装置改成蒸馏装置，用水浴加热，蒸出甲基叔丁基醚，收集 54～56℃的馏分。

本实验约需要 4h。

【注释】

[1] 甲醇的沸点为 64.7℃，叔丁醇的沸点为 82.6℃。叔丁醇与水的恒沸混合物（含醇 88.3%）的沸点为 79.9℃，所以分馏时温度尽量控制在 51℃左右（是醚和水的恒沸混合物），不超过 53℃为宜。

[2] 分馏后期，馏出速度大大减慢。此时略微调节温度大小，柱顶温度会随之大幅度波动。这说明反应瓶中的甲基叔丁基醚已经基本蒸出。此时反应瓶中的温度大约升到 95℃左右。

[3] 洗涤至所加水的体积在洗涤后不再增加为止。如果增大制备量时，洗涤的次数还要多。

【思考题】

1. 醚化反应为何用 15%的硫酸？用浓硫酸行不行？
2. 分馏时柱顶的温度高了会有什么不利？

3. 用金属钠回流的目的是什么？如果不进行这一步处理，而将干后的醚层直接蒸馏，对结果会有何影响？

科海拾贝

甲基叔丁基醚（MTBE）是一种无色透明、黏度低的可挥发性液体，具有特殊气味，含氧量为18.2%的有机醚类。它的蒸气比空气重，可沿地面扩散，与强氧化剂共存时可燃烧。MTBE的纯度为97%～99.5%，分子式为$CH_3OC(CH_3)_3$。

MTBE的化学性质稳定，可以增加汽油的辛烷值，从而改善汽车的行车性能，降低尾气中一氧化碳的含量，并且其燃烧效率高，可以抑制臭氧的生成。因而MTBE可以替代四乙基铅作为抗暴剂，生产无铅汽油。MTBE也是制取聚异丁烯的重要原料，并可用于甲基丙烯醛和甲基丙烯酸的生产。1973年意大利开发了世界上第一套MTBE工业装置。1990年美国制定的空气清洁法修正案（CAA—1990）要求新配方汽油添加含氧化合物（如MTBE），以减少汽车污染。中国从20世纪70年代末和80年代初开始进行MTBE技术的研究。于1986年建成了第一套万吨级MTBE工业装置。1999年，中国启动了“全国空气净化工程——清洁汽车行动”，开始鼓励使用含有MTBE的汽油。

实验40 肉桂酸的合成

【实验目的】

1. 学习制备肉桂酸的原理和方法。
2. 掌握机械搅拌器的使用方法及水蒸气蒸馏的仪器安装和使用，高沸点化合物的蒸馏。

【实验原理】

肉桂酸又称β-苯丙烯酸，白色至淡黄色粉末。微有桂皮香气。分子量148.17，熔点133℃，沸点300℃，相对密度1.245。溶于乙醇、甲醇、石油醚、氯仿，易溶于苯、乙醚、丙酮、冰醋酸、二硫化碳及油类，微溶于水。主要用于香精香料、食品添加剂、医药工业、美容、农药、有机合成等方面。

肉桂酸的合成方法大体上有三种：

（1）苯基二氯甲烷和无水醋酸钠在180～200℃反应生成肉桂酸。该法合成路线较短，苯基二氯甲烷廉价易得，反应条件温和，但转化率低，副产物多，产物中易含氯离子，影响在香料工业中的应用。

（2）甲醛-丙酮合成法。该法有合成路线长、耗能大、成本高等缺点。

（3）Perkin法。芳香醛和酸酐在碱性催化剂的作用下，可以发生类似的羟醛缩合作用，生成α，β-不饱和芳香酸，这个反应称为Perkin反应。催化剂通常是相应酸酐的羧酸钾或叔胺，例如苯甲醛和醋酸酐在无水醋酸钾（钠）的作用下缩合，即得肉桂酸。反应时，可能是酸酐受醋酸钾（钠）的作用，生成一个酸酐的负离子，负离子和醛发生亲核加成，生成中间物β-羟基酸酐，然后再发生失水和水解作用就得到不饱和酸。该法具有原料易得、反应条件温和、分离简单、产率高、副产物少、产物纯度高且不含氯离子、成本低等优点。

本实验利用苯甲醛与乙酸酐混合后，在相应的羧酸盐存在下，加热制得。

$$C_6H_5CHO + (CH_3CO)_2O \xrightarrow{KOAc} \xrightarrow{H^+} C_6H_5CH{=}CHCOOH + CH_3COOH$$

【试剂与规格】

苯甲醛（C.P.）；乙酸酐（C.P.）；无水醋酸钾（C.P.）；30%乙醇；10%氢氧化钠；浓盐酸（C.P.）。

【实验步骤】

在圆底烧瓶中加入4.2g新熔融并研细的无水醋酸钾[1]、3mL（0.0296mol）新蒸馏的苯甲醛[2]和8mL（0.0848mol）乙酸酐[3]，安装好回流反应装置，见图1-3[4]。混合均匀后加热，使其微沸腾（150～170℃）1h[5]，反应初期有二氧化碳气泡溢出。

冷却反应混合物，使有色的固体析出，加入15mL水浸泡几分钟，用不锈钢刮勺轻轻捣碎瓶中的固体，进行简易的水蒸气蒸馏，直至无油状物蒸出为止，以除去未反应的苯甲醛。将烧瓶冷却后，加入15mL氢氧化钠水溶液，使生成的肉桂酸形成钠盐而溶解。再加入50mL水加热煮沸后，加入少量活性炭脱色[6]，趁热过滤。滤液冷至室温后，在搅拌下，小心加入12mL浓盐酸和12mL水的混合液，至溶液呈酸性。肉桂酸晶体完全析出后，抽滤，晶体用少量水洗涤，干燥后称重并计算产率，粗产量约2.0g。可用30%乙醇重结晶。纯粹的肉桂酸（反式）为白色片状晶体，熔点131.5～132℃。

本实验约需要8h。

【注释】

[1] 无水醋酸钾必须是新熔的。它的吸水性很强，操作时要快。无水醋酸钾的干燥程度，对反应能否进行和产率的提高都有较明显的影响。

[2] 久置后的苯甲醛易自动氧化成苯甲酸，这不但影响产率，而且苯甲酸混在产物中不易除净，影响产物的纯度。

[3] 放久了的乙酐，易吸潮水解成乙酸，故实验前必须将乙酐重新蒸馏，否则影响反应的产率。

[4] 所用仪器必须是干燥的。因为乙酐遇水能水解成乙酸，无水醋酸钾遇水会失去催化作用，影响反应的进行。

[5] 加热回流，反应过程中控制反应液呈微沸状态。反应混合物的温度由140℃左右开始沸腾，随着反应的进行温度逐步上升，最高可达170℃。如果反应液激烈沸腾，易使乙酐蒸气从冷凝管溢出，影响产率。

[6] 在反应温度下长时间加热，肉桂酸脱羧生成苯乙烯，进而生成苯乙烯低聚物（呈棕褐色黏稠体）。若反应温度过高（200℃以上），这种现象更为明显。

【思考题】

1. 用无水醋酸钾作缩合剂，回流结束后加入固体碳酸钠使溶液呈碱性，此时溶液中有哪几种化合物？

2. 用丙酸酐和无水丙酸钾与苯甲醛反应，得到什么产物？

科海拾贝

肉桂酸（cinnamic acid）又名β-苯丙烯酸、3-苯基-2-丙烯酸，是从肉桂皮或安息香分离出的有机酸，植物中由苯丙氨酸脱氨降解产生苯丙烯酸。主要用于香精香料、食品添加剂、医药工业、美容、农药、有机合成等方面。

在有机化工合成方面，肉桂酸可作为镀锌板的缓释剂、聚氯乙烯的热稳定剂、多氨基甲酸酯的交联剂、聚己内酰胺的阻燃剂、化学分析试剂。也是测定铀、钒分离的试剂；它还是负片型感光树脂的最主要合成原料。主要合成肉桂酸酯、聚乙烯醇肉桂酸酯、聚乙烯氧肉桂酸乙酯和侧基为肉桂酸酯的环氧树脂。应用于塑料方面，可用作PVC的热稳定剂、杀菌防霉除臭剂，还可添加在橡胶、泡沫塑料中制成防臭鞋和鞋垫，也可用于棉布和各种合成纤维、皮革、涂料、鞋油、草席等制品中防止霉变。

在医药工业中，其可用于合成治疗冠心病的重要药物乳酸可心定和心痛平以及合成局部麻醉剂、杀菌剂、止血药等。肉桂酸还可合成氯苯氨丁酸和肉桂苯哌嗪，用作脊椎骨骼松弛剂和镇静剂。肉桂酸在食品添加剂领域也有一定的应用，其可用微生物酶法合成L-苯丙氨酸作为重要的食品添加剂——甜味阿斯巴甜（aspartame）的主要原料。肉桂酸作为配香原料，也被用作香料中的定香剂，可用于饮料、冷饮、糖果、酒类等食品。另外，肉桂酸的防霉防腐杀菌特性可应用于粮食、蔬菜、水果中的保鲜、防腐。

实验41 苯甲酸与苯甲醇的合成

【实验目的】

1. 学习坎尼扎罗（Cannizzaro）反应的原理及应用。
2. 学习酸、碱、中性有机化合物的分离方法。
3. 巩固重结晶和熔点测定基本操作。

【实验原理】

苯甲酸为具有苯或甲醛气味的鳞片状或针状结晶。分子量122.1214，熔点122.13℃，沸点249℃，相对密度1.2659。在100℃时迅速升华。微溶于水，易溶于乙醇、乙醚等有机溶剂。苯甲酸主要用于医药、染料载体、增塑剂、香料和食品防腐剂等的生产，也用于醇酸树脂涂料的性能改进。苯甲酸主要采用氧化甲苯或由邻苯二甲酸酐水解脱羧制得。

苯甲醇也称苄醇，是有微弱芳香气味的无色透明黏稠液体，分子量108.13，熔点−15.3℃，沸点205.35℃，相对密度1.0419，折射率n_D^{20} 1.5396。稍溶于水，可与乙醇、乙醚、苯、氯仿等有机溶剂混溶。苯甲醇主要用作溶剂、增塑剂、防腐剂，并用于香料、肥皂、药物、染料等的制造。

苯甲醇主要以氯化苄为原料，在碱的催化作用下加热水解而得。

无α-氢的醛类和浓的强碱溶液作用时，发生分子间的自氧化还原反应，一分子醛被还原成醇，另一分子醛被氧化成酸，此反应称为坎尼扎罗反应。用稍过量的甲醛水溶液与醛（摩尔比1.3∶1）反应时，则可使所有的醛还原为醇，而甲醛则氧化成甲酸。

$$C_6H_5CHO \xrightarrow{NaOH} C_6H_5CH_2OH + C_6H_5COONa$$

$$C_6H_5COONa \xrightarrow{H^+} C_6H_5COOH$$

【试剂与规格】

新蒸苯甲醛（C. P.）；氢氧化钠（C. P.）；乙醚（C. P.）；10%碳酸钠溶液；浓盐酸（C. P.）。

【实验步骤】

在 100mL 锥形瓶中放入 5g 氢氧化钠和 5mL 水，摇振溶解并冷至室温。慢慢注入 5.1mL（0.050mol）新蒸馏过的苯甲醛，用橡皮塞塞住瓶口，剧烈摇振[1]，充分混合至呈白色糊状，在室温放置 24h 以上。

加水振摇并少量多次地补加水，至固体恰恰全部溶解后转入分液漏斗，用约 1mL 水荡洗锥形瓶，洗出液一并倒入分液漏斗中，每次用 5mL 乙醚萃取 3 次[2]。合并醚层，依次用 5mL 饱和亚硫酸氢钠溶液、5mL 10%碳酸钠溶液及 5mL 水洗涤，将最后所得的乙醚溶液用无水硫酸镁干燥，滤除干燥剂。先用水浴加热的蒸馏装置蒸除乙醚，见图 2-17(b)，再改为普通蒸馏装置，用空气冷凝管冷凝，见图 2-16。电热套加热蒸馏，收集 203～206℃的馏分，称重并计算产率。

乙醚萃取后的水溶液用盐酸酸化至刚果红试纸变蓝（pH=3），充分冷却使结晶完全，抽滤，产物用水重结晶，可得苯甲酸 2.3～2.5g（2.2～2.4mL），收率 73.7%～82.0%。

本实验约需要 6h。

【注释】

［1］充分摇振是反应成功的关键，如混合充分，放置 24h 后混合物通常在瓶内固化，苯甲醛气味消失。

［2］乙醚萃取主要是萃取水溶液里的粗产物苯甲醇。

【思考题】

1. 试比较坎尼扎罗反应与羟醛缩合反应在醛的结构上有何不同？

2. 本实验中两种产物是根据什么原理分离提纯的？用饱和的亚硫酸氢钠及 10%碳酸钠溶液洗涤的目的何在？

实验 42　乙酸乙酯的合成

【实验目的】

1. 了解由醇和羧酸制备羧酸酯的原理和方法。

2. 掌握酯的合成法（可逆反应）及反应条件的控制。

3. 掌握产物的分离提纯原理和方法。

4. 学习液体有机物的蒸馏、洗涤和干燥等基本操作。

【实验原理】

乙酸乙酯为无色透明液体，分子量 88.1051，熔点－83.6℃，沸点 77.2℃，折射率 n_D^{20} 1.3723，相对密度 0.90。乙酸乙酯有水果香，易挥发，对空气敏感，能吸水分，微溶于水，溶于乙醇、丙酮、乙醚、氯仿、苯等多数有机溶剂。可用作纺织工业的清洗剂和天然香料的萃取剂，也是制药工业和有机合成的重要原料。

乙酸乙酯是乙酸中的羟基被乙氧基取代而生成的化合物，其合成的方法多种多样。实验室乙酸乙酯常由乙酸和乙醇在少量浓硫酸催化下制得。

主反应 $$CH_3COOH + CH_3CH_2OH \xrightleftharpoons{浓\ H_2SO_4} CH_3COOCH_2CH_3 + H_2O$$

副反应 $$CH_3CH_2OH \xrightarrow{浓\ H_2SO_4} CH_3CH_2OCH_2CH_3$$

反应中，浓硫酸除了起催化剂作用外，还吸收反应生成的水，有利于酯的生成。若反应温度过高，则促使副反应发生，生成乙醚。为提高产率，本实验中采用增加醇的用量、不断将产物酯和水蒸出、加大浓硫酸用量的措施，使平衡向右移动。

【试剂与规格】

95%的乙醇（C.P.）；浓硫酸（C.P.）；乙酸（C.P.）；沸石；无水硫酸镁（C.P.）；饱和碳酸钠溶液；饱和氯化钙溶液；饱和氯化钠溶液。

【实验步骤】

干燥的 100mL 三口烧瓶在冷水冷却下，边摇边慢慢加入 5mL 95%乙醇，分批加入 5mL 浓硫酸混合均匀，并加入几粒沸石；在恒压滴液漏斗中加入 20mL 95%乙醇和 14.3mL (0.250mol) 乙酸，摇匀。三口烧瓶的一侧口装配一恒压滴液漏斗，另一侧口固定一支温度计，温度计的水银球必须浸到液面以下距瓶底 0.5～1cm 处。中口装配蒸馏弯管和直形冷凝管连接，冷凝管末端连接尾接管及圆底烧瓶，如图 2-21(b) 所示。

用电热套加热烧瓶，当温度计示数升到 110℃[1]，从恒压滴液漏斗中慢慢滴加乙醇和乙酸混合液（速度为每分钟 30 滴为宜）[2]，并始终维持反应温度在 120℃左右。滴加完毕，继续加热数分钟，直到反应液温度升到 130℃，不再有馏出液为止。

向馏出液中慢慢加入 7mL 饱和碳酸钠溶液，轻轻摇动锥形瓶，直到无二氧化碳气体放出，并用蓝色石蕊试纸检验酯层不显酸性为止。将混合液移入分液漏斗中，充分振摇（注意放气），静置分层。弃去下层水溶液，酯层用 7mL 饱和氯化钠溶液洗涤，分液后，再用 14mL 饱和 $CaCl_2$ 溶液分两次洗涤酯层，弃去下层废液。分液漏斗上口将乙酸乙酯倒入干燥的 50mL 锥形瓶中，加入 2～3g 无水硫酸镁，放置 10min，在此期间要间歇振荡锥形瓶。

将干燥好的乙酸乙酯滤入干燥的 50mL 圆底烧瓶中，加入沸石，蒸馏，收集 76～78℃馏分，称重，计算产率。

本实验需要约 4h。

【注释】

[1] 反应温度不宜过高，否则会发生副反应，产生过多的副产物乙醚。

[2] 进行反应时，应保持滴加速度和蒸出速度大体一致，否则收率也较低。

【思考题】

1. 实验中，饱和 Na_2CO_3 溶液的作用是什么？

2. 酯层用饱和 Na_2CO_3 溶液洗涤过后，为什么紧接着用饱和 NaCl 溶液洗涤，而不用 $CaCl_2$ 溶液直接洗涤？

3. 本实验乙酸乙酯是否可以使用无水 $CaCl_2$ 干燥？

实验 43 乙酸正丁酯的合成

【实验目的】

1. 掌握羧酸和醇制备酯的原理和方法。
2. 掌握带分水器的回流装置的安装与操作。
3. 熟悉液体有机物的干燥，掌握分液漏斗的使用方法。
4. 学会利用萃取洗涤和蒸馏的方法纯化液体有机物的操作技术。

【实验原理】

乙酸正丁酯亦称醋酸正丁酯、乙酸丁酯，是有果子香味的无色透明液体，分子量116.16，熔点－73.5℃，沸点126.1℃，折射率 n_D^{20} 1.3947，相对密度0.88。乙酸正丁酯微溶于水，溶于醇、醚等多数有机溶剂，易燃、有刺激性，高浓度时有麻醉性。可用作纺织工业的清洗剂和天然香料的萃取剂，也是制药工业和有机合成的重要原料。

乙酸正丁酯通常由乙酸与正丁醇在硫酸催化下发生酯化反应来制取。

主反应：$$CH_3COOH + n\text{-}C_4H_9OH \underset{}{\overset{H^+}{\rightleftharpoons}} CH_3\overset{\overset{O}{\|}}{C}—OC_4H_9\text{-}n + H_2O$$

副反应：$$n\text{-}C_4H_9OH \xrightarrow{H^+} CH_3CH_2CH=CH_2$$

$$n\text{-}C_4H_9OH \xrightarrow{H^+} (n\text{-}C_4H_9)_2O$$

该酯化反应是可逆反应，因而采取加入过量冰醋酸，并除去反应中生成的水，使反应不断向右进行，从而提高酯的产率。生成的乙酸正丁酯中混有过量的冰醋酸、未完全转化的正丁醇、起催化作用的硫酸及副产物醚类，经过洗涤、干燥和蒸馏予以除去。

【试剂与规格】

正丁醇（C. P.）；冰醋酸（C. P.）；浓硫酸（C. P.）；10%碳酸钠溶液；无水硫酸镁（C. P.）。

【实验步骤】

50mL 圆底烧瓶中依次加入11.5mL正丁醇（0.125mol）、10.0mL冰醋酸（0.175mol）后滴加3～4滴浓硫酸[1]并混匀，加入2颗沸石。在分水器中预先加少量水至略低于支管口，安装分水器和回流冷凝管［见图1-9(a)］。加热至回流，控制回流速度每秒1～2滴，反应一段时间后把水逐渐分去，保持分水器中水层液面在原来高度，回流40min停止加热，记录分出的水量[2]。

将分水器分出的酯层和反应液一起倒入分液漏斗中，先用10mL水洗涤，舍弃下层水相(除去乙酸及少量的正丁醇)，上层有机相再用10mL 10% Na_2CO_3溶液洗涤并检验酸性（除去硫酸，如仍然有酸性如何处理），并舍弃下层水相；上层有机相用10mL水洗涤除去溶于酯中的少量无机盐，最后将上层有机相倒入小锥形瓶中，加入无水硫酸镁干燥。

将干燥后的有机相滤入50mL烧瓶中，选择干燥处理好的玻璃仪器，安装常压蒸馏装置，常压蒸馏收集124～126℃的馏分[3]。产量约10g。

本实验约需要6h。

【注释】

[1] 滴加浓硫酸时，要边加边振荡烧瓶，以防局部碳化。实验中的浓硫酸仅起催化作用，故只需少量，不可多加。

[2] 本实验利用形成的共沸混合物将生成的水去除。共沸物的沸点：乙酸正丁酯-水为90.7℃，正丁醇-水为93℃，乙酸正丁酯-正丁醇为117.6℃，乙酸正丁酯-正丁醇-水为90.7℃。

[3] 冰醋酸适当过量，以尽量使反应完成，这样反应完毕后残余正丁醇的量会很少，因而在最后蒸馏时很难生成乙酸正丁酯-正丁醇的二元共沸物，才能收集到124～126℃的馏分。

【思考题】

1. 使用分水器的目的是什么?
2. 在实验中如果控制不好反应条件，会发生什么副反应?
3. 对乙酸正丁酯的粗产品进行水洗和碱洗的目的是什么?
4. 本实验都采取了什么方法来提高反应产率?

实验44 乙酰乙酸乙酯的合成

【实验目的】

1. 了解乙酰乙酸乙酯制备的原理和方法。
2. 熟悉在酯缩合反应中金属钠的应用和操作。
3. 初步掌握减压蒸馏的操作技术。

【实验原理】

乙酰乙酸乙酯为无色液体，有芳香味。分子量129.1344，熔点－45℃，沸点180.4℃，相对密度1.02126，折射率n_D^{20}为1.4192。微溶于水，溶于有机溶剂。乙酰乙酸乙酯也广泛用于有机合成、医药、塑料、染料、香料、清漆及添加剂等行业。乙酰乙酸乙酯通常可以采用乙酸乙酯自缩合法、双乙烯酮与乙醇酯化法和乙酸乙酯与乙醇钠克莱森（Claisen）缩合等三种方法。

本实验采用乙酸乙酯与乙醇钠克莱森缩合。

含有α-H的酯在碱性催化剂的存在下，能和另一分子的酯发生克莱森酯缩合反应，生成β-羰基酸酯，乙酰乙酸乙酯就是通过这个反应来制备的。乙醇钠或金属钠均可作为碱性催化剂，因为金属钠和残留在乙酸乙酯中的少量乙醇（少于2%）作用后就有乙醇钠生成。若当乙酸乙酯中含有较多的乙醇和水时，就会使产量显著降低。乙酰乙酸乙酯的生成经过如下一系列平衡反应：

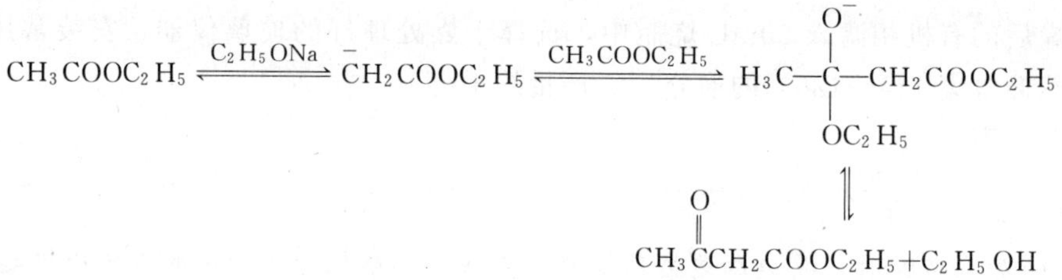

$$CH_3COOC_2H_5 \xrightleftharpoons{C_2H_5ONa} \overset{-}{C}H_2COOC_2H_5 \xrightleftharpoons{CH_3COOC_2H_5} H_3C-\underset{OC_2H_5}{\overset{O^-}{\underset{|}{\overset{|}{C}}}}-CH_2COOC_2H_5$$

$$\rightleftharpoons CH_3\overset{O}{\overset{\|}{C}}CH_2COOC_2H_5 + C_2H_5OH$$

乙酰乙酸乙酯是一个酮式和烯醇式的混合物，在室温时含有93%的酮式及7%的烯醇式。

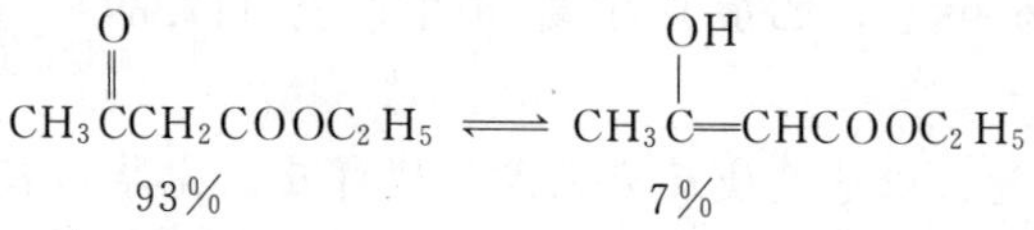

$$\underset{93\%}{CH_3\overset{O}{\overset{\|}{C}}CH_2COOC_2H_5} \rightleftharpoons \underset{7\%}{CH_3\overset{OH}{\overset{|}{C}}=CHCOOC_2H_5}$$

【试剂与规格】

乙酸乙酯（C.P.）；金属钠（C.P.）；二甲苯（C.P.）；50%醋酸；饱和氯化钠溶液；无水硫酸钠（C.P.）。

【实验步骤】

将切成薄片的2.5g金属钠和12.5mL二甲苯加入干燥的100mL圆底烧瓶中，装上带干燥管的冷凝管[1]，见图1-4。在110～120℃的油浴上小心加热，若钠熔融则立即拆去冷凝管，用空心塞塞紧圆底烧瓶，用力来回振动，即得细粒状钠珠[2]。稍放置冷却后钠珠即沉于瓶底，将二甲苯倾入回收二甲苯的瓶中。迅速向瓶中加入27.5mL乙酸乙酯，重新装上冷凝管，并在其上端装一无水氯化钙干燥管。反应随即开始，并有氢气泡逸出。如反应不开始或很慢时，可稍加温热。

待激烈反应过后，将反应瓶置于80～90℃的热浴中加热，保持微沸状，反应40min后，金属钠几乎全部作用完全。此时生成的乙酰乙酸乙酯钠盐呈橘红色透明溶液（有时析出黄白色沉淀），均为烯醇盐。待反应物稍冷后，取下冷凝管，在振摇下往反应瓶中加入50%的醋酸溶液进行中和[3]，立即有白色固体析出，继续加入醋酸至固体全部溶解，溶液呈弱酸性。

将反应物移入分液漏斗中，加入等体积的饱和氯化钠溶液，用力振摇片刻，静置后，乙酰乙酸乙酯分层析出。分出粗产物，用无水硫酸钠干燥后滤入烧瓶中，并用少量乙酸乙酯洗涤干燥剂。先在热浴上蒸出未作用的乙酸乙酯，将剩余液移入圆底烧瓶中，装上减压蒸馏装置进行减压蒸馏[4]。减压蒸馏时须缓慢加热，待残留的低沸物蒸出后，再升高温度，收集乙酰乙酸乙酯称重并计算产率。

本实验约需要8h。

【注释】

[1] 所用试剂及仪器必须干燥。乙酸乙酯必须绝对干燥，但其中应含有1%～2%的乙醇。其提纯方法如下：将普通乙酸乙酯用饱和氯化钠溶液洗涤数次，再用焙烧过的无水碳酸钾干燥，在水浴上蒸馏，收集76～78℃的馏分。

[2] 钠遇水即燃烧、爆炸，使用时应十分小心。钠珠的制作过程中一定不能停，且要来回振摇，使瓶内温度下降不至于使钠珠结块。

[3] 用醋酸中和时，若有少量固体未溶，可加少许水溶解，避免加入过多的酸。

[4] 体系压力（mmHg）＝外界大气压力(mmHg)－水银柱高度差(mmHg)（开口式压力计）。蒸馏完毕时，撤去电加热套，慢慢旋开二通活塞，平衡体系内外压力，关闭油泵。减压蒸馏时，乙酰乙酸乙酯的沸点与压力关系如下：

压力/mmHg	760	80	60	40	30	20	18	14	12
沸点/℃	181	100	97	92	88	82	78	74	71

【思考题】

1. 什么是克莱森酯缩合反应中的催化剂？为什么产率以钠为基准计算？
2. 本实验加入 50%醋酸和饱和氯化钠溶液有何作用？

实验 45 乙酰水杨酸（阿司匹林）的合成

【实验目的】

1. 学习用乙酸酐作酰基化试剂酰化水杨酸制乙酰水杨酸的酯化方法。
2. 巩固重结晶、熔点测定、抽滤等基本操作。
3. 了解乙酰水杨酸的应用价值。

【实验原理】

乙酰水杨酸也叫阿司匹林，白色针状或片状晶体或粉末，分子量 180.16℃。熔点135℃，沸点 321.4℃，在干燥的空气中稳定，能溶于乙醇、乙醚和氯仿，微溶于水。乙酰水杨酸主要用作药物，某些鼠药的合成原料，以及制造有机材料的原料。

阿司匹林是由水杨酸（邻羟基苯甲酸）与乙酸酐进行酯化反应而得的。水杨酸可由水杨酸甲酯，即冬青油（由冬青树提取而得）水解制得。

主反应：

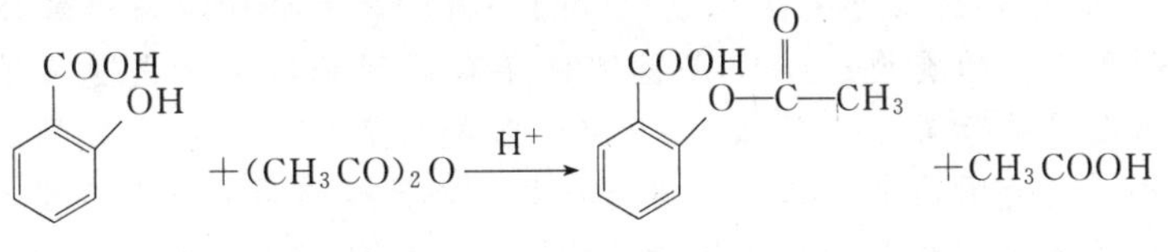

$$\text{(COOH, OH)-C}_6\text{H}_4 + (CH_3CO)_2O \xrightarrow{H^+} \text{(COOH, O-}\overset{O}{\overset{\|}{C}}\text{-CH}_3\text{)-C}_6\text{H}_4 + CH_3COOH$$

副反应：形成多聚物

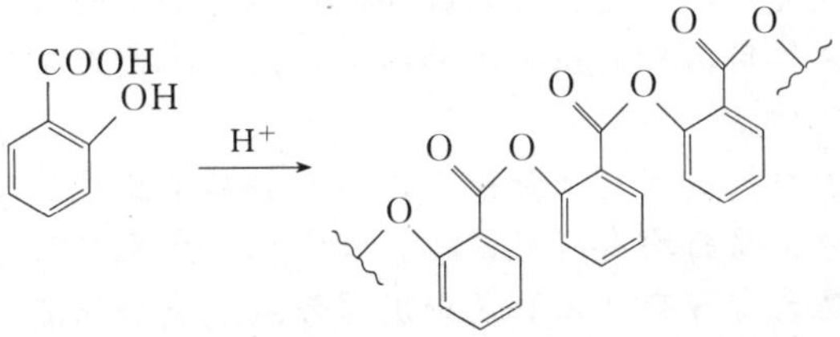

$$\text{(COOH, OH)-C}_6\text{H}_4 \xrightarrow{H^+} \text{多聚物}$$

产物与副产物的分离：产物由于具有一个羧基，因此可以与碱反应成盐，从而溶于水，而副产物无羧基，因此本实验后处理时用饱和碳酸氢钠水溶液进行处理。副产物由于不溶解，因此通过过滤即可分离。分离后的乙酰水杨酸钠盐水溶液通过盐酸酸化即可得到产物。

【试剂与规格】

水杨酸（C.P.）；乙酸酐（C.P.）；浓硫酸（C.P.）；饱和 $NaHCO_3$ 水溶液；浓盐酸（C.P.）。

【实验步骤】

称 3.0g 水杨酸放于 100mL 干燥的圆底烧瓶中[1]，慢慢加入新蒸馏的 4.5mL 乙酸酐，滴加 6 滴浓硫酸，并摇匀，装上回流冷凝管（见图 1-3），控制好温度，90℃水浴加热。30min 后，使乙酰化反应尽可能完全。冷却至室温，再放入冰水中冷却片刻后，观察有无晶体出现。如果无晶体出现，用玻璃棒（带尖头）摩擦瓶壁内侧（促使结晶）片刻，再放入冰水中冷却，待析出晶体后，加入 80mL 冰水，继续冰水中冷却，使其析晶完全。再将锥形瓶中所有物质倒入布氏漏斗中抽气过滤。锥形瓶中用 8mL 冷水洗涤两次，洗涤液倒入布氏漏斗中，继续抽气至干，得到粗产品。

将粗产品转移至锥形瓶中，加入 25mL 饱和碳酸氢钠溶液，搅拌至无气体产生，减压抽滤，8mL 冷水洗涤两次。再将滤液转移至烧杯中，边搅拌边倾入 10mL 水和 5mL 浓盐酸后，冷却使晶体析出完全，抽滤，少量冷水洗涤两次，烘干[2]，称量。产物熔点134～136℃。

本实验约需要 2h。

【注释】

[1] 仪器要全部干燥，药品也要经干燥处理，乙酸酐要使用新蒸馏的，收集 139～140℃的馏分。

[2] 乙酰水杨酸受热后易分解，分解温度为 126～135℃，因此在烘干、重结晶、熔点测定时不宜长时间加热。

【思考题】

1. 水杨酸与乙酸酐的反应过程中，浓硫酸的作用是什么？
2. 若在硫酸的存在下，水杨酸和乙醇作用将得到什么产物？写出反应方程式。
3. 本实验中可产生什么副产物？如何除去？

科海拾贝

阿司匹林的背后故事

阿司匹林（Aspirin）学名乙酰水杨酸，又名醋柳酸。

早在 1853 年，弗雷德里克·热拉尔（Gerhardt）就用水杨酸与醋酐合成了乙酰水杨酸，但却没能引起人们的重视；1897 年德国化学家菲利克斯·霍夫曼又进行了合成，并为他父亲治疗风湿性关节炎，疗效极好；1898 正式上市，并取名为阿司匹林。阿司匹林已临床应用百年，成为医药史上三大经典药物之一，至今阿司匹林仍是世界上应用最广泛的解热、镇痛和抗炎药，也是作为比较和评价其他药物的标准制剂。除此以外，该类药物在体内具有抗血栓作用，抑制血小板的释放反应，抑制血小板的聚集，临床上还用于预防心脑血管疾病的发作。

阿司匹林用于解热镇痛的剂量较少，不会引起不良反应，但长期大量用药则较易出现副作用，而大部分止痛药均有阿司匹林。较常见不良反应有恶心、呕吐、上腹部不适或疼痛，较少或很少见的有胃肠道出血或诱发胃溃疡、支气管痉挛过敏反应、皮肤过敏及肝、肾损害。目前将阿司匹林及其他水杨酸衍生物与聚乙烯醇、醋酸纤维素等含羟基聚合物进行熔融酯化，使其高分子化，所得产物的抗炎性和解热止痛性比游离的阿司匹林更为长效。

实验 46 乙酰苯胺的合成

【实验目的】

1. 了解苯胺的酰基化反应原理及其在合成上的意义。
2. 掌握重结晶原理和以水为溶剂进行重结晶的操作方法。
3. 熟悉过滤、滤饼的洗涤、脱色、热滤等重结晶操作技术。

【实验原理】

乙酰苯胺是白色有光泽片状结晶或白色结晶粉末，无臭或略有苯胺及乙酸气味。分子量135.1652，熔点114.3℃，沸点304℃，相对密度1.2190。微溶于冷水，溶于热水、甲醇、乙醇、乙醚、氯仿、丙酮、甘油和苯等，不溶于石油醚。

乙酰苯胺是磺胺类药物的原料，也是一类很重要的有机合成中间体，各类反应的稳定剂、促进剂等。

乙酰苯胺主要由苯胺与酰化试剂直接作用制备。由于氨基的强致活，使苯胺易氧化，或易发生环上的多元卤代。因此，苯胺的酰基化反应常用于氨基的保护或降低氨基对苯环的致活性。常用的乙酰化试剂有乙酰氯、乙酐和乙酸，三者的反应活性是乙酰氯＞乙酐＞乙酸。

本实验采用乙酸为乙酰化试剂，反应速率很慢，是一个可逆平衡反应。如果采用适当的操作，将生成的水从反应体系中驱除，可使反应接近完成。乙酸便宜易得，经常用它作乙酰化试剂。

$$C_6H_5NH_2 + CH_3COOH \underset{\triangle}{\overset{Zn粉}{\rightleftharpoons}} C_6H_5NHCOCH_3$$

【试剂与规格】

苯胺（C.P.）；冰醋酸（C.P.）；锌粉（C.P.）；活性炭。

【实验步骤】

在25mL圆底烧瓶中，加入5mL新蒸馏的苯胺（0.055mol）[1]、7.4mL冰醋酸（0.13mol）及少许锌粉（约0.1g）[2]。装上一支10cm左右长的刺形分馏柱，柱顶接分馏头，分馏头上端放一支温度计（150℃），支管接尾接管，见图2-35(b)。用一量筒接收蒸馏出的水[3]。加热烧瓶，维持柱顶温度在105℃左右40～60min，当温度上下波动或瓶内出现白雾时反应基本完成，停止加热。在不断搅拌下，将反应物趁热以细流慢慢倒入盛有100mL冷水的烧杯中[4]，剧烈搅拌，冷却至室温，待粗乙酰苯胺完全析出时，减压抽滤，用玻璃塞把固体压碎，再用5～10mL冷水洗涤2～3次，以除去酸液，抽干，得粗品乙酰苯胺。

将粗乙酰苯胺转入盛有80mL热水的烧杯中，加热至沸，使之溶解，如仍有未溶解的油珠，可补加热水，至油珠全溶。稍冷后，加入约0.5g活性炭，在加热微沸状态下搅拌几分钟，趁热用热水漏斗过滤[5]，将滤液自然冷却至室温，析出乙酰苯胺的白色结晶。抽滤，将产品放入干净的表面皿里在100℃以下的烘箱中烘干，得干燥的精品乙酰苯胺，称重计算产率。产量约5g。

本实验约需要7h。

【注释】

[1] 久置或市售的苯胺颜色深或有杂质，会影响乙酰苯胺的产率和纯度，故最好用新蒸的苯胺。

[2] 加入锌粉的目的，是防止苯胺在反应过程中被氧化生成有色杂质。

[3] 收集醋酸及水的总体积为1～2mL。

[4] 反应物冷却后，固体立即析出，沾在瓶壁上不易处理。需趁热在搅拌下倒入冷水中，以除去过量的醋酸及未反应的苯胺。

[5] 如果没有热水漏斗，可以将过滤用的瓷质布氏漏斗提前加热代替。

注意防止热漏斗烫伤手。过滤期间还应注意保持烧杯中滤液温度，防止提前结晶。

【思考题】

1. 反应时为何要控制分馏柱上端的温度在100～110℃之间？温度高有何不好？
2. 合成乙酰苯胺时，反应达到终点时为什么会出现温度计读数的上下波动？
3. 合成乙酰苯胺的实验是采用什么方法来提高产品产量的？
4. 合成乙酰苯胺时，锌粉起什么作用？加多少合适？
5. 合成乙酰苯胺时，为什么选用韦氏分馏柱？

实验47 *N*,*N*′-联苯基-1,2-二胺的合成

【实验目的】

1. 掌握希夫（Schiff）碱亚胺的反应原理及其在合成上的意义。
2. 掌握希夫碱亚胺还原为仲胺的合成方法。
3. 熟悉萃取洗涤、旋转蒸发仪等操作技术。

【实验原理】

希夫碱亚胺是一类重要的含氮有机化合物，本实验利用伯胺和醛的加成脱水反应制备希夫碱亚胺。由于希夫碱亚胺具有不饱和碳氮双键，其在KBH_4或H_2条件下可被还原为饱和的碳氮单键，从而制备仲胺类化合物。

2 CHO + NH_2 H_2N ⟶ N N

$\xrightarrow{KBH_4}$ H N N H

【试剂与规格】

乙二胺（C.P.）；苯甲醛（C.P.）；硼氢化钾（C.P.）；无水甲醇；二氯甲烷；无水硫酸钠（C.P.）。

【实验步骤】

向50mL圆底烧瓶分别加入10mL无水甲醇以及2.1g新蒸馏苯甲醛[1]，加入一粒磁子后加装恒压滴液漏斗，参考图1-6(a)。将0.6g乙二胺溶解在10mL无水甲醇溶液中，将溶

液转入恒压滴液漏斗内[2]。通过控制恒压滴液漏斗的滴加速度（1 秒钟 1～2 滴），边磁力搅拌边缓慢滴加入圆底烧瓶内，室温搅拌 2h[3]。

将以上装置撤除恒压滴液漏斗，改换为球形冷凝管成加热回流装置后，参考图 1-8。将水浴温度提升至 70℃搅拌并加热回流。向圆底烧瓶反应液内分 4 次加入硼氢化钾固体 2.0g，每隔 15min 加一次[4]，70℃回流反应 2h，得到黄色溶液。

向该反应液加入 20mL 蒸馏水后，二氯甲烷萃取三次（每次 15mL），合并二氯甲烷萃取液，再用蒸馏水洗涤 2 次。将洗涤好的二氯甲烷加入 2g 无水硫酸钠干燥并过滤后，旋转蒸发完全除去溶剂，放入真空干燥箱内干燥，最终得到白色粉末（*N*，*N*′-联苯基-1，2-二胺），称重计算产率。

本实验约需要 8h。

【注释】

[1] 苯甲醛在空气中很容易被氧化为苯甲酸，存放时间过久的苯甲醛需要重蒸。

[2] 该反应需确保反应体系内苯甲醛相对乙二胺过量，因而必须采用乙二胺向苯甲醛反应液滴加的方式。

[3] 可采用薄层色谱检测反应体系中苯甲醛是否完全反应。

[4] 加入硼氢化钾后会产生大量 H_2，可在球形冷凝管上端加装气球确保反应更加充分。

【思考题】

1. 从反应机理方面解释该反应制备希夫碱亚胺的加成脱水反应过程。
2. 简述硼氢化钾加氢还原亚胺的机理。

实验 48 安息香的辅酶合成

【实验目的】

1. 学习安息香辅酶合成的制备原理和方法。
2. 进一步掌握回流、冷却、抽滤等基本操作。
3. 了解酶催化的特点。

【实验原理】

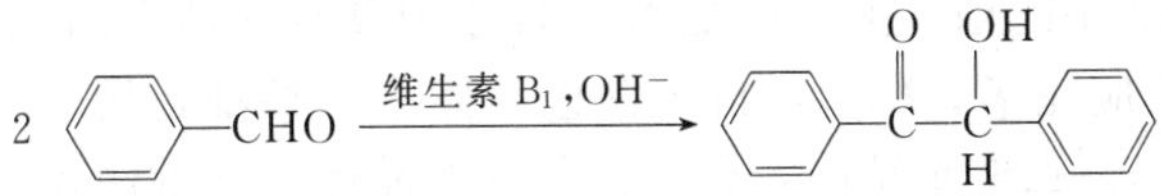

$$2\ C_6H_5\text{—CHO} \xrightarrow{\text{维生素 }B_1,\ OH^-} C_6H_5\text{—}\underset{}{\overset{O}{\overset{\|}{C}}}\text{—}\underset{H}{\overset{OH}{C}}\text{—}C_6H_5$$

维生素 B_1，又称盐酸硫胺素或噻胺（thiamine），结构式为：

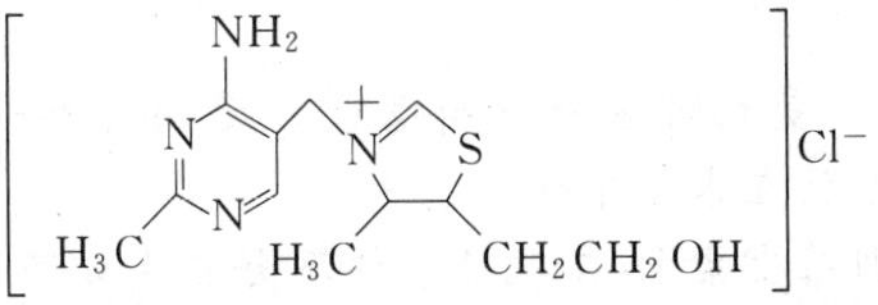

$$\left[\ \text{(4-氨基-2-甲基嘧啶-5-基)甲基—}\overset{+}{N}\text{(噻唑环：4-}CH_3\text{，5-}CH_2CH_2OH\text{)}\ \right]Cl^-$$

(结构式标注：NH_2、N、N、H_3C、$\overset{+}{N}$、S、H_3C、CH_2CH_2OH、Cl^-)

维生素 B_1作为一种辅酶普遍存在于所有有机体中，其中噻唑环 C2 上的质子由于受氮和硫原子影响，具有酸性，在碱的作用下容易脱除质子，产生的碳负离子与芳醛的羰基发生亲核加成，最终生成苯偶因产物，其反应原理如下：

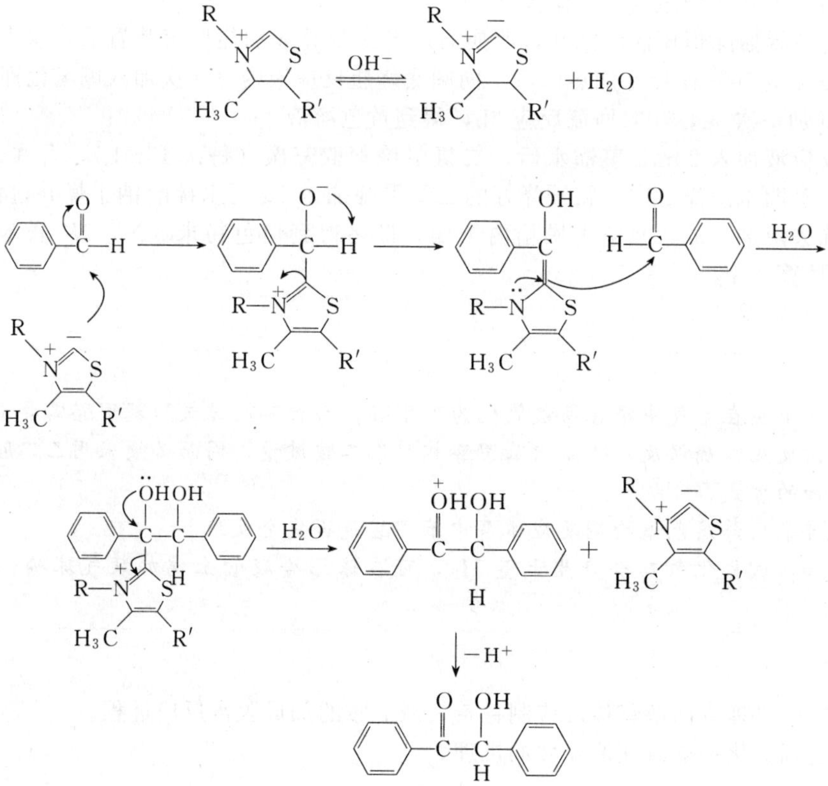

【试剂与规格】

维生素 B_1（C. P.）；苯甲醛（C. P.）；四丁基溴化铵（C. P.）；10% NaOH 溶液；95% 乙醇。

【实验步骤】

在装有回流冷凝管、恒压滴液漏斗、温度计和磁子的 50mL 三口烧瓶，（见图 1-8）中加入 1.75g 维生素 B_1[1]、0.2g 四丁基溴化铵和 4mL 蒸馏水，搅拌溶解后再加入 15mL 95% 乙醇和 10mL 新蒸馏的苯甲醛，充分搅匀，得到淡黄色混合溶液。将三口烧瓶置于冰水浴中冷却[2]，然后在 5～10min 内滴加预先用冰浴冷却过的 3～5mL 10% NaOH 溶液，此时溶液变为红褐色，pH 值为 8～10。加毕，浴液 60～70℃[3] 中加热 1.5h，在反应过程中需用 pH 试纸跟踪测试体系的 pH 值，通过补加 NaOH 溶液使反应体系的 pH 值保持在 8～10[4]，反应液呈现橘黄色。反应完毕，冷却，析出白色晶体[5]，抽滤，用 50mL 冷水洗涤，干燥，得到粗品。将粗品用 95%乙醇重结晶，得到白色针状晶体，称重计算产率。

本实验约需要 4h。

【注释】

[1] 维生素 B_1 易吸水，受热时溶液分解变质，遇到光和一些金属离子可加速氧化，故应使用新鲜的，不用时应放在冰箱中保存。

[2] 应充分冷却，否则维生素 B_1 在碱性条件下会发生分解，失去催化活性。

[3] 加热时应严格控制温度，不能加热过于猛烈。不加热也能反应，但需要塞住瓶口，并于室温放置 24h 以上。

[4] pH是本实验的关键，pH过低，不利于催化剂形成碳负离子，反应无法进行；pH过高，维生素B_1的噻唑环发生开环，失去催化活性。

[5] 产物呈油状析出，应重新加热溶解，然后静置冷却，必要时用玻璃棒摩擦烧瓶壁。

【思考题】

1. 安息香缩合、羟醛缩合、歧化反应有什么不同？
2. 安息香缩合反应为何要控制pH为8～10？
3. 实验中用的苯甲醛为什么必须是新蒸的？

第7章

微量及半微量有机合成实验

实验49　环己烯的合成

【实验目的】

1. 学习制备环己烯的原理和方法。
2. 掌握分馏柱的使用方法及分液漏斗仪器安装和使用。

【实验原理】

环己烯是一种易燃的有刺激性气味的无色液体，分子量82.14，熔点－103.7℃，沸点82.8℃，相对密度0.8111。不溶于水，溶于乙醇、醚。主要用途是用于有机合成、油类萃取及用作溶剂。

环己烯可通过环己醇酸催化脱水制得。

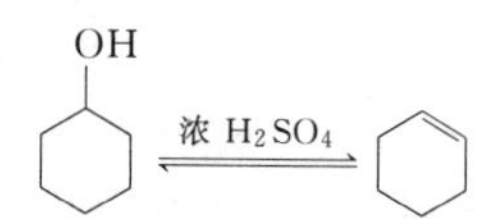

主反应为可逆反应，本实验采用的措施是：边反应边蒸出反应生成的环己烯和水形成的二元共沸物（沸点70.8℃，含水10%）。但是原料环己醇也能和水形成二元共沸物（沸点97.8℃，含水80%）。为了使产物以共沸物的形式蒸出反应体系，而又不夹带原料环己醇，本实验采用分馏装置，并控制柱顶温度不超过90℃。

分馏的原理就是让上升的蒸气和下降的冷凝液在分馏柱中进行多次热交换，相当于在分馏柱中进行多次蒸馏，从而使低沸点的物质不断上升、被蒸出；高沸点的物质不断地被冷凝、下降、流回加热容器中；结果将沸点不同的物质分离。

【试剂与规格】

环己醇（C.P.）；浓硫酸（C.P.）；氯化钠（C.P.）；无水氯化钙（C.P.）；5%碳酸钠水溶液。

【实验步骤】

在圆底烧瓶中，加入5.2mL环己醇、0.5mL浓硫酸[1]和几粒沸石，充分振摇使之混合均匀[2]。烧瓶上接一短分馏柱，接上冷凝管，并将接收瓶浸在冷水中冷却。将液体缓缓加热至沸，控制分馏柱顶部的温度不超过90℃，馏出液为带水的混合液[3]。至无液体蒸出时，可把温度调高，当烧瓶中只剩下少量残液，并出现阵阵白烟时，停止蒸馏。

馏出液加入氯化钠至饱和，然后加 1.5mL 5%碳酸钠溶液中和微量的酸。将液体转入 25mL 分液漏斗中，振荡后静置分层，分出有机相，加入 0.5g 无水氯化钙干燥。待溶液清亮透明后[4]，过滤出氯化钙，滤液转移至蒸馏瓶中，加入几粒沸石后进行蒸馏，用一个已称量的小锥形瓶收集 80～85℃的馏分。若蒸出产物浑浊，必须重新干燥后再蒸馏。

纯粹的环己烯的沸点为 83℃，折射率 n_D^{20} 为 1.4465。

【注释】

[1] 本实验也可用 1.5mL85%的磷酸代替硫酸作脱水剂，其余步骤相同。

[2] 环己醇在常温下为黏稠液体（m.p.24℃），故不要用量筒量取，以减少损失。环己醇与浓硫酸应充分混合，否则在加热过程中会局部碳化。

[3] 由于反应中环己烯与水形成共沸物（沸点 70.8℃，含水 10%）；环己醇与环己烯形成共沸物（沸点 64.9℃，含环己醇 30.5%）；环己醇与水形成共沸物（沸点 97.8℃，含水 80%）。因此，在加热时温度不可过高，蒸馏速度不宜太快，以减少未反应的环己醇的蒸出。

[4] 产品是否清亮透明，是衡量产品是否合格的外观标准。因此，在蒸馏已干燥的产物时，所用的蒸馏仪器都应充分干燥。

【思考题】

1. 在粗制环己烯中，加入食盐使水层饱和的目的何在？
2. 为什么蒸馏前一定要将吸水的氯化钙过滤掉？

实验 50 环己酮的合成

【实验目的】

1. 了解氧化法制备环己酮的原理和方法。
2. 掌握萃取、分离和干燥等实验操作及空气冷凝管的应用。

【实验原理】

环己酮是六个碳的环酮，室温下为无色油状液体，分子量 98.1589，熔点－45℃，沸点 155.6℃，相对密度 0.95。微溶于水，可与醇、醚、苯、丙酮等大多数有机溶剂混溶。环己酮在工业上被用作有机合成原料和溶剂以及一些氧化反应的触发剂，可以用来合成己二酸、环己酮树脂、己内酰胺以及尼龙 6 等。

工业上环己酮主要采用苯酚法、环己烷氧化法、苯加氢氧化法等三种方法。本实验采用环己醇氧化的方式合成。

$$\text{环己醇(OH)} \xrightarrow[\text{浓 } H_2SO_4]{Na_2Cr_2O_7} \text{环己酮(O)}$$

仲醇在强氧化剂如重铬酸钠、高锰酸钾的酸性条件下，可以发生脱氢氧化生成酮。

【试剂与规格】

重铬酸钠（C. P.）；环己醇（C. P.）；浓硫酸（C. P.）；食盐；无水硫酸镁（C. P.）。

【实验步骤】

在搅拌的条件下，向 7.5mL 水和 1.3g 重铬酸钠的溶液中慢慢加入 1.1mL 浓硫酸[1]，得橙红色铬酸溶液，冷至室温备用。

向 2.5g 环己醇中，分三次加入上述铬酸溶液，每加一次都振摇混匀，并控制反应液温度在 55～60℃[2]。反应约 0.5h 后温度开始下降，再放置 15min，其间不断振荡，使反应液呈墨绿色为止。向反应液内加入 7.5mL 水，进行简易水蒸气蒸馏，将环己酮与水一起蒸出，收集 6mL 馏出液。加食盐达到饱和后，分出有机相。水相用 7.5mL 乙醚分两次萃取，萃取液并入有机相。然后经无水硫酸镁干燥，用空气冷凝管蒸馏，收集 151～155℃的馏分。

【注释】

[1] 浓 H_2SO_4 的滴加要缓慢，并分批滴加。

[2] 铬酸氧化醇是一个放热反应，实验中必须严格控制反应温度以防反应过于剧烈。反应中控制好温度，温度过低反应困难，过高则副反应增多。

【思考题】

1. 本实验的氧化剂能否改用硝酸或高锰酸钾，为什么？
2. 蒸馏产物时为何使用空气冷凝管？

实验 51 己内酰胺的合成

【实验目的】

1. 学习环己酮肟的制备方法。
2. 通过环己酮肟的贝克曼（Beckmann）重排，学习己内酰胺的制备方法。

【实验原理】

己内酰胺常温下为白色晶体，分子量 113.18，熔点 68～70℃，沸点 270℃，相对密度 1.05（70%水溶液）。溶于水，溶于乙醇、乙醚、氯仿等多数有机溶剂。是合成锦纶纤维、塑料等的重要有机化工原料之一。还可用于生产 L-赖氨酸、月桂氮䓬酮等工业品。己内酰胺可以通过环己烷、苯酚、甲苯等为原料来进行合成，但是目前己内酰胺都是以环己烷为原料，通过环己酮肟发生的贝克曼重排反应来合成的。

酮与羟胺作用生成肟：

$$\text{环己酮} + NH_2OH \longrightarrow \text{环己酮肟 (C=N-OH)}$$

肟在酸性催化剂如硫酸、多聚磷酸、苯磺酰氯等作用下，发生分子重排生成酰胺的反应称为贝克曼重排反应。

$$\xrightarrow[(2)20\%\ NH_3\text{-}H_2O]{(1)85\%\ H_2SO_4}$$

【试剂与规格】

环己酮（C. P.）；盐酸羟胺（C. P.）；结晶乙酸钠（C. P.）；85%硫酸；20%氨水；二氯甲烷（C. P.）；无水硫酸钠（C. P.）。

【实验步骤】

1. 环己酮肟的制备

在 25mL 圆底烧瓶中，将 0.7g 盐酸羟胺和 1g 结晶乙酸钠溶于 3mL 水中，温热此溶液，使达到 35～40℃。用 1mL 吸量管准确吸取 0.75mL（7.2mmol）环己酮，边加边摇，此时即有固体析出。加完后，用空心塞塞紧瓶口，激烈振荡 2～3min，环己酮肟呈白色粉状析出[1]。冷却后抽滤，并用少量水洗涤，抽干后在滤纸上进一步压干。干燥后的环己酮肟为白色晶体，熔点 89～90℃。

2. 环己酮肟重排制备己内酰胺

在 50mL 烧杯中[2]，放置 0.5g 环己酮肟及 1mL 85%硫酸，转动烧杯使二者很好地相溶。在烧杯内放一支 200℃的温度计，用小火加热，当开始有气泡时（120℃），立即移去火源，此时发生强烈的放热反应，温度很快自行上升（可达 160℃），反应在几秒钟内可完成。冷却至室温后继续在冰盐浴中冷却。在不停搅拌下小心滴加 20%氨水，控制反应温度在 20℃以下[3]，以免己内酰胺在温度较高时发生水解，直至溶液恰使石蕊试纸呈碱性（通常需加 7mL 20%氨水）。粗产物倒入分液漏斗中，分出有机层，水层用二氯甲烷萃取两次，每次 2mL，并用等体积水洗涤两次后，用无水硫酸钠干燥，过滤所得滤液用已称重的锥形瓶接收，将锥形瓶在温水浴温热，滤液在通风柜中浓缩至 1mL 左右，放置冷却，析出白色结晶。将该锥形瓶放入真空干燥器中干燥。

【注释】

[1] 振荡要剧烈，如环己酮肟呈白色小球状，说明反应还未完全，还需振荡。

[2] 由于重排反应进行得很激烈，故须用大烧杯以利于散热，使反应缓和。环己酮肟的纯度对反应有影响。

[3] 用氨水进行中和时，开始要加得很慢，因此时溶液较黏，易发热。否则温度升高，影响收率。

【思考题】

制备环己酮肟时，加入醋酸钠的目的是什么？

实验 52 苯乙醚的合成

【实验目的】

1. 学习低沸点物质的取用，练习回流、蒸馏等基本操作。

2. 通过制备苯乙醚，了解威廉姆森（Williamson）合成醚的方法。

【实验原理】

苯乙醚是无色油状液体，有芳香气味。分子量 122.1644，熔点 -30℃，沸点 172℃，相对密度 0.967，不溶于水，易溶于醇和醚。主要用作医药、染料、香料等其他有机物的合成原料及中间体，也常作为有机反应的助溶剂。苯乙醚可由苯酚钠与氯乙烷、溴乙烷或硫酸二乙酯等反应制得。

$$C_6H_5OH \xrightarrow{NaOH} C_6H_5ONa \xrightarrow{C_2H_5Br} C_6H_5OCH_2CH_3$$

该反应属于威廉姆森法合成醚类化合物，苯酚先在 NaOH 碱的作用下生成酚钠盐，再与卤代烃发生亲核取代反应生成醚。

【试剂与规格】

苯酚（C.P.）；氢氧化钠（C.P.）；溴乙烷（C.P.）；乙醚（C.P.）；无水氯化钙（C.P.）；饱和食盐水。

【实验步骤】

在 25mL 三口烧瓶中，装上磁力搅拌器、回流冷凝管[1]和恒压滴液漏斗。将 1.85g 苯酚、1.0g 氢氧化钠和 1.0mL 水加入三口烧瓶中，开动搅拌器，用水浴加热使固体完全溶解，控制水浴温度为 80～90℃之间，并开始慢慢滴加 2.2mL 溴乙烷，大约 20min 可滴加完毕[2]，然后继续保温搅拌 0.5h，并降温至室温。加适量水（2.5～5.0mL）使固体完全溶解。将液体转入到分液漏斗中，分出水相，有机相用等体积饱和食盐水洗两次（若有乳化现象，可减压过滤），分出有机相，将两次洗涤液合并，用无水氯化钙干燥，先用水浴蒸出乙醚[3]，然后再常压过滤收集产品，即 171～183℃的馏分。

【注释】

[1] 溴乙烷沸点低，实验室回流冷凝水的流速要大，或加入冰块，才能保障有足够溴乙烷参与反应。

[2] 若有结块生成，则停止滴加溴乙烷，待充分搅拌后再继续滴加。

[3] 蒸去乙醚时不能用明火加热，将尾气通入下水道，以防乙醚蒸气外漏引起火灾。

【思考题】

1. 制备苯乙醚时，用饱和食盐水洗涤的目的是什么？

2. 反应中，回流的液体是什么？出现的固体是什么？为什么恒温到后期时回流不明显了？

实验 53 苯氧乙酸的合成

【实验目的】

学习氯乙酸在碱性条件下用威廉姆森（Williamson）合成法生成醚的方法。

【实验原理】

苯氧乙酸为白色针状结晶。分子量 151.1399，熔点 98～101℃，沸点 285℃，溶于热水、乙醇、乙醚、冰醋酸、苯、二硫化碳，苯氧乙酸是重要的化工原料，可以用来生产青霉素 V、除草剂、染料、杀虫剂、杀菌剂、植物激素和中枢神经兴奋药物的中间体等。苯氧乙酸最常用的方法是由苯酚与氯乙酸在碱性溶液中进行缩合，然后酸化制得苯氧基乙酸。

$$ClCH_2COOH \xrightarrow{Na_2CO_3} ClCH_2COONa$$

$$C_6H_5OH \xrightarrow{NaOH} C_6H_5ONa \longrightarrow C_6H_5OCH_2COONa \xrightarrow{HCl} C_6H_5OCH_2COOH$$

苯氧乙酸是一种有效的防霉剂。由苯酚与一氯乙酸钠在碱性溶液中进行缩合，然后酸化即制得苯氧乙酸。

【试剂与规格】

氯乙酸（C. P.）；苯酚（C. P.）；饱和碳酸钠溶液；35% NaOH 溶液；浓盐酸（C. P.）。

【实验步骤】

1. 成盐

在装有搅拌器、回流冷凝管和恒压滴液漏斗的 25mL 三口烧瓶中，将 1.0g（0.011mol）氯乙酸和 12mL 水加入三口烧瓶中，开动搅拌，慢慢滴加 2mL 饱和 Na_2CO_3 溶液，调节 pH 至 7～8，使氯乙酸转变为氯乙酸钠[1]。

2. 取代

在搅拌下往氯乙酸钠溶液中加入 0.6g 苯酚，并慢慢滴加 35% NaOH 溶液使反应混合物溶液 pH 等于 12。将反应混合物在沸水浴上加热 20min。在反应过程中 pH 值会下降，应及时补加氢氧化钠溶液，保持 pH 值为 12[2]。在沸水浴上再加热 5min 使取代反应完全。

3. 酸化沉淀

将三口烧瓶移出水浴，把反应混合物转入锥形瓶中。摇动下滴加浓 HCl，酸化至 pH=3～4，此时有苯氧乙酸结晶析出[3]。经冰水冷却，抽滤，水洗 2 次，在 60～65℃下干燥，得粗品苯氧乙酸。测熔点，称重，计算产率。纯苯氧乙酸的熔点为 98～99℃。

【注释】

[1] 先用饱和碳酸钠溶液将氯乙酸转变为氯乙酸钠，以防氯乙酸水解。因此，滴加碱液的速度宜慢。

[2] 在取代反应过程中，生成的 HCl 会消耗掉反应体系中的 NaOH 导致 pH 值下降，不利于该反应的进行，因此需要监测反应液的 pH 值，不停加入 NaOH 溶液，保持 pH 值为 12。

[3] 酸化在通风橱中进行。盐酸不可过量太多，否则会生成鉡盐而溶解。

实验 54　对氯苯氧乙酸的合成

【实验目的】

1. 利用芳环上的氯代反应，掌握利用苯氧乙酸制备对氯苯氧乙酸的原理及方法。

2. 熟练掌握机械搅拌装置的使用，掌握固体酸性产物的纯化方法。

【实验原理】

对氯苯氧乙酸（PCPA）是一个常用的植物生长调节剂，俗称“防落素”，为苯酚类植物生长调节剂，可以减少农作物或瓜果蔬菜的落花落果，有明显的增产作用。对氯苯氧乙酸纯品为白色针状粉末结晶，基本无臭无味，分子量 186.5，熔点 157～159℃，沸点 315.2℃，微溶于水，易溶于醇、酯等有机溶剂。对氯苯氧乙酸可以用苯酚先与一氯乙酸缩合生成苯氧乙酸，然后氯化生成。也可以用对氯苯酚和氯乙酸在溶剂及催化剂存在下反应生成钠盐，然后用盐酸酸化得成品。本实验采用苯氧乙酸在特定条件下与盐酸反应氯化而成。

$$C_6H_5-OCH_2COOH + HCl + H_2O_2 \xrightarrow{FeCl_3} Cl-C_6H_4-OCH_2COOH$$

该反应利用在三氯化铁催化下发生苯环上的氯化反应生成对氯苯氧乙酸。但该实验不是直接通氯气，而是通过双氧水氧化盐酸生成氯，紧接着就发生氯化反应。最后的产品经重结晶纯化。

【试剂与规格】

苯氧乙酸（C. P.）；冰醋酸；浓盐酸；三氯化铁（C. P.）；双氧水（33%过氧化氢溶液）（C. P.）；乙醇（C. P.）。

【实验步骤】

1. 氯代

在装有微型搅拌器、回流冷凝管和恒压滴液漏斗的 25mL 三口烧瓶中置入制备好的 0.6g 苯氧乙酸和 2mL 冰醋酸，水浴加热至 55℃，搅拌下加入 4mg $FeCl_3$ 和 2mL 浓 HCl[1]。在浴温升至 60～70℃时在 3min 内滴加 0.6mL 33% H_2O_2 溶液[2]。滴加完后，保温 10min。此时有部分固体析出[3]。

2. 分离

升温使固体全部溶解，经冷却、结晶、抽滤、水洗、干燥，得粗品对氯苯氧乙酸。

3. 重结晶

将粗品对氯苯氧乙酸从 1∶3 乙醇-水溶液中重结晶，即得精品对-氯苯氧乙酸。纯对氯苯氧乙酸的熔点为 158～159℃。

【注释】

[1] HCl 勿过量，滴加 H_2O_2 宜慢，严格控温，让生成的 Cl_2 充分参与亲核取代反应。

[2] Cl_2 有刺激性，特别是对眼睛、呼吸道和肺部器官。应注意操作勿使逸出，并注意开窗通风。

[3] 若无沉淀产生可能是反应温度太高，或氯气挥发。可降低温度再加入适量的浓盐酸或过氧化氢。

【思考题】

为什么用 HCl 和 H_2O_2 作氯化剂，机理是什么？

实验55 甲基橙的合成

【实验目的】

1. 熟悉重氮化反应和偶合反应的原理。

2. 掌握甲基橙的制备方法。

【实验原理】

甲基橙为橙红色鳞状晶体或粉末。分子量327.33，相对密度1.28，熔点300℃，微溶于水，较易溶于热水，不溶于乙醇，显碱性。主要用作酸碱滴定指示剂，也可用于印染纺织品。甲基橙主要由对氨基苯磺酸经重氮化后与*N*,*N*-二甲基苯胺反应而得。

$$NH_2-C_6H_4-SO_3H \xrightarrow{NaOH} NH_2-C_6H_4-SO_3Na \xrightarrow[HCl]{NaNO_2} [SO_3H-C_6H_4-\overset{+}{N}{\equiv}N]Cl^- \xrightarrow[HAc]{C_6H_5-N(CH_3)_2}$$

$$[SO_3H-C_6H_4-N{=}N-C_6H_4-NH(CH_3)_2]^+Ac^- \xrightarrow{NaOH} SO_3Na-C_6H_4-N{=}N-C_6H_4-N(CH_3)_2$$

酸性黄　　　　甲基橙

【试剂与规格】

5%氢氧化钠溶液；对氨基苯磺酸（C.P.）；亚硝酸钠（C.P.）；*N*,*N*-二甲苯胺（C.P.）；浓盐酸（C.P.）；乙醇（C.P.）；乙醚（C.P.）；冰醋酸（C.P.）；淀粉-碘化钾试纸。

【实验步骤】

方法一：将5mL 5%NaOH溶液和1.05g无水对氨基苯磺酸晶体的混合物温热溶解[1]，向该混合物中加入溶于3mL水的0.4g亚硝酸钠，在冰盐浴中冷至0～5℃。在不断搅拌下，将1.5mL浓盐酸与5mL水配成的溶液缓缓滴加到上述混合溶液中，并控制温度在5℃以下。滴加完后，用淀粉-碘化钾试纸检验[2]，然后在冰盐浴中放置15min，以保证反应完全[3]。

将0.6g *N*,*N*-二甲基苯胺和0.5mL冰醋酸的混合溶液在不断搅拌下慢慢加到上述冷却的重氮盐溶液中。加完后继续搅拌10min，然后慢慢加入12.5mL 5%NaOH溶液[4]，直至反应物变为橙色，这时有粗制的甲基橙呈细粒状沉淀析出。将反应物在热水浴中加热5min，然后经过冷却、析晶、抽滤，收集结晶，并依次用少量水、乙醇、乙醚洗涤[5]，压干。若要得较纯产品，可用溶有少量氢氧化钠的沸水进行重结晶。

方法二：称取无水对氨基苯磺酸250mg（1.45mmol）、*N*,*N*-二甲基苯胺125mg（1.1mmol）于5mL烧杯中，再加入2mL 95%乙醇，用玻璃棒搅拌，在不断搅拌下，用注射器慢慢滴加0.5mL 20%亚硝酸钠水溶液，控制反应温度不超过25℃。滴加完毕，继续搅拌5min后，置于冰浴中放置片刻[6]，减压抽滤，即得橙黄色、颗粒状的甲基橙粗品。

将粗产物用溶有约0.1g氢氧化钠的水溶液重结晶[7]，每克粗产物约需15mL水，产物干燥后称重，产率约为60%。溶解少许甲基橙于水中，加几滴稀盐酸溶液，接着用稀的氢氧化钠溶液中和，观察颜色变化。

【注释】

[1] 对氨基苯磺酸是两性化合物，酸性比碱性强，以酸性内盐存在，所以它能与碱作用成盐而不能与酸作用成盐。

[2] 若试纸不显蓝色，尚需补充亚硝酸钠溶液。

[3] 在此时往往析出对氨基苯磺酸的重氮盐。这是因为重氮盐在水中可以电离，形成中性内盐，难溶于水而沉淀下来。

[4] 若反应物中含有未作用的 *N*,*N*-二甲基苯胺醋酸盐，在加入氢氧化钠后，就会有难溶于水的 *N*,*N*-二甲基苯胺析出，影响产物的纯度。湿甲基橙在空气中受光照射后，颜色很快变深，所以一般得紫红色粗产物。

[5] 结晶操作应迅速，否则由于产物呈碱性，在温度高时易使产物变质，颜色变深。用乙醇、乙醚洗涤的目的是使其迅速干燥。

[6] 粗产物需在冰水中冷透，完全结晶后抽滤，否则产率会下降。

[7] 甲基橙在水中溶解度较大，故重结晶时不宜加过多的水。

【思考题】

1. 什么叫偶联反应？试结合本实验讨论一下偶联反应的条件。

2. 在本实验中，制备重氮盐时为什么要把对氨基苯磺酸变成钠盐？本实验如改成下列操作步骤：先将对氨基苯磺酸与盐酸混合，再滴加亚硝酸钠溶液进行重氮化反应，可以吗？为什么？

3. 试解释甲基橙在酸碱介质中的变色原因，并用反应式表示。

实验 56 环己醇氧化制备己二酸

【实验目的】

1. 学习由环己醇氧化合成己二酸的原理与方法。

2. 学习采用硝酸和高锰酸钾进行氧化反应的操作。

【实验原理】

己二酸俗称肥酸，分子式为 $HOOC(CH_2)_4COOH$，分子量 146.14。白色单斜晶系结晶体或结晶性粉末，略有酸味，密度 $1.366g/cm^3$，熔点 152℃，沸点 330.5℃，闪点 196.1℃。

己二酸与二元胺的聚合物是制造尼龙、尼龙-66 的一种原料。此外，它广泛应用于医药、染料、香料、感光材料等领域。作为化学试剂，用作碱和高锰酸钾标定时的基准物质和气相色谱减尾剂。己二酸可通过硝酸或高锰酸钾氧化环己醇制备。

$$\text{环己醇(OH)} \xrightarrow{HNO_3\text{或}KMnO_4} \text{环己酮(O)} \longrightarrow \text{己二酸}\ (COOH,\ COOH)$$

【仪器与试剂】

仪器：三口圆底烧瓶；球形冷凝管；温度计；恒压滴液漏斗；烧杯；布氏漏斗；吸滤

瓶；磁力加热搅拌器；循环水真空泵。

试剂：硝酸（50%）；钒酸铵；环己醇；高锰酸钾；氢氧化钠（10%水溶液）；亚硫酸氢铵；浓盐酸。

【实验步骤】

1. 硝酸氧化制备法

在三口圆底烧瓶（100mL）上分别安装回流冷凝管、温度计和恒压滴液漏斗［装置见图1-6(c)］。向圆底烧瓶中加入16mL（21.0g）50%硝酸[1]及少许钒酸铵（约0.01g），并在冷凝管上接装有碱溶液的吸收装置（参照图1-5），以吸收反应中产生的氧化氮气体[2]。水浴加热圆底烧瓶至50℃左右，移去水浴，开始搅拌并通过滴液漏斗先滴加6～8滴环己醇[3]，反应开始，瓶内反应温度逐渐升高，并有红棕色氧化氮气体放出。接着，缓慢滴加剩余的环己醇，共5.3mL（约5g）。滴加过程中，控制环己醇的滴加速率[4]，使反应温度维持在50～60℃之间，反应温度过高时，用冰水浴冷却，温度过低则通过水浴再加热。待环己醇滴加完毕（约30min），继续用80～90℃的热水浴加热、搅拌反应15min，至无红棕色气体放出为止。稍冷后，将产物小心地倒入一个外面有冰水浴冷却的烧杯中，冷却至室温即有己二酸晶体析出。最后，进行抽滤，用大约20mL冰水洗涤滤饼[5]，干燥获得己二酸粗产品（约6g，熔点147～152℃）。

2. 高锰酸钾氧化制备法

在装有搅拌器（电磁搅拌或机械搅拌）、恒压滴液漏斗和温度计的250mL三口圆底烧瓶中加入6mL 10%氢氧化钠溶液，再加入60mL水［装置见图1-7(a)］。开动搅拌器，并加入12.1g高锰酸钾，待高锰酸钾溶解后，用恒压滴液漏斗缓慢滴加3.2mL环己醇，控制滴加速度[6]，使反应温度维持在40℃左右。滴加完毕后，继续搅拌反应，待反应温度不再上升时，在沸水浴上加热反应5～10min，反应过程中不断有二氧化锰沉淀产生[7]。趁热抽滤混合物，用少量热水洗涤滤渣3次，将洗涤液与滤液合并置于烧杯中，加少量活性炭脱色，趁热抽滤。将滤液转移至干净烧杯中，并在石棉网上加热浓缩至30mL左右，放置，冷却，浓硫酸慢慢酸化至强酸性（pH=2），结晶，抽滤，干燥，得己二酸白色晶体（2.4～3.0g，熔点151～152℃）。

【注释】

［1］环己醇与浓硝酸接触会发生剧烈反应，为避免发生意外，不能用同一量筒量取。

［2］本反应中会产生氧化氮有毒气体，反应必须在通风橱中进行，反应装置要求密封良好无泄漏。如出现漏气现象，应停止实验，检查确认无漏气后再继续进行。

［3］该反应过程中有大量热量产生，应严格控制环己醇的滴加速度，以降低爆炸的风险。

［4］环己醇室温下为黏稠液体，量取时为了减少损失，应用少量水冲洗量筒并转入滴液漏斗。在低温时，这样做还可以防止环己醇凝固，以免堵住漏斗。

［5］室温下己二酸在水中有一定溶解度，洗涤时应用冰水浴，以减少产物损失。

［6］反应温度不宜过高，以免引起内容物冲出反应器。

［7］高锰酸钾可能过量，反应结束后用玻璃棒蘸一滴反应混合物点到滤纸上做点滴试验。如有高锰酸盐存在，则在棕色二氧化锰点的周围出现紫色的环，可加入少量固体亚硫酸氢钠直到点滴试验呈阴性为止。

【思考题】

1. 硝酸氧化法实验中为什么要控制环己醇的滴加速度和反应温度。

2. 有些实验在加入最后的反应物前需预先加热（如硝酸氧化制备法中需预先加热至50℃），而有一些反应较为剧烈，开始时反应物的滴加速度要缓慢，等反应开始后反而可以适当提高滴加速度，请解释原因。

3. 本实验采取哪些措施，以减少有毒 NO 的逸散？

4. 己二酸粗产品为什么要干燥后称重，并最好进行熔点测定？

实验 57 脱氢乙酸的制备

【实验目的】

1. 掌握制备脱氢乙酸的原理及操作。

2. 熟练掌握分馏和水蒸气蒸馏的操作。

【实验原理】

脱氢乙酸（分子式 $C_8H_8O_4$，分子量 168.15），又称为 α,γ-二乙酰基乙酰乙酸，无味的白色或淡黄色固体，熔点 108～110℃，沸点 270℃。它是一种重要的化工原料，同时具有抗菌活性，被广泛用作防腐、防霉剂，是一种有效的消毒剂。脱氢乙酸可由两分子乙酰乙酸乙酯（三乙）在碳酸氢钠作用下制备。

反应式：

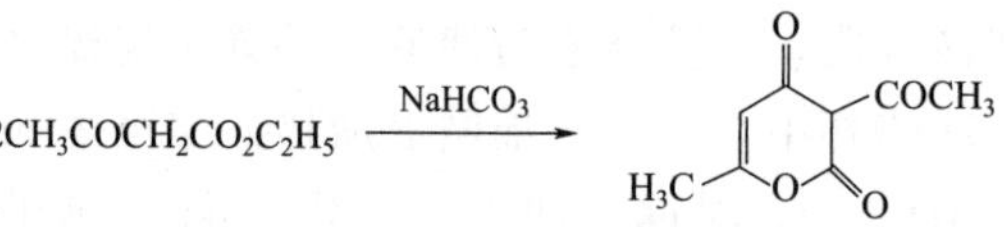

$$2CH_3COCH_2CO_2C_2H_5 \xrightarrow{NaHCO_3}$$ O, $COCH_3$, H_3C, O, O

【仪器与试剂】

仪器：三口圆底烧瓶（100mL、250mL）；刺形分馏柱；直形冷凝管；蒸馏头；尾接管；圆底烧瓶（接收瓶）。

试剂：乙酰乙酸乙酯；碳酸氢钠；硫酸。

【实验步骤】

将 30mL（0.237mol）乙酰乙酸乙酯、15mg 碳酸氢钠[1]和 2～3 粒沸石加入 100mL 三口圆底烧瓶中，安装刺形分馏柱和温度计（250℃量程），温度计的水银泡伸至距离圆底烧瓶底部 0.5cm 处，并用玻璃塞子塞住第三个瓶口。在分馏柱上口装上温度计（100℃量程），测口依次安装直形冷凝管、尾接管和圆底接收瓶（装置参照图 2-36）。

安装好装置后，开启冷却水，加热反应，直至液体开始沸腾时，严控加热速率，使反应瓶中气雾慢慢上升至柱顶（10～15min）[2]，并控制柱顶的温度在 60～80℃之间，直至反应瓶内液体温度达到 194℃时（此时，接收瓶中馏出液为 11～12mL）[3]，停止反应。接着拆除反应装置，将反应产物趁热倒入 100mL 烧杯中，盖住杯口冷却至近室温，用冰水浴进一步冷却，即有橘红色针状脱氢乙酸晶体析出。抽滤去除滤液[4]（滤液集中回收[5]），滤饼用

3×3mL 清水洗涤、抽干获得粗产品。在 250mL 三口圆底烧瓶中加入粗产物和 20mL 水，摇匀后用硫酸调节 pH 值至 2。接着，安装水蒸气蒸馏装置提纯产物（装置参照图 2-27）。水蒸气蒸馏期间，间歇检查三口圆底烧瓶中水的 pH，保持在 2～3 之间（用硫酸调节）。蒸馏过程中会有白色晶体在冷凝管中析出，应及时予以疏通。蒸馏至冷凝管中不再有白色晶体析出时停止蒸馏。最后，抽滤收集晶体，在红外灯下烘干[6]称重，得到洁白的固体脱氢乙酸。粗产物也可以用乙醇重结晶法提纯，得到的是斜方针状或片状晶体（5～6g），称重计算产率[7]。

【注释】

[1] 碳酸氢钠不能过多，以避免生成黏稠的胶状物而使反应产率降低。

[2] 气雾上升速率过高或过低，都不利于建立气液分配平衡，使得分馏效率降低。

[3] 如果反应液温度已经升至 194℃，但馏出液未达到 10mL，可将反应液温度适度放宽至 196℃，但不能再放宽。

[4] 固体中较易包裹液体，必须抽滤并尽量抽干残留液体，以减少后续操作的困难。

[5] 滤液溶解一部分脱氢醋酸，可用减压蒸馏除去未反应的乙酰乙酸乙酯。残渣用 10% $NaHCO_3$ 溶液浸泡抽提两次，浸出液用盐酸酸化至 pH=3，有黄白色晶体析出，进行过滤可回收得到一些脱氢醋酸粗品。

[6] 红外灯的温度不宜过高，避免脱氢醋酸熔融和升华。

[7] 产率取决于分馏效率，若用填料柱蒸馏可将收率提高到 50%以上。

【思考题】

1. 本反应的催化剂是什么？
2. 进行水蒸气蒸馏时为什么维持 pH 为 2～3？

实验 58　1，2-二苯乙烯的制备

【实验目的】

1. 学习利用 Wittig 反应合成烯烃的原理和方法。
2. 掌握回流、萃取、混合溶剂重结晶等实验操作。

【实验原理】

醛酮与磷内鎓盐（ylid）作用，生成烯烃的反应，称为 Wittig 反应。其通式为：

$$R^1R^2CHX \xrightarrow{(C_6H_5)_3P} (C_6H_5)_3\overset{+}{P}CHR^1R^2X^- \xrightarrow{n\text{-}C_4H_9Li} \underset{\text{磷内鎓盐}}{(C_6H_5)_3\overset{+}{P}-\bar{C}R^1R^2} \xrightarrow{O=C(R^3)R^4} R^2R^1C=CR^3R^4$$

Wittig 反应的机理：磷内鎓盐中带负电的碳进攻羰基碳原子，生成不稳定的环状化合物，之后迅速分解为烯烃和氧化三苯基膦。

$$(C_6H_5)_3\overset{+}{P}-\overset{-}{C}R^1R^2 + \underset{R^4}{\overset{R^3}{>}}C=O \longrightarrow \left[(C_6H_5)_3\overset{+}{P}-CR^1R^2 \atop {}^-O-\underset{R^4}{C}-R^3 \longleftrightarrow (C_6H_5)_3P-CR^1R^2 \atop O-\underset{R^4}{C}-R^3 \right]$$

$$\longrightarrow (C_6H_5)_3P=O + R^2R^1C=CR^3R^4$$

Wittig 反应是在分子中导入碳碳双键的重要方法，可以用来合成一些用其他方法难以得到的化合物。反应条件温和，产率高。

本实验通过苄氯与三苯基膦作用，生成氯化苄基三苯基鏻，再在碱存在下与苯甲醛作用，制备 1,2-二苯乙烯。第二步是两相反应，通过季鏻盐起相转移催化剂和试剂的作用。

$$C_6H_5CH_2Cl+(C_6H_5)_3P \xrightarrow{\triangle} (C_6H_5)_3\overset{+}{P}CH_2C_6H_5Cl^- \xrightarrow{NaOH}$$

$$(C_6H_5)_3P=CHC_6H_5 \xrightarrow{C_6H_5CHO} C_6H_5CH=CHC_6H_5+(C_6H_5)_3P=O$$

【仪器与试剂】

仪器：50mL 圆底烧瓶；干燥管；球形冷凝管；蒸馏头；温度计；直形冷凝管；尾接管；电磁搅拌器；分液漏斗。

试剂：苄氯[1]（C. P.）；三苯基膦[2]（C. P.）；苯甲醛（C. P.）；二甲苯（C. P.）；氯仿（C. P.）；乙醚（C. P.）；二氯甲烷（C. P.）；50%氢氧化钠；95%乙醇（C. P.）等。

【实验步骤】

1. 氯化苄基三苯基鏻

在 50mL 圆底烧瓶中，加入苄氯（3g，0.024mol）、三苯基膦（6.2g，0.024mol）和 20mL 氯仿，装上带有干燥管的回流冷凝管（图 1-4），在水浴上加热回流 2～3h，反应完后改为蒸馏装置［图 2-17(a)］，蒸出氯仿。向烧瓶中加入 5mL 二甲苯，充分摇振混合，抽滤。用少量二甲苯洗涤结晶，于 110℃烘箱中干燥 10min，得到季鏻盐。产品为无色晶体，熔点 310～312℃，储存于干燥器中备用。

2. 1,2-二苯乙烯

在 50mL 圆底烧瓶中，加入 5.8g 氯化苄基三苯基鏻，苯甲醛（1.6g，0.015mol）和 10mL 二氯甲烷，装上回流冷凝管（图 1-3）。在电磁搅拌器的充分搅拌下，自冷凝管顶滴入 7.5mL 50% 氢氧化钠水溶液，约 15min 滴完。加完后，继续搅拌 0.5h。

将反应混合物转入分液漏斗，加入 10mL 水和 10mL 乙醚，摇振后分出有机层，水层用 10mL 乙醚萃取 2 次，合并有机层和乙醚萃取液，用 10mL 水×3 次进行洗涤，有机相用无水硫酸镁干燥，滤去干燥剂，蒸馏除去有机溶剂。残余物加入 95%乙醇加热溶解（约需 10mL），然后置于冰浴中冷却，析出反-1，2-二苯乙烯结晶。抽滤，干燥后称重，计算产率。

【注释】

［1］苄氯蒸气对眼睛有强烈的刺激作用，转移时切勿滴在瓶外，如不慎沾在手上，应用水冲洗后再用肥皂擦洗。

［2］有机磷化合物通常是有毒的，与皮肤接触后应立即用肥皂擦洗。

【思考题】

1. 制备过程中二甲苯的作用是什么？

2. 在第二步反应中可以把二氯甲烷换成三氯甲烷吗？为什么？

实验 59　烯烃的环氧化反应

【实验目的】

1. 学习通过合适的过氧羧酸将烯烃转化为环氧化物的典型方法。

2. 学习通过碱性过氧化氢进行 α,β-不饱和羰基化合物的烯烃环氧化的典型方法。

【实验原理】

环氧化合物是一类用途极广的有机化工原料和中间体。低级烯烃的环氧化物，如环氧乙烷和环氧丙烷，可用于生产乙二醇、丙二醇及聚醚多元醇，是合成聚氨酯、聚酯、表面活性剂的原料或半成品；氧化苯乙烯可用于合成香料；环氧氯丙烷是合成甘油的中间体，也是合成环氧树脂、氯醇橡胶的原料，还可用来生产甘油衍生物和缩水甘油衍生物以及各种具有特殊功能的合成树脂。烯烃的环氧化反应是合成环氧化物的重要途径。研究烯烃的环氧化反应具有很重要的理论和实践意义。

利用过酸对烯烃进行环氧化是制备环氧化合物的典型方法，本实验将分别利用两种过酸来制备环氧化合物。

1. 间氯过氧苯甲酸（MCPBA）氧化

利用间氯过氧苯甲酸（MCPBA）对反式茴香脑进行环氧化，反应为顺式加成，所得环氧化合物的构型与原料烯烃的构型保持一致。反应方程式如下。

OCH_3

MCPBA
Na_2CO_3
CH_2Cl_2
0℃, 20min

H　O　H
OCH_3

2. 过氧化氢氧化

供电子取代基有利于过氧羧酸对烯烃的环氧化，因此，缺乏电子的烯烃，例如 α,β-不饱和酮和醛通常与过氧羧酸反应产率较低。然而，α,β-不饱和羰基化合物很容易被碱性过氧化氢转化成环氧化物。与用过氧羧酸进行的环氧化不同，碱性 H_2O_2 环氧化是不具有立体构型选择性的，一般会得到不同构型的混合物。

在此实验中，我们将用碱性过氧化氢对香芹酮进行区域特异性环氧化。香芹酮具有两个 C═C 双键，环氧化反应可选择性发生在 α,β-不饱和酮上，而在侧链上的 C═C 双键保持不变，反应方程式如下。

O　+ H_2O_2(35%)

NaOH
CH_3OH
0℃→室温
30min

O　O

【仪器与试剂】

仪器：圆底烧瓶；电磁搅拌器；冰浴；分液漏斗；核磁共振仪；旋转蒸发仪。

试剂：二氯甲烷[1]；75%间氯过氧苯甲酸[2]；反式茴香脑[3]；饱和氯化钠溶液；无水硫酸镁；10%碳酸钠；6mol/L 氢氧化钠[4]；氘代氯仿（$CDCl_3$）；甲醇；35%过氧化氢[5]；

香芹酮[6]。

【实验步骤】

1. 反式茴香脑的间氯过氧苯甲酸环氧化

向反式茴香脑（0.5g，3.4mmol）的 CH_2Cl_2（10mL）溶液中加入 10% Na_2CO_3 水溶液（20mL）。将所得混合物在 0℃下用冰水浴剧烈搅拌。将 MCPBA（1.3g，5.7mmol）溶于 10mL CH_2Cl_2 中，并在 0℃下将溶液滴加到反应混合物中。添加完成后，将混合物在冰水浴中再搅拌 20min。用分液漏斗收集有机层，并用 10% Na_2CO_3 水溶液洗涤有机层 4 次（4×25mL），然后用饱和 NaCl 溶液（15mL）洗涤。用无水 $MgSO_4$ 干燥有机层，过滤混合物，并通过旋转蒸发从有机溶液中除去溶剂。记录反应产物的重量和产率（%）。

尝试对反应产物进行 ^1H NMR 谱（使用 $CDCl_3$ 溶解样品）测定。

2. 碱性过氧化氢选择性环氧化香芹酮

将香芹酮（0.72g，4.8mmol）溶于 8mL CH_3OH 中，将混合物冷却至 0℃，并添加 35% H_2O_2（1.5mL）。向混合物中缓慢滴加 1mL 6mol/L NaOH 溶液，1～2min。将混合物在 0℃下搅拌 5min，然后在室温下再搅拌 20min。用二氯甲烷和水萃取粗混合物，用饱和氯化钠溶液洗涤有机层，合并有机溶液，用无水 $MgSO_4$ 干燥溶液，过滤混合物，并通过旋转蒸发除去溶剂。记录反应产物的重量和产率（%）。

尝试对反应产物进行 ^1H NMR 谱（使用 $CDCl_3$ 溶解样品）测定。

【注释】

[1] 二氯甲烷蒸气是有害的，必须避免吸入。

[2] 间氯过氧苯甲酸对震动敏感，如果被热、震动或摩擦激活会爆炸。请勿将其干燥或用研钵和研杵研磨。

[3] 从反式茴香脑获得的环氧产品具有令人愉悦但持久的气味，因此应避免与皮肤和衣服接触。

[4] 高浓度的氢氧化钠溶液腐蚀性高，应避免与皮肤接触。

[5] 过氧化氢是一种氧化剂，具有很高的腐蚀性。接触后会严重灼伤皮肤和眼睛。

[6] 香芹酮有低毒性，有强烈的气味，使用时小心处理。

【思考题】

1. 为什么必须用 Na_2CO_3 溶液反复清洗产品？

2. 对反式茴香脑的 MCPBA 环氧化物的 ^1H NMR 谱中的峰进行归属。

3. 如何通过核磁共振波谱判断香芹酮的环氧化物中哪个 C=C 键已转化为环氧化物？

实验 60 苯甲醛和苯乙酮的 Claisen-Schmidt 缩合反应

【实验目的】

1. 学习芳香醛与酮的 Claisen-Schmidt 缩合反应的一般实验步骤。

2. 了解在无溶剂条件下进行有机反应的优缺点。

【实验原理】

在稀碱作用下，含 α-H 的两分子醛或酮进行亲核加成生成 β-羟基醛或酮的反应称为羟醛缩合反应。β-羟基醛或酮可以进一步脱水生成 α,β-不饱和醛酮。反应通式如下。

$$R^1C(=O)R^2 + R^3C(=O)CH_2R^4 \xrightarrow{OH^-} HO\text{-}C(R^1)(R^2)\text{-}CH(R^4)\text{-}C(=O)R^3 \xrightarrow{-H_2O} R^1R^2C{=}C(R^4)\text{-}C(=O)R^3$$

当芳香族醛与脂肪族醛或酮缩合生成 α,β-不饱和产物时，该反应称为 Claisen-Schmidt 缩合。除了通过传统方法进行羟醛缩合以外，还可以使用无溶剂方法进行反应。有机反应通常需要有机溶剂来为反应提供介质，并调节反应速率和温度。然而，使用有机溶剂进行反应不仅给所需的材料增加了成本，而且也是化学废物处理和环境的负担。因此，为了减少材料消耗并提高化学生产效率，绿色化学的目标之一是最大程度地减少溶剂的使用。

在本实验中，我们将分别使用传统方法和无溶剂方法由苯乙酮和 4-甲基苯甲醛合成甲基取代的查尔酮。可以比较这两种方法的效率（在反应收率和反应速率方面）。反应方程式如下。

第一部分：乙醇为溶剂

$$H_3C\text{-}C_6H_4\text{-}CHO + H_3C\text{-}CO\text{-}C_6H_5 \xrightarrow[30\sim60min,\ 室温]{NaOH(aq),\ EtOH} H_3C\text{-}C_6H_4\text{-}CH{=}CH\text{-}CO\text{-}C_6H_5$$

第二部分：无溶剂

$$H_3C\text{-}C_6H_4\text{-}CHO + H_3C\text{-}CO\text{-}C_6H_5 \xrightarrow[15min,\ 室温]{NaOH(s)} H_3C\text{-}C_6H_4\text{-}CH{=}CH\text{-}CO\text{-}C_6H_5$$

【仪器与试剂】

仪器：圆底烧瓶；抽滤瓶；减压泵；冰水浴；研钵。

试剂：4-甲基苯甲醛；苯乙酮；95%乙醇；1mol/L NaOH 水溶液；NaOH 固体。

【实验步骤】

1. 乙醇为溶剂的 Claisen-Schmidt 缩合反应

将 4-甲基苯甲醛（1.2g，10mmol）和苯乙酮（1.2g，10mmol）溶于 20mL 95%乙醇中。向反应混合物中加入 1mol/L NaOH 水溶液（10mL），并在室温下剧烈搅拌混合物约 30min。反应结束后将混合物在冰水浴中冷却几分钟，以促进结晶。通过减压抽滤收集粗产物，利用少量热乙醇对粗产物进行重结晶，再次抽滤得到纯化的产物，并在布氏漏斗上抽滤使产品完全干燥。记录重结晶产物的产率（%）和熔点。

2. 无溶剂的 Claisen-Schmidt 缩合反应

在研钵中混合 4-甲基苯甲醛（1.8g，15mmol）和苯乙酮（1.8g，15mmol）。称取固体 NaOH（0.6g，15mmol）并将其添加到混合物中，用研杵将混合物轻轻研磨与混合约 10min。将固化的黄色粗产物研磨成小颗粒，然后加入约 25mL 的水。尽量用刮刀将固体从研钵和研杵上刮下，然后通过减压抽滤收集粗产物，用少量乙醇对粗产物进行洗涤。将粗产物在少量热乙醇中进行重结晶，再次减压抽滤收集纯化的产品，记录重结晶产物的产率（%）和熔点。

比较从两种不同方法获得的产物产率。

【思考题】

1. 普通羟醛缩合和 Claisen-Schmidt 缩合的差别是什么？
2. 无溶剂 Claisen-Schmidt 缩合反应相比传统溶剂法的优缺点是什么？

实验 61 无溶剂的 Cannizzaro 反应

【实验目的】

1. 学习绿色化学——无溶剂有机反应。
2. 了解 Cannizzaro 反应的反应机理与实验操作。

【实验原理】

Cannizzaro 反应是一种自氧化还原反应，当用浓碱处理时，不含 α-H 的醛歧化成醇和羧酸。例如，当用浓氢氧化钾处理苯甲醛时，得到苯甲酸和苯甲醇的混合物。进行 Cannizzaro 反应的醛必须不含 α-H，否则，当用浓碱处理时，醛将形成烯醇盐，从而发生羟醛缩合反应。苯甲醛的 Cannizzaro 反应方程式如下。

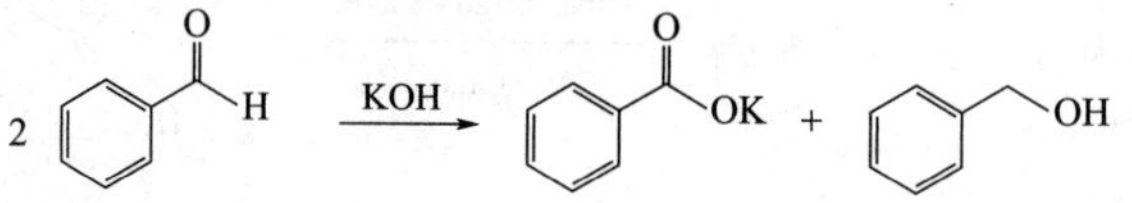

Cannizzaro 反应的反应机理如下所示，通过将碱（氢氧根负离子）亲核加成到醛的羰基碳上，引发反应，生成醇盐中间体，中间体塌陷，重新形成羰基并转移负氢以进攻另一个羰基，然后通过质子交换形成产物酸和烷氧基离子。

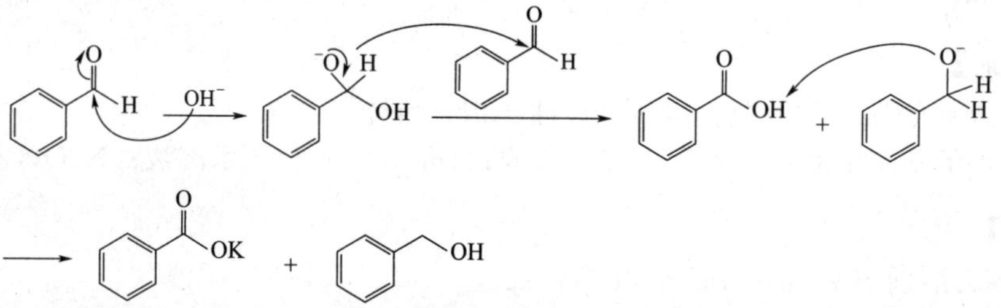

在本实验中，我们将进行 2-氯苯甲醛在氢氧化钾条件下的 Cannizzaro 反应。传统的 Cannizzaro 反应通过将醛在甲醇溶剂中与浓氢氧化钾溶液一起加热来进行，然后通过萃取分离产物。在强碱的存在下，羧酸形成阴离子羧酸盐并溶解在水层中，而苯甲醇优先溶解在有机层中。可以通过蒸发溶剂从有机溶液中获得苯甲醇，将水层进行酸化可将羧酸盐转化为不溶的羧酸，然后通过抽滤进行收集。

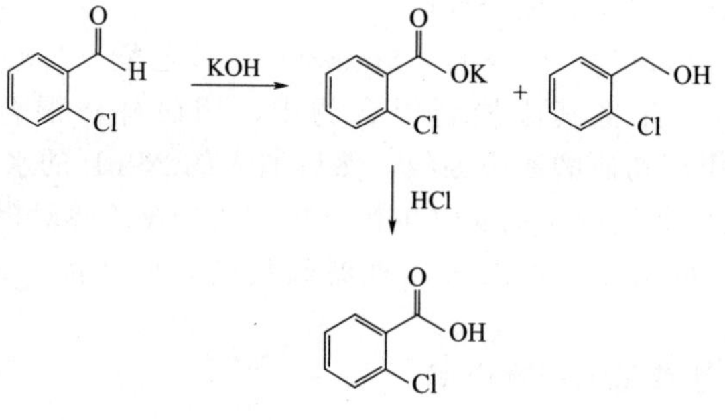

除传统方法外，我们还将使用无溶剂方法进行 Cannizzaro 反应。可以通过在研钵中将醛与固体氢氧化钾研磨来完成，并使混合物以固态反应。最后可将传统方法与绿色无溶剂方法获得的结果进行比较。

【仪器与试剂】

仪器：圆底烧瓶；电磁搅拌器；分液漏斗；研钵；天平；熔点仪。

试剂：2-氯苯甲醛；甲醇；11mol/L KOH 溶液；二氯甲烷；饱和食盐水；无水 $MgSO_4$；3mol/L 盐酸；氢氧化钾（s）；正己烷；乙酸乙酯。

【实验步骤】

1. 传统溶剂法

在 100mL 圆底烧瓶中，将 2mL 2-氯苯甲醛（17.8mmol）溶于 8mL 甲醇，缓慢加入 8mL 11mol/L KOH 水溶液，将混合物在 65～75℃的油浴中加热 1h。使混合物逐渐冷却，之后向混合物中加入 15mL 冷水，并用 CH_2Cl_2 进行三次萃取，每次 10mL。用饱和氯化钠溶液洗涤合并的有机溶液，并用无水 $MgSO_4$ 进行干燥。过滤除去 $MgSO_4$，并通过旋转蒸发除去溶剂，得到的残余物即为 2-氯苄醇。

从分液漏斗收集水层，并用 3mol/L HCl 酸化，通过减压抽滤收集沉淀物，得到 2-氯苯甲酸。

称量并计算 2-氯苄醇和 2-氯苯甲酸的产率，分别测定熔点。

2. 绿色无溶剂法

用研钵混合并研磨 2mL 2-氯苯甲醛（17.8mmol）和 KOH（1.50g，26.7mmol）。通过薄层色谱（洗脱液：V 己烷/V 乙酸乙酯＝2/1）监控反应。轻轻研磨混合物直至反应完成（约 30min）。将混合物溶于 15mL 水中，按照传统溶剂法中所述的步骤，通过萃取等操作从混合物中分离出产物。

称量并计算 2-氯苄醇和 2-氯苯甲酸的产率，分别测定熔点。

【思考题】

1. 尝试比较 Cannizzaro 反应和羟醛缩合反应中醛的结构差异。

2. 用盐酸将水层酸化至中性是否合适？

第 8 章

综合设计性实验

综合设计性实验是培养和检验学生创造性、综合性思维的主要手段，学生在基本操作、基本有机合成和性质实验训练后，已具备了基本的有机化学实验基础知识、基本技能及多步有机合成实验的能力。在此基础上，学生根据给定的实验任务，查阅文献资料，自行设计实验方案，组织实验系统，独立进行操作并得出结果。设计性实验的开设，有利于培养学生的创新意识和创新精神、提高学生分析问题和解决问题的能力，为今后开展科学研究打下良好基础。

实验 62 醇、酚、醛、酮未知液的分析

【实验目的】

1. 通过本实验全面复习醇、酚、醛、酮的主要化学性质。
2. 应用所学的知识和操作技术，独立设计未知液的分析方案。

【实验原理】

有机化合物分子中的官能团是分子中比较活泼而容易发生化学反应的部位。通过有机官能团所特有的反应现象，就能大致区别有机化合物的类别。为了使有机化合物官能团一般定性分析方法实用、简便，则应当使有机分析中的反应具备以下条件：反应前后现象变化要明显，如沉淀生成或溶解、气体逸出、颜色突变等；灵敏度要高，特别在涉及剧毒反应物时该条件更应考虑；专一性要强。官能团的特征反应较多时，应该筛选出官能团独具一格的反应现象；反应速率适中，以便于观察实验的现象。

【实验任务】

1. 首先复习有机化学教材中关于醇、酚、醛、酮的主要化学性质的有关章节，然后根据实验室提供的实验条件，拟订未知液的分析实验方案，列出需要的药品仪器。

2. 告知实验室给定的化学试剂，修订实验方案。给定药品：

2,4-二硝基苯肼；饱和溴水；5% $AgNO_3$；10% NaOH；1% $FeCl_3$；斐林试剂Ⅰ；斐林试剂Ⅱ；5% $CuSO_4$；5% $K_2Cr_2O_7$；浓 H_2SO_4（C. P.）；5% $NaHCO_3$；0.1%酚酞；碘液；浓 $NH_3 \cdot H_2O$；蓝色石蕊试纸。

3. 教师提供的未知液

将以下样品放在编有号码的试剂瓶中：

1-丁醇；丙酮；异丙醇；甘油(丙三醇)；乙醛；苯甲醛；苯酚。

【实验要求】

1. 设计实验方案

在查阅文献的基础上，用给定的化学试剂独立设计鉴定方案（包括目的要求、实验原理、实验用品、操作步骤和预期结果，以及有关的化学反应式）。

2. 实验操作

实验方案经指导教师审查允许后，独立完成实验。实验操作过程中，应认真观察和记录实验现象，正确进行未知液定性分析。

3. 完成实验报告

完成实验后，应当立即写出实验报告。将实验方案、实验报告一并交指导教师。

实验 63 混合物（环己醇、苯酚、苯甲酸）的分离

【实验目的】

1. 了解进行科学研究的基本过程，提高应用知识和技能进行综合分析、解决实际问题的能力。

2. 掌握分离有机混合物的基本思路和方法。

【实验原理】

利用有机物物理、化学性质上的差异进行分离。

【实验任务】

1. 查阅资料，调研分离醇、酚、芳香酸的具体方法。

2. 分析各种方法的优缺点，作出自己的选择。

3. 结合实验室条件，设计完成环己醇、苯酚、苯甲酸混合物的分离方案。

【实验要求】

1. 预习部分

(1) 查阅环己醇、苯酚、苯甲酸的物理常数。

(2) 根据查阅资料，设计分离 20.0g 混合物的实验方案（包括操作步骤及检测方法的设计）。

(3) 列出所需试剂、仪器设备。

(4) 将设计好的实验方案交给老师审阅。

2. 实验部分

(1) 学生按照实验方案，独立完成实验操作。

(2) 对分离所得各物质进行分析测试。

(3) 做好实验记录，教师签字确认。

3. 实验报告部分

(1) 包括实验的目的、原理和实验步骤。

(2) 整理分析实验数据。

(3) 给出结论，确认分离所得产物是否符合要求，并计算各组分含量及混合物的总回收率。

(4) 对实验结果、实验现象进行讨论。

实验 64 水杨酸甲酯（冬青油）的制备

【实验目的】

1. 学习网上中文及英文电子期刊的查阅方法。
2. 了解进行科学研究的基本过程，提高综合分析、解决实际问题的能力。
3. 掌握酯的制备原理和方法。

【实验原理】

$$RCOOH + R'OH \rightleftharpoons RCOOR' + H_2O$$

【实验任务】

1. 查阅文献资料，调研酯的工业制备方法及实验室制备方法。
2. 分析各种方法的优缺点，作出自己的选择。
3. 结合实验室条件，设计并完成酯的制备方案。

【实验要求】

1. 预习部分

(1) 根据文献调研，写出 300 字以上的文献简述。

(2) 计算由 6.0g 水杨酸为起始原料制备水杨酸甲酯时，所需其他物质的量。

(3) 查阅反应物和产物及使用的其他物质的物理常数。

(4) 设计实验步骤（包括分析可能存在的安全问题，并提出相应的解决策略）。

(5) 列出所需的试剂、仪器设备，画出实验装置简图。

(6) 提出产物的分析测试方法和打算使用的仪器。

(7) 将文献简述及实验方案交给老师审阅。

2. 实验部分

(1) 学生完成实验的具体操作。

(2) 对所得产物进行测试分析。

(3) 做好实验记录，教师签字确认。

3. 报告部分

(1) 包括实验的目的、原理和实验步骤。

(2) 整理分析实验数据。

(3) 给出结论，确认实验所得产物是否符合要求。

(4) 对实验结果、实验现象进行讨论。

(5) 列出参考文献。

实验65 废饮料瓶为原料的微波辐射法制备对苯二甲酸

【实验目的】

1. 利用所学知识，变废为宝，增强环保意识。

2. 综合训练机械搅拌、加热、回流、减压蒸馏、过滤、洗涤、干燥的基本操作技能，掌握红外、液相色谱的分析方法及技能。

【实验原理】

本实验将醇解反应和水解反应相结合，采用醇碱联合解聚PET塑料的方法。以乙二醇和碳酸氢钠为复合解聚剂，在催化剂氧化锌的存在下，可在常压下快速彻底解聚PET，同时回收乙二醇。

$$HO(CH_2CH_2OOCC_6H_4COO)_nCH_2CH_2OH+2nNaHCO_3 \xrightarrow[\text{乙二醇}]{ZnO}$$

$$(n+1)HOCH_2CH_2OH+nNaOOCC_6H_4COONa+2nCO_2$$

$$NaOOCC_6H_4COONa+2HCl \longrightarrow HOOCC_6H_4COOH+2NaCl$$

【实验任务】

1. 查阅文献资料，调研聚酯的醇解制备酸的方法。

2. 分析各种方法的优缺点，作出自己的选择。

【实验要求】

1. 预习部分

(1) 根据文献调研，写出400字以上的文献简述，简述PET塑料的组成及解聚方法。

(2) 计算由5.0g废弃PET塑料为起始原料制备对苯二甲酸时，所需其他原料及催化剂的物质的量。

(3) 查阅反应物和产物及使用的其他物质的物理常数。

(4) 设计实验步骤（包括分析可能存在的安全问题，并提出相应的解决策略）。

(5) 列出所需的试剂、仪器设备，画出实验装置简图。

(6) 提出产物的分析测试方法和计划使用的仪器，并检索产物的相关分析标准谱图。

(7) 将文献简述及实验方案交给老师审阅。

2. 实验部分

(1) 学生完成实验的具体操作。

(2) 对所得产物进行测试分析（包括产率及分析谱图）。

(3) 做好实验记录，教师签字确认。

3. 报告部分

(1) 包括实验的目的、原理和实验步骤。

(2) 整理分析实验数据。

(3) 给出结论，确认实验所得产物是否符合要求。

(4) 对实验结果、实验现象进行讨论。

(5) 列出参考文献。

实验 66 消旋联萘酚的制备

【实验目的】

1. 了解在过渡金属氧化剂存在下，酚类的氧化偶联反应的原理及应用。

2. 复习有机溶剂重结晶技术操作。

【实验原理】

消旋联萘酚（±BINOL）主要是通过 2-萘酚的催化氧化偶联获得，常用的氧化剂有 Fe^{3+}、Cu^{2+}、Mn^{3+} 等，反应介质大致包括有机溶剂、水或无溶剂。本实验以 $FeCl_3 \cdot 6H_2O$ 为氧化剂，水作为溶剂。在反应条件下，2-萘酚被水溶液中 Fe^{3+} 氧化成自由基，然后二聚或与其另一中性分子形成新的 C—C 键，然后消去一个 H·从而恢复芳香结构，H·可被氧化成 H^+，生成外消旋的 1,1′-联-2-萘酚。

2 (2-萘酚) —$FeCl_3$→ 1,1′-联-2-萘酚 (OH, OH)

【实验任务】

1. 查阅文献资料，调研 1,1′-联-2-萘酚的制备方法。

2. 分析各种方法的优缺点，作出自己的选择。

【实验要求】

1. 预习部分

(1) 根据文献调研，写出 400 字以上的文献简述，简述联萘酚的合成方法以及手性催化剂的应用。

(2) 计算由 1.0g 2-萘酚为起始原料制备 1,1′-联-2-萘酚时，所需其他原料及溶剂的物质的量。

(3) 查阅反应物和产物及使用的其他物质的物理常数。

(4) 设计实验步骤（包括分析可能存在的安全问题，并提出相应的解决策略）。

(5) 列出所需的试剂、仪器设备，画出实验装置简图。

(6) 提出产物的分析测试方法和打算使用的仪器，并检索产物的相关分析标准谱图。

(7) 将文献简述及实验方案交给老师审阅。

2. 实验部分

(1) 学生完成实验的具体操作。

(2) 对所得产物进行测试分析（包括产率及核磁谱图）。

(3) 做好实验记录，教师签字确认。

3. 实验报告部分

(1) 包括实验的目的、原理和实验步骤。

(2) 整理分析实验数据。

(3) 给出结论，确认实验所得产物是否符合要求。

（4）对实验结果、实验现象进行讨论。

（5）列出参考文献。

实验67 黄连中黄连素有效成分的提取分离及检验

【实验目的】

1. 学习互联网上中文及英文电子期刊的查阅方法。
2. 学习从中草药提取生物碱的原理和方法。

【实验原理】

黄连为我国特产药材之一，又有很强的抗菌力，对急性结膜炎、口疮、急性细菌性痢疾、急性肠胃炎等均有很好的疗效。黄连中含有多种生物碱，以黄连素（俗称小檗碱，berberine）为主要有效成分，随野生和栽培及产地的不同，黄连中黄连素的含量为4%～10%。含黄连素的植物很多，如黄柏、三颗针、伏牛花、白屈菜、南天竹等均可作为提取黄连素的原料，但以黄连和黄柏中的含量为高。

黄连素是黄色针状体，微溶于水和乙醇，较易溶于热水和热乙醇中，几乎不溶于乙醚，黄连素存在三种互变异构体，但自然界多以季铵碱的形式存在。黄连素的盐酸盐、氢碘酸盐、硫酸盐、硝酸盐均难溶于冷水，易溶于热水，其各种盐的纯化都比较容易。

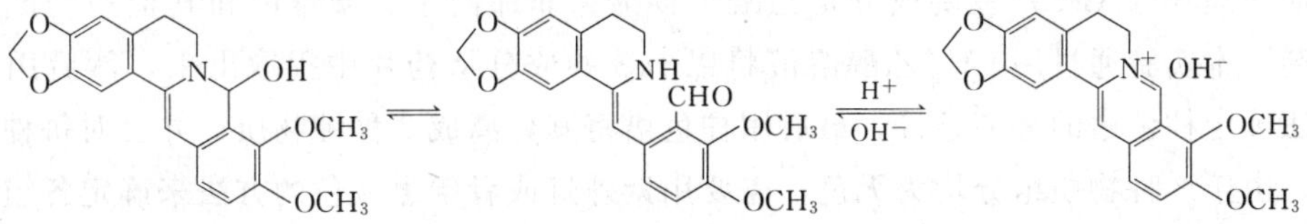

【实验任务】

1. 查阅文献资料，调研黄连素的各种提取方法。
2. 分析各种方法的优缺点，作出自己的选择。
3. 结合实验室条件，设计并完成黄连素的提取方案。

【实验要求】

1. 预习部分

（1）根据文献调研，写出500字以上的文献简述。

（2）查阅黄连素的物理常数。

（3）设计用10.0g黄连提取黄连素的实验步骤，写出实验流程图（包括分析可能存在的安全问题，并提出相应的解决策略）。

（4）列出所需的试剂、仪器设备，画出实验装置简图。

（5）提出产品检验方法（至少两种）。

（6）将文献简述及实验方案交给老师审阅。

2. 实验部分

（1）学生完成实验的具体操作。

（2）对所得产物进行性质检验。

（3）做好实验记录，教师签字确认。

3. 报告部分

（1）包括实验的目的、原理和实验步骤。

（2）整理分析实验数据。

（3）给出结论，确认实验所得产物是否符合要求。

（4）对实验结果、实验现象进行讨论。

（5）列出参考文献。

实验 68　去痛片组分的分离

【实验目的】

1. 学习设计柱色谱分离的方案和实验步骤。

2. 学习展开剂和洗脱剂的选择方法。

3. 学习从药物中提取有机化合物。

【实验原理】

普通去痛片（APC）主要成分是乙酰水杨酸、非那西丁、咖啡因和其他药物成分，是白色片剂。本实验通过用95%乙醇溶液将以上3种成分从药片中提取出来，然后用薄层色谱的方法确定柱色谱的分离条件，最后用柱色谱将其分离成3种纯物质，并且对每种物质进行鉴定。由于3种物质组分均为无色，需要用紫外灯或者碘熏显色的方法来确定各组分，然后用薄层色谱法和标准溶液鉴定出它们分别是什么物质。

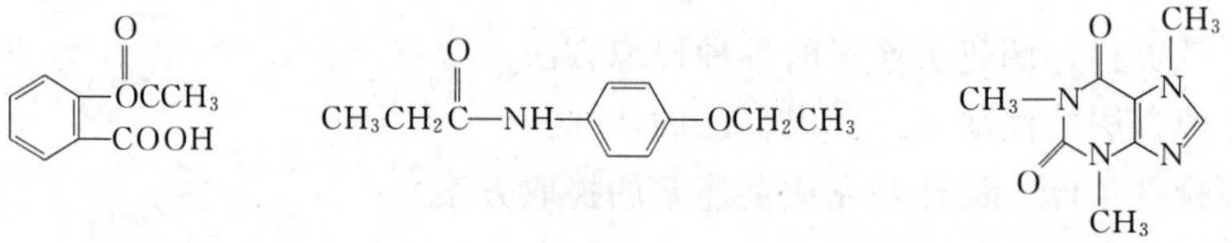

$OCCH_3$（O）　$COOH$　　$CH_3CH_2C(=O)$—NH—C_6H_4—OCH_2CH_3　　O　CH_3　CH_3—N　N　N　O　N　CH_3

乙酰水杨酸　　非那西丁　　咖啡因

【仪器与试剂】

仪器：每人5块已经制备好的GF254硅胶薄板、展开缸、烧杯、玻璃塞、离心试管2只、滴管、色谱柱、锥形瓶。

试剂：柱色谱硅胶（100～200目）、1%乙酰水杨酸的乙醇标准溶液、1%非那西丁的乙醇标准溶液、1%咖啡因的乙醇标准溶液、95%乙醇、无水乙醚、二氯甲烷、冰醋酸、丙酮。

【实验步骤】

此实验每两人一组，每组一片去痛片，先将药品碾成粉末，放入一支试管或锥形瓶中，加入5mL 95%乙醇，搅拌萃取，然后过滤，将过滤后的溶液浓缩至1mL左右。下面的分离鉴定实验由学生自己设计实验步骤和方法。

【注意事项】

1. 过滤提取液时，可取一个小的玻璃漏斗，在颈部放一小块棉花。
2. 浓缩样品时，可以用旋转蒸发，也可以用简单蒸馏的方法。
3. 在设计实验步骤时，应结合样品的结构进行分析。
4. 薄层板应在前一次实验制备好，干燥后待用。

【思考题】

1. 在设计实验步骤的过程中应该注意什么问题?
2. 请说出设计实验步骤的大致思路。
3. 在此实验过程中应该如何判断何时流出的是产物?
4. 应该用何种方法鉴定流出物是哪种化合物?

实验 69　(±)-α-苯乙胺的制备及拆分

【实验目的】

1. 学习 Leuchart（鲁卡特）反应合成外消旋体 α-苯乙胺的原理和方法。
2. 通过外消旋 α-苯乙胺的制备，进一步综合运用回流、蒸馏、萃取等操作。
3. 学习将外消旋体转变为非对映异构体进行拆分的原理和方法。
4. 进一步熟练旋光度的测定方法，了解对光学活性物质纯度的初步评价。

【实验原理】

1. (±)-α-苯乙胺制备

醛、酮与甲酸和氨（或伯、仲胺），或与甲酰胺，在高温条件下作用生成伯胺的反应，称为 Leuchart（鲁卡特）反应。反应一般在无溶剂条件下，加热至 100～180℃即能发生。反应中氨首先与羰基发生亲核加成，接着脱水生成亚胺，亚胺随后被甲酸还原生成胺。与还原胺化不同，这里不是用催化氢化，而是用甲酸作为还原剂。它是由羰基化合物合成胺的一种重要方法。

Leuchart 反应机理：

$$NH_4OOCH \overset{\triangle}{\rightleftharpoons} NH_3 + HOOCH$$

$$R^1R^2C{=}O + NH_3 \overset{\triangle}{\rightleftharpoons} R^1R^2C(OH)NH_2 \underset{\triangle}{\overset{-H_2O}{\rightleftharpoons}} R^1R^2C{=}NH \underset{\triangle}{\overset{NH_4^+}{\rightleftharpoons}} R^1R^2C{=}\overset{+}{N}H_2 + NH_3$$

$$R^1R^2C{=}\overset{+}{N}H_2 + HC(=O){-}O^- \longrightarrow R^1R^2\overset{*}{C}H{-}NH_2 + CO_2$$

本实验通过苯乙酮与甲酸铵的反应合成外消旋体 (±)-α-苯乙胺。苯乙酮和甲酸铵按照上述机理反应生成 (±)-α-苯乙胺。由于甲酸铵过量，(±)-α-苯乙胺会与过量的甲酸反应形成甲酰胺，因此需要经过酸水解产生铵盐，再用碱将其游离，最后生成 (±)-α-苯乙胺：

$$PhCOCH_3 + 2NH_4OOCH \xrightarrow{\triangle} PhCH(CH_3)NHCHO + CO_2\uparrow + NH_3\uparrow + H_2O$$

$$PhCH(CH_3)NHCHO + HCl + H_2O \xrightarrow{\triangle} PhCH(CH_3)\overset{+}{N}H_3Cl^- + HCOOH$$

$$PhCH(CH_3)\overset{+}{N}H_3Cl^- + NaOH \xrightarrow{\triangle} Ph\overset{*}{C}H(CH_3)NH_2$$

(±)-α-苯乙胺为无色液体，沸点 187.4℃，折射率 $n_D^{20}=1.5260$。α-苯乙胺的旋光异构体可作为碱性拆分剂用于拆分酸性外消旋体。α-苯乙胺是制备精细化学品的重要中间体，它的衍生物广泛用于医药化工领域，主要用于合成医药、染料、香料乳化剂等。

2. (±)-α-苯乙胺拆分

外消旋体为含有等量对映体的混合物，无旋光活性。除旋光性不同外，两个对映体具有相同的物理和化学性质，很难通过一般的蒸馏、结晶、萃取、色谱分离等方法将其分离。外消旋体的拆分方法主要有色谱法、酶解法、动力学法和化学法等。其中，化学法是常用的分离方法。该方法主要通过一种手性拆分剂分别和两个对映体反应产生两种非对映异构体。

利用非对映异构体的物理性质差异，便可将它们分离，再脱去拆分剂，即可获得单一的对映体。常见的手性拆分剂有：手性碱，如马钱子碱、奎宁和麻黄素等旋光纯的生物碱，可用于拆分有机酸外消旋体；手性酸，如酒石酸、樟脑磺酸、苯乙醇酸等旋光纯的有机酸，可用于拆分有机碱外消旋体。

(±)-α-苯乙胺为碱性外消旋体，可通过手性酸的酸碱反应进行拆分。本实验利用广泛存在于自然界的 D-(+)-酒石酸为拆分剂。外消旋体 (±)-α-苯乙胺和 D-(+)-酒石酸反应生成的两种盐为非对映体，在甲醇中的溶解度有很大的差异，由于 (−)-α-苯乙胺所形成的盐在甲醇中的溶解度比 (+)-α-苯乙胺所形成的盐小，能通过分步结晶的方法将它们分离开。因此，(−)-α-苯乙胺的盐先结晶析出，经稀碱处理，获得 (−)-α-苯乙胺。母液中所含的 (+)-α-苯乙胺所形成的盐经过相同的处理，即可得到 (+)-α-苯乙胺。

反应式：

$$PhCH(CH_3)NH_2 + HO_2C{-}CH(OH){-}CH(OH){-}CO_2H \longrightarrow PhCH(CH_3)\overset{+}{N}H_3\cdot(+)\text{-酒石酸} + H_3\overset{+}{N}CH(CH_3)Ph\cdot(+)\text{-酒石酸}$$

(+/−)-α-苯乙胺　(+)-酒石酸　(+)-α-苯乙胺·(+)-酒石酸　(−)-α-苯乙胺·(+)-酒石酸

在实际分离中，一般需要多次反复的重结晶才能获得旋光纯的对映体，所以要完全分离旋光纯的对映体有很大的难度。通过光学纯度表示拆分获得对映体的纯净程度，等于分离样品的比旋光度和纯对映体旋光度的比值。

$$\text{光学纯度(OP)}=\frac{\text{样品的}[\alpha]_{\text{样}}}{\text{纯物质的}[\alpha]_{\text{纯}}}\times 100\%$$

【仪器与试剂】

1. 制备

仪器：圆底烧瓶；三口烧瓶；球形冷凝管；直形冷凝管；空气冷凝管；烧杯；锥形瓶；分液漏斗；蒸馏头；锥形瓶；玻璃漏斗；温度计；磁力加热搅拌器。

试剂：苯乙酮；甲酸铵；氯仿；甲苯；浓 HCl；NaOH 水溶液 (25%)；固体 NaOH。

2. 拆分

仪器：圆底烧瓶；烧杯；玻璃棒；滴管；量筒；球形冷凝管；直形冷凝管；蒸馏头；锥形瓶；分液漏斗；布氏漏斗；抽滤瓶；蒸发皿；玻璃漏斗；温度计；减压蒸馏装置；电炉或酒精灯；旋光仪等。

试剂：(+)-酒石酸；甲醇；乙醚；无水硫酸镁；50%氢氧化钠溶液；无水乙醇；浓硫酸；丙酮；滤纸等。

【实验步骤】

1. (±)-α-苯乙胺的制备

在装有搅拌子的三口烧瓶（100mL）上，安装温度计和蒸馏装置（参照图 2-36）。接着，在三口烧瓶中加入 12.0g 苯乙酮（11.8mL，0.1mmol）和 22.2g 甲酸铵（0.32mmol），开启搅拌并缓慢加热，随着温度升高反应物慢慢熔化，逐渐转化成液体两相（155℃左右），继续加热便完全转化成单相，反应物剧烈沸腾，此时苯乙酮会被蒸出，并出现泡沫及产生 CO_2 和 NH_3 气体。当缓慢加热至 185℃（不能超过该温度）时，及时停止加热。反应过程中可能出现新生成的 $(NH_4)_2CO_3$ 固体在冷凝管中凝结，应及时关闭冷却水使固体溶解，避免堵塞。蒸馏出的液体化合物利用分液漏斗分离出上层液体苯乙酮，并将其倒回三口烧瓶中，继续加热反应 2h，同样控制反应温度不高于 185℃。

停止加热结束反应，冷至室温，将反应物倒入分液漏斗中，用水洗涤两次（每次 8mL）除去甲酸铵及甲酰胺，即可获得 *N*-甲酰-α-苯乙胺粗品。将粗产品倒入原反应瓶，并加入 12mL 浓 HCl，安装回流装置，加热微沸回流 0.5h，使 *N*-甲酰-α-苯乙胺发生水解反应生成（±）-α-苯乙胺的盐酸盐。接着，反应液冷却至室温，用氯仿洗涤三次（每次 5mL），洗涤液回收至指定容器中。水层转入圆底烧瓶（100mL）中，在冰水浴中冷却，搅拌并缓慢加入 40mL 25%的 NaOH 溶液，然后加热进行水蒸气蒸馏收集馏出液[1]。利用 pH 试纸检查馏出液，开始为碱性，蒸馏至 pH 为 7 时，停止加热，收集获得 120～160mL 粗产品。

用甲苯萃取馏出液三次（每次 20mL），合并萃取液，加入氢氧化钠颗粒，密闭干燥[2]。干燥后，再进行蒸馏除去甲苯，然后收集 180～190℃的馏分获得纯的（±）-α 苯乙胺。

2. (±)-α-苯乙胺拆分

(1) 转化成铵盐和重结晶

将 D-(+)-酒石酸（3.2g）、甲醇（45mL）和几粒沸石加入锥形瓶（250mL）中，安装球形冷凝管，水浴加热至近沸腾（60℃）溶解 D-(+)-酒石酸（装置参照图 1-3）。完全溶解后，停止加热，稍冷后撤除球形冷凝管，在振摇下向热溶液中缓慢滴加（±）-α-苯乙胺（2.6mL）。此时，为避免混合物沸腾或起泡溢出，应小心操作。待（±）-α-苯乙胺加完后，稍加振摇，冷却至室温，塞紧瓶塞密闭，静置 24h 以上。瓶内会逐渐生成颗粒状棱柱形晶体，若掺有针状晶体，则通过热水浴将其重新溶解[3]，再让溶液慢慢冷却，直至棱状晶体完全结晶后，减压过滤，用少量冷甲醇洗涤晶体，晾干，获得（−）-α-苯乙胺-(+)・酒石酸盐，称重（约 4.5g）并计算产率。母液中主要为（+）-α-苯乙胺-(+)・酒石酸。

(2) *S*-(−)-α-苯乙胺的分离

第一步获得的晶体（−）-α-苯乙胺・(+)-酒石酸盐加入锥形瓶（250mL）中，并加入 4 倍水（4×4.5=16mL），搅拌溶解部分晶体，再加入 50%氢氧化钠水溶液（约 2.5mL），搅拌让其反应使混合物完全溶解且呈强碱性。接着，在分液漏斗中通过乙醚萃取溶液，萃取3次（每次10mL）。将3次萃取液合并，并用粒状氢氧化钠干燥（水层回收至指定容器）。经过干燥的乙醚溶液分几批次加入25mL已称量的圆底烧瓶，先在水浴上蒸去大部分乙醚，再通过水泵减压彻底去除乙醚。称量圆底烧瓶，通过差量计算（－）-α-苯乙胺的质量（1～1.5g），计算产率。塞好瓶塞，待测比旋光度用。纯的S-(－)-α-苯乙胺比旋光度为$[\alpha]_D^{25}=-39.5°$。

（3）R-(＋)-α-苯乙胺的分离

第一步获得母液通过水浴加热浓缩蒸除甲醇，获得白色固体。向白色固体中加入水（20mL）和50%氢氧化钠溶液（3.5mL），使其完全溶解，乙醚萃取3～4次，每次用12mL。合并乙醚萃取液，用无水硫酸镁干燥。过滤，滤液收集到圆底烧瓶中，水浴蒸除乙醚，再进行减压蒸馏收集无色透明油状液体（2.8kPa下收集85～86℃的馏分），即为（＋)-α-苯乙胺粗产品。粗产品进一步重结晶即可得到一定纯度的（＋)-α-苯乙胺。

将（＋)-α-苯乙胺粗产品加入20mL乙醇中，加热使其溶解，再向热溶液中加入含0.8g浓硫酸的乙醇溶液（约45mL），静置生成白色片状（＋)-α-苯乙胺硫酸盐。过滤出晶体，母液浓缩后再获得结晶物，合并晶体（共约7g）。将白色晶体加入12mL热水中，加热沸腾使其溶解，接着向溶液中慢慢滴加丙酮至刚好有浑浊物出现，静置慢慢冷却即有白色针状结晶生成。过滤除去液体，晶体用水（10mL）和50%的氢氧化钠溶液（1.5mL）溶解，再用乙醚萃取水溶液3次，每次10mL，乙醚萃取液合并，用无水硫酸镁干燥。蒸除大量乙醚后，再进行减压蒸馏，收集72～74℃/2.3kPa（17mmHg）的馏分，获得（＋)-α-苯乙胺，称重（约1.3g），待测旋光度。纯的R-(＋)-α-苯乙胺为无色透明油状物，比旋光度为$[\alpha]_D^{25}=+39.5°$。

（4）比旋光度的测定

用移液管量取10mL甲醇于盛放胺的锥形瓶中，振摇使胺溶解。两者的体积之和非常接近10mL，体积的加和值在本试验中引起的误差可忽略不计。依据胺的质量和总体积，计算出胺的浓度（g/mL）。将溶液置于2cm长的样品管中，测定旋光度，并计算比旋光度和拆分后胺的光学纯度。

【注释】

［1］水蒸气蒸馏时，玻璃仪器接口处可能会因碱的作用而被粘住，应在玻璃磨口接头处涂上凡士林。

［2］游离胺易吸收空气中的CO_2和水形成碳酸盐，故干燥时应密闭隔绝空气。

［3］获得棱状晶体是分离的关键点，如溶液中有针状晶体析出，可采用以下操作：

a. 由于针状晶体较容易溶解，可加热溶液至刚好针状晶体完全溶解而棱状晶体尚未开始溶解为止，再放置过夜。

b. 分出少量棱状结晶，加热溶液至其余晶体完全溶解，稍冷后将取出的棱状晶体加入诱导结晶。如析出的针状晶体较多时，此方法更加合适。如有现成的棱状结晶，在放置过夜前接种更好。

【思考题】

1. 采用鲁卡特反应合成α-苯乙胺为什么只能获得其外消旋体？如何拆分（＋)-或（－)-

α-苯乙胺？

2. 本实验为什么要严格控制反应温度？

3. 苯乙酮与甲酸铵反应后，产物为什么要用水洗涤？

4. 在（+）-酒石酸甲醇溶液中加入 α-苯乙胺后，析出棱状晶体，过滤后，此滤液是否有旋光性？为什么？

5. 拆分实验中关键步骤是什么？如何控制反应条件才能分离出纯的旋光异构体？

附　录

附录1　常用元素相对原子质量表

元素名称	符号	相对原子质量	元素名称	符号	相对原子质量	元素名称	符号	相对原子质量
银	Ag	107.87	铁	Fe	55.847	镍	Ni	58.71
铝	Al	26.98	氢	H	1.008	氧	O	15.999
硼	B	10.81	汞	Hg	200.59	磷	P	30.97
钡	Ba	137.34	碘	I	126.904	铅	Pb	207.19
溴	Br	79.904	钾	K	39.10	钯	Pd	106.4
碳	C	12.00	锂	Li	6.941	铂	Pt	195.09
钙	Ca	40.08	镁	Mg	24.31	硫	S	32.064
氯	Cl	35.45	锰	Mn	54.938	硅	Si	28.088
铬	Cr	51.996	钼	Mo	95.94	锡	Sn	118.69
铜	Cu	63.54	氮	N	14.007	锌	Zn	65.37
氟	F	18.998	钠	Na	22.99			

附录2　常用有机溶剂在水中的溶解度

溶剂名称	温度/℃	在水中溶解度	溶剂名称	温度/℃	在水中溶解度
庚烷	15.5	0.005%	硝基苯	15	0.18%
二甲苯	20	0.011%	氯仿	20	0.81%
正己烷	15.5	0.014%	二氯乙烷	15	0.86%
甲苯	10	0.048%	正戊醇	20	2.6%
氯苯	30	0.049%	异戊醇	18	2.75%
四氯化碳	15	0.077%	正丁醇	20	7.81%
二硫化碳	15	0.12%	乙　醚	15	7.83%
乙酸戊酯	20	0.17%	醋酸乙酯	15	8.30%
乙酸异戊酯	20	0.17%	异丁醇	20	8.50%
苯	20	0.175%			

附录3　关于有毒化学药品的知识

1. 高毒性固体

很少量就能使人迅速中毒甚至致死。

名称	TLV/(mg/m³)	名称	TLV/(mg/m³)
三氧化锇	0.002	砷化合物	0.5(按As计)
汞化合物(特别是烷基汞)	0.01	五氧化二钒	0.5
铊盐	0.1(按Tl计)	草酸和草酸盐	1
硒和硒化合物	0.2(se计)	无机氰化物	5(按CN计)

2. 毒性危险气体

名称	TLV/(μg/g)	名称	TLV/(μg/g)	名称	TLV/(μg/g)
氟	0.1	三氟化硼	1	氰	10
光气	0.1	氯	1	氰化氢	10
臭氧	0.1	氟化氢	3	硫化氢	10
重氮甲烷	0.2	二氧化氮	5	一氧化碳	50
磷化氢	0.3	硝酰氯	5		

3. 毒性危险液体和刺激性物质

长期少量接触可能引起慢性中毒，其中许多物质的蒸气对眼睛和呼吸道有强刺激性。

名称	TLV/(μg/g)	名称	TLV/(μg/g)	名称	TLV/(μg/g)
羰基镍	0.001	三氯化硼	1	2-丁烯醛	2
异氰酸甲酯	0.02	三溴化硼	1	氢氟酸	3
丙烯醛	0.1	2-氯乙醇	1	四氯乙烷	5
溴	0.1	硫酸二甲酯	1	苯	10
3-氯丙烯	1	硫酸二乙酯	1	溴甲烷	15
苯氯甲烷	1	四溴乙烷	1	二硫化碳	20
苯溴甲烷	1	烯丙醇	2		

4. 其他有害物质

（1）许多溴代烷和氯代烷，以及甲烷和乙烷的多卤衍生物，特别是下列化合物：

名称	TLV/(μg/g)	名称	TLV/(μg/g)	名称	TLV/(μg/g)
溴仿	0.5	氯仿	10	溴乙烷	200
碘甲烷	5	1,2-二溴乙烷	20	二氯甲烷	200
四氯化碳	10	1,2-二氯乙烷	50		

（2）芳胺和脂肪族胺类的低级脂肪族胺的蒸气有毒。全部芳胺，包括它们的烷氧基、卤素、硝基取代物都有毒性。下面是一些代表性例子：

名称	TLV/(μg/g)	名称	TLV/(μg/g)
对苯二胺(及其异构体)	0.1mg/m^3	苯胺	5
甲氧基苯胺	0.5mg/m^3	邻甲苯胺(及其异构体)	5
对硝基苯胺(及其异构体)	1	二甲胺	10
N-甲基苯胺	2	乙胺	10
N,*N*-二甲基苯胺	5	三乙胺	25

（3）酚和芳香族硝基化合物

名称	TLV/(mg/m^3)	名称	TLV/(μg/g)
苦味酸	0.1	苯酚	5
二硝基苯酚，二硝基甲苯酚	0.2	甲苯酚	5
间二硝基苯	1	对硝基氯苯(及其异构体)	0.1
硝基苯	1		

5. **致癌物质**

下面列举一些已知的危险致癌物质。

(1) 芳胺及其衍生物：联苯胺（及某些衍生物）、β-萘胺、二甲氨基偶氮苯、α 萘胺。

(2) N-亚硝基化合物：N-甲基-N-亚硝基苯胺、N-亚硝基二甲胺、N-甲基-N-亚硝基脲、N-亚硝基氢化吡啶。

(3) 烷基化剂：双（氯甲基）醚、硫酸二甲酯、氯甲基甲醚、碘甲烷、重氮甲烷、β-羟基丙酸内酯。

(4) 稠环芳烃：苯并[a]芘、二苯并[c,g]咔唑、二苯并[a,h]蒽、7,12-二甲基苯并[a]蒽。

(5) 含硫化合物：硫代乙酸铵（thioacetamide）、硫脲。

(6) 石棉粉尘。

6. **具有长期积累效应的毒物**

这些物质进入人体不易排出，在人体内累积，引起慢性中毒。这类物质主要有：

① 苯；

② 铅化合物，特别是有机铅化合物；

③ 汞和汞化合物，特别是二价汞盐和液态的有机汞化合物。

在使用以上各类有毒化学药品时，都应采取妥善的防护措施。避免吸入其蒸气和粉尘，不要使它们接触皮肤。有毒气体和挥发性的有毒液体必须在通风良好的通风橱中操作。汞的表面应该用水掩盖，不可直接暴露在空气中。盛装汞的仪器应放在一个搪瓷盘上以防溅出的汞流失。溅洒汞的地方迅速撒上硫黄石灰糊。

附录4 常用法定计量单位

量的名称	量的符号	单位名称	单位符号	备注
长度	$l,(L)$	米	m	SI 基本单位
		海里*	nmile	1nmile=1852m
		[市]尺**		1[市]尺=1/3m
		费密**		1 费密=10^{-15}m
		埃**	Å	1Å=10^{-10}m
面积	$A,(S)$	平方米	m^2	SI 导出单位
		靶恩**	b	1b=$10^{-28}m^2$
体积	V	立方米	m^3	SI 导出单位
		升*	L,(l)	1L=1dm^3=$10^{-3}m^3$
平面角	$\alpha,\beta,\gamma,\theta,\varphi$ 等	弧度	rad	SI 辅助单位
		[角]秒*	(″)	1″=(π/648000)rad
		[角]分*	(′)	1′=(π/10800)rad
		度*	(°)	1°=(π/180)rad
质量 重量	m	千克(公斤)	kg	SI 基本单位
		吨*	t	1t=10^3kg
		原子质量单位*	u	1u≈1.66×10^{-27}kg
		(米制)克拉**		1[米制]克拉=2×10^{-4}kg
		[市]斤*		1[市]斤=0.5kg

续表

量的名称	量的符号	单位名称	单位符号	备注
物质的量	n	摩[尔]	mol	SI 基本单位
密度	ρ	千克每立方米	kg/m^3	SI 导出单位
热力学温度	T	开[尔文]	K	SI 基本单位
摄氏温度	t,θ	摄氏度	℃	SI 导出单位
时间	t	秒 分* [小]时* 天,(日)*	s min h d	SI 基本单位 1min=60s 1h=3600s 1d=86400s
频率	$f,(v)$	赫[兹]	Hz	SI 导出单位
压力 压强 应力	p	帕[斯卡] 巴** 标准大气压** 毫米汞柱** 千克力每平方厘米** 工程大气压** 毫米水柱**	Pa bar arm mmHg kgf/cm^2 at mmH_2O	SI 导出单位 $1bar=10^5Pa$ 1atm=101325Pa 1mmHg=133.322Pa $1kgf/cm^2=9.80665\times10^4Pa$ $1at=9.80665\times10^4Pa$ $1mmH_2O=9.806375Pa$
电流	I	安[培]	A	SI 基本单位
电荷量	Q	库[仑]	C	SI 导出单位
电位 电压 电动势	V,φ U E	伏[特]	V	SI 导出单位
电容	C	法[拉]	F	SI 导出单位
电阻	R	欧[姆]	Ω	SI 导出单位
功 热	$E,(W)$ Q	千瓦小时* 卡[路里]** 尔格** 千克力米**	kW·h cal erg kgf·m	$1kW\cdot h=3.6\times10^6J$ 1cal=4.1868J(卡指国际蒸气表卡) $1erg=10^{-7}J$ 1kgf·m=9.80665J

注：1. 本表选自 1984.2.27 国务院“关于在我国统一实行法定计量单位的命令”。表中量的名称是国家标准 GB 3102 规定的。

2. * 为我国选定的非国际单位制的单位；** 为已习惯使用应废除的单位，其余为 SI 单位。

3. 量的符号一律为斜体，单位符号一律为正体。

附录 5 常用有机溶剂的沸点及相对密度

名称	b.p./℃	d_4^{20}	名称	b.p./℃	d_4^{20}
甲醇	64.9	0.7914	苯	80.1	0.8786
乙醇	78.5	0.7893	甲苯	110.6	0.8669
乙醚	34.5	0.7137	二甲苯（o、m、p）	140.0	
丙酮	34.5	0.7899	氯仿	61.7	1.4832
乙酸	117.9	1.0492	四氯化碳	76.5	1.5940
乙酸酐	139.5	1.0820	二硫化碳	46.2	1.263240
乙酸乙酯	77.0	0.9003	正丁醇	117.2	0.8089
二氧六环	L01.7	1.0337	硝基苯	210.8	1.2037

附录6　水蒸气压力表

t/℃	p/mmHg	t/℃	p/mmHg	t/℃	p/mmHg	t/℃	p/mmHg
0	4.579	15	12.788	30	31.824	85	433.600
1	4.926	16	13.634	31	33.695	90	525.760
2	5.294	17	14.530	32	35.663	91	546.050
3	5.685	18	15.477	33	37.729	92	566.990
4	6.101	19	16.477	34	39.898	93	588.600
5	6.543	20	17.535	35	42.175	94	610.900
6	7.013	21	18.650	40	55.324	95	633.900
7	7.513	22	19.827	45	71.880	96	657.620
8	8.045	23	21.068	50	92.510	97	682.070
9	8.609	24	22.377	55	118.040	98	707.270
10	9.209	25	23.756	60	149.380	99	733.240
11	9.844	26	25.209	65	187.540	100	760.000
12	10.518	27	26.739	70	283.700		
13	11.231	28	28.349	75	289.100		
14	11.987	29	30.043	80	355.100		

注：表中数据温度范围 0～100℃，1mmHg=(1/760)atm=133.322Pa。

附录7　常用干燥剂的性能与应用范围

干燥剂	吸水作用	吸水容量	效能	干燥速度	应用范围
氯化钙	$CaCl_2 \cdot nH_2O$ $n=1,2,4,6$	0.97 按 $CaCl_2 \cdot 12H_2O$ 计	中等	较快，但吸水后表面为薄层液体所覆盖，故放置时间应长些为宜	能与醇、酚胺、酰胺及某些醛、酮形成配合物，因而不能用于干燥这些化合物。其工业品中可能含氢氧化钙和碱式氧化钙，故不能用于干燥酸类
硫酸镁	$MgSO_4 \cdot nH_2O$ $n=1,2,4,5,6,7$	1.05 按 $MgSO_4 \cdot nH_2O$ 计	较弱	较快	中性，应用范围广，可代替 $CaCl_2$，并可用于干燥酯、醛、酮、腈、酰胺等不能用 $CaCl_2$ 干燥的化合物
硫酸钠	$Na_2SO_4 \cdot 10H_2O$	1.25	弱	缓慢	中性，一般用于有机液体的初步干燥
硫酸钙	$2CaSO_4 \cdot H_2O$	0.06	强	快	中性，常与硫酸镁(钠)配合，作最后干燥之用
碳酸钾	$K_2CO_3 \cdot \frac{1}{2}H_2O$	0.2	较弱	慢	弱碱性，用于干燥醇、酮、酯、胺及杂环等碱性化合物；不适于酸、酚及其他酸性化合物的干燥
氢氧化钾(钠)	溶于水	—	中等	快	强碱性，用于干燥胺、杂环等碱性化合物；不能用于干燥醇、醛、酮、酯、酸、酚等
金属钠	$Na+H_2O \rightarrow NaOH+\frac{1}{2}H_2O$	—	强	快	限于干燥醚、烃类中的痕量水分。用时切成小块或压成钠丝
氧化钙	$CaO+H_2O \rightarrow Ca(OH)_2$	—	强	较快	适于干燥低级醇类
五氧化二磷	$P_2O_5+3H_2O \rightarrow 2H_3PO_4$	—	强	快，但吸水后表面为黏浆液覆盖，操作不便	适于干燥醚、烃、卤代烃、腈等化合物中的痕量水分；不适用于干燥醇、酸、胺、酮等
分子筛	物理吸附	约 0.25	强	快	适用于各类有机化合物干燥

附录 8　常见二元共沸混合物

组分 A(沸点)	组分 B(沸点)	共沸点/℃	共沸物质量组成 A	共沸物质量组成 B
水(100℃)	苯(80.6℃)	69.3	9%	91%
	甲苯(231.08℃)	84.1	19.6%	80.4%
	氯仿(61℃)	56.1	2.8%	97.2%
	乙醇(78.3℃)	78.2	4.5%	95.5%
	丁醇(117.8℃)	92.4	38%	62%
	异丁醇(108℃)	90.0	33.2%	66.8%
	仲丁醇(99.5℃)	88.5	32.1%	67.9%
	叔丁醇(82.8℃)	79.9	11.7%	88.3%
	烯丙醇(97.0℃)	88.2	27.1%	72.9%
	苄醇(205.2℃)	99.9	91%	9%
	乙醚(34.6℃)	110(最高)	79.76%	20.24%
	二氧六环(101.3℃)	87	20%	80%
	四氯化碳(76.8℃)	66	4.1%	95.9%
	丁醛(75.7℃)	68	6%	94%
	三聚乙醛(115℃)	91.4	30%	70%
	甲酸(100.8℃)	107.3(最高)	22.5%	77.5%
	乙酸乙酯(77.1℃)	70.4	8.2%	91.8%
	苯甲酸乙酯(212.4℃)	99.4	84%	16%

组分 A(沸点)	组分 B(沸点)	共沸点/℃	共沸物质量组成 A	共沸物质量组成 B
乙醇(78.3℃)	苯(80.6℃)	68.2	32%	68%
	氯仿(61℃)	59.4	7%	93%
	四氯化碳(76.8℃)	64.9	16%	84%
	乙酸乙酯(77.1℃)	72	30%	70%
甲醇(64.7℃)	四氯化碳(76.8℃)	55.7	21%	79%
	苯(80.6℃)	58.3	39%	61%
乙酸乙酯(77.1℃)	四氯化碳(76.8℃)	74.8	43%	57%
	二硫化碳(46.3℃)	46.1	7.3%	92.7%
丙酮(56.5℃)	二硫化碳(46.3℃)	39.2	34%	66%
	氯仿(61℃)	65.5	20%	80%
	异丙醚(69℃)	54.2	61%	39%
己烷(69℃)	苯(80.6℃)	68.8	95%	5%
	氯仿(61℃)	60.0	28%	72%
环己烷(80.8℃)	苯(80.6℃)	77.8	45%	55%

附录 9　常见三元共沸混合物

组　分　(沸点)			共沸物质量组成			共沸点/℃
A	B	C	A	B	C	
水(100℃)	乙醇(78.3℃)	乙酸乙酯(77.1℃)	7.8%	9.0%	83.2%	70.3
		四氯化碳(76.8℃)	4.3%	9.7%	86%	61.8
		苯(80.6℃)	7.4%	18.5%	74.1%	64.9
		环己烷(80.8℃)	7%	17%	76%	62.1
		氯仿(61℃)	3.5%	4.0%	92.5%	55.6
	正丁醇(117.8℃)	乙酸乙酯(77.1℃)	29%	8%	63%	90.7
	异丙醇(82.4℃)	苯(80.6℃)	7.5%	18.7%	73.8%	66.5
	二硫化碳(46.3℃)	丙酮(56.4℃)	0.81%	75.21%	23.98%	38.04

附录 10　实验室常用有机试剂的配制

名称	配制法	备注
饱和亚硫酸氢钠溶液	在 100mL40%亚硫酸氢钠溶液中，加入无水乙醇 25mL。混合后，滤去少量亚硫酸氢钠晶体取滤液备用	此溶液易氧化分解。宜在应用前临时配制
2,4-二硝基苯肼试剂	称取 2,4-二硝基苯肼 3g，溶于 15mL 浓硫酸中，将此溶液慢慢加入 70mL95%乙醇中，再加蒸馏水稀释到 100mL，过滤，取滤液备用	贮存于棕色试剂瓶中
碘溶液	称取碘 2g，碘化钾 5g，溶于 100mL 水中	

续表

名称	配制法	备注
Fehling(菲林)试剂	A溶液:溶解3.5g硫酸铜晶体于100mL水中,如浑浊可过滤 B溶液:溶解酒石酸钾钠17g于20mL热水中,加入20mL20%氢氧化钠稀释到100mL	两种溶液分别贮存,用时等量混合
Schiff(希夫)试剂	溶解0.5g品红盐酸盐于500mL水中,过滤。另取500mL水,通入二氧化硫至饱和。两者混匀即得	密封保存于棕色试剂瓶中
Benedict(本尼迪克特)试剂	称取柠檬酸钠20g,无水碳酸钠11.5g,溶于100mL热水中,在不断搅拌下把含2g硫酸铜晶体的20mL水溶液慢慢加入混匀即可。溶液应澄清,否则需过滤	
Lucas(卢卡斯)试剂	将34g熔化过的无水氯化锌溶于23mL纯的浓盐酸中,同时冷却,以防氯化氢逸出,约得35mL溶液	密封保存于玻璃瓶中
Molish(莫立许)试剂	称取α-萘酚10g溶于适量75%酒精中,再用同浓度的酒精稀释至100mL	用前配制
Selivanov(西凡诺夫)试剂	称取间苯二酚0.05g溶于50mL浓盐酸中,用水稀释到100mL	
Tollen(托伦)试剂	量取20mL5%硝酸银溶液,放在50mL锥形瓶中,逐滴加2%氨水,振摇,直到沉淀刚好溶解	现用现配
茚三酮试剂	溶解0.1g水合茚三酮于50mL水中	两天内用完,久置变质失效
Millon(米伦)试剂	将1g金属汞溶于2mL浓硝酸中,加水到6mL,加入活性炭0.5g,搅拌,过滤	内含汞、亚汞的硝酸盐和亚硝酸盐以及过量的硝酸和反应生成的亚硝酸
氯化亚铜氨溶液	取1g氯化亚铜,加1~2mL浓氨水和水10mL,用力振摇,静置片刻,倾出溶液,并投入一块铜片(或一根铜丝)贮存备用	此溶液由于亚铜盐易被空气中的氧氧化而呈蓝色,可在温热下滴加20%盐酸羟胺溶液使蓝色褪去,再用于实验
β-萘酚碱性液	0.4gβ-萘酚溶于4mL 1mol/L氢氧化钠溶液	

参考文献

[1] 赵温涛，郑艳，王光伟，等. 有机化学. 6版. 北京：高等教育出版社，2019.

[2] 高占先. 有机化学实验. 5版. 北京：高等教育出版社，2016.

[3] 吉卯祉，黄家卫，胡冬华. 有机化学实验. 4版. 北京：科学出版社，2019.

[4] 赖桂春，朱文. 有机化学实验. 北京：中国农业大学出版社，2009.

[5] 李明，刘永军，王叔文. 有机化学实验. 北京：科学出版社，2010.

[6] 刘宝殿. 化学合成实验. 北京：高等教育出版社，2005.

[7] 王清廉，李瀛，高坤，等. 有机化学实验. 4版. 北京：高等教育出版社，2017.

[8] 马祥梅. 有机化学实验. 北京：化学工业出版社，2011.

[9] 宋光泉. 新编有机化学. 北京：中国农业大学出版社，2005.

[10] 苏桂发. 有机化学实验. 桂林：广西师范大学出版社，2012.

[11] 汪小兰. 有机化学. 5版. 北京：高等教育出版社，2017.

[12] 许遵乐，刘汉标，陆慧宁. 有机化学实验. 广州：中山大学出版社，2003.

[13] 阴金香. 基础有机化学实验. 北京：清华大学出版社，2010.

[14] 曾伟. 有机化学实验. 成都：西南交通大学出版社，2010.

[15] 周宁怀，王得琳. 微型有机化学实验. 北京：科学出版社，1999.

[16] 朱文庆. 有机化学实验. 西安：西北工业大学出版社，2011.

[17] 赵温涛，马宁，王元欣，等. 有机化学实验. 北京：高等教育出版社，2017.

[18] 杨祖幸，汤洁，孙群，等. 从茶叶中提取咖啡因实验方法及装置的改进. 实验室研究与探索 [J]. 2008 (27) 3：43-44.